国家自然科学基金（51008213）
上海浦江人才计划（13PJC106）
国家社会科学基金（16BGL186）

城市综合体的协同效应研究

——理论·案例·策略·趋势

王桢栋　著

中国建筑工业出版社

图书在版编目（CIP）数据

城市综合体的协同效应研究——理论·案例·策略·趋势/王桢栋著.—北京：中国建筑工业出版社，2018.6

ISBN 978-7-112-22204-9

Ⅰ.①城… Ⅱ.①王… Ⅲ.①城市规划—建筑设计—研究 Ⅳ.①TU984

中国版本图书馆CIP数据核字（2018）第100807号

本书从经济、环境、社会和治理四个维度，全面而又系统地构建了当代城市综合体的“协同效应”理论体系，也从理论到案例，从策略到趋势，讨论了我国城市综合体存在的问题和未来发展趋势，并结合全国范围抽样问卷调研，从使用者的角度对我国城市综合体和城市生活的关系进行分析。

全书可供广大建筑师、城市规划师、城市建设管理人员、高等建筑院校师生等学习参考。

责任编辑：吴宇江　李珈莹
责任校对：芦欣甜

城市综合体的协同效应研究——理论·案例·策略·趋势
王桢栋　著

*

中国建筑工业出版社出版、发行（北京海淀三里河路9号）
各地新华书店、建筑书店经销
北京点击世代文化传媒有限公司制版
北京中科印刷有限公司印刷

*

开本：787×1092毫米　1/16　印张：12¾　字数：255千字
2018年9月第一版　2018年9月第一次印刷
定价：50.00元
ISBN 978-7-112-22204-9
（32095）

谨以此书献给我敬爱的导师戴复东先生！

序

距离我们上次给桢栋的《当代城市建筑综合体研究》作序，转眼已过 8 年，桢栋已从刚刚留校屡获各类青年奖励的学者成长为学校与学院教学科研的骨干，业已成长为传道授业的年轻导师。研究成果也从青涩愈发成熟。阅历的成长与思维的完善，让我们倍感欣慰。

在这个 8 年中，我国的城市建设继续大步前进，为解决城市问题而生的城市综合体也进入了空前的大发展时期，开始从大城市的“奢侈品”，成为步入中、小城市的“必需品”。而学界围绕城市综合体这一年轻建筑类型的研究也呈现出高速增长之势。桢栋博士这些年的科研成果无疑已经成为这些探索的丰硕土壤和坚实基础，广为学界认知与认可，同时也为政府的决策提供了必要的理论参考。

不过纵观全国，在涌现出不少优秀城市综合体的同时，也产生了大量东施效颦的跟风项目，这些项目往往城市关系淡薄、空间尺度失调、建设过程仓促、商业开发过度。这种只注重眼前经济利益，而漠视城市长效发展的做法，其结果必然是昙花一现和不可持续的，还将会对我国的城市建设造成难以逆转的影响，这必须引起我们的高度重视和警惕。

在上述背景下，桢栋这本新书无疑牢牢把握住了上述问题的根源，对城市综合体这一年轻的建筑类型究竟能够创造哪些价值？究竟能够解决哪些城市问题？究竟应该如何推进我国城市发展？等这些在以往城市高速建设中容易被忽视问题的讨论，并在书中给出了针对性的解答。

作者在过往研究的基础上，从经济、环境、社会和治理四个维度，全面而又系统地构建了当代城市综合体的“协同效应”理论体系，也从理论到案例，从策略到趋势，讨论了我国城市综合体存在的问题和未来发展趋势，并结合全国范围抽样问卷调研，从使用者的角度对我国城市综合体和城市生活的关系进行分析。

全书还包含了大量重要城市综合体案例，既有沪港两地姊妹案例的比较，也有我国近年新建优秀案例的讨论，又有欧美、日本和新加坡等发达国家新建和经典案例的分析。

可以说，这本新书是桢栋针对我国当前城市发展所面临的选择和困惑，做到准确定位和有的放矢的一本专著，也进一步推进了他关于城市综合体的研究。

当前，我国已进入了中国特色社会主义新时代，并取得了改革开放和社会主义现代化建设的历史性成就。在新常态下，我国的城市已从增量开发转向存量开发，这也为城市建设提出了许多新课题。相信各位读者一定能够从该书中获得启发，找到探究这些新课题的新思路。

戴复东 吴庐生

2018 年 1 月于沪上新华医院

前言

2011 年以来，在国家宏观政策的支持下[1]，作为综合密集型城市发展的重要内容，城市综合体的建设在一线城市持续升温，并向二、三线城市加速蔓延。根据世联行《2013 年中国 50 城市综合体战略地图》的统计数据："2013 年我国 50 个热门开发城市中，11 个城市综合体规模（除住宅外）超过 1000 万 m^2；从现有土地储备和规划来看，城市综合体规模在 50 座城市还将持续大幅攀升，据预测，2015 年非住宅总体量将达 5.64 亿 m^2，较 2013 年增长达 77%。"[2] 而根据国家统计局 2018 年 1 月 18 日发布的《2017 年全国房地产开发投资和销售情况》来看，虽然全国房地产开发投资增速较上一年度回落了 0.5 个百分点，商业营业用房开发投资额较上年下降了 1.2%，但非住宅投资额依旧达到了 22401 亿元，占房地产开发总投资的 20.40%；施工面积达 141247 万 m^2，占房屋施工总面积的 18.07%；新开工面积达 26624 万 m^2，占房屋新开工总面积的 14.90%；竣工面积达 16677 万 m^2，占房屋竣工总面积的 16.43 %；非住宅投资开发建设总体量依旧巨大[3]。

城市综合体作为全球范围高密度人居环境下，最重要的城市开发模式和公共建筑类型之一，其核心价值体现即是"1+1 ＞ 2"的"协同效应"。然而，在近年的研究中，笔者发现在我国推进城市化的进程中，产生的重物轻人、重商轻文、功能割裂、缺乏活力等问题已经开始在城市综合体开发建设中集中凸显。即对经济价值过于关注，忽略城市综合体应有的"城市属性"，使得其规划建设较为盲目和草率，建成后使用率低下，很难发挥其应有的"协同效应"。[4]

事实上，作为"混合使用开发"（Mixed-use Development）[5] 土地开发思想的产物，城市综合体具有独特的"城市属性"：第一，内部包含城市公共空间。城市综合体通过公共空间有机衔接各功能，并与城市公共空间相联系形成完整的城市系统；第二，内部各功能之间有类似城市各功能之间的互补、共生关系。为了达成这种关系，城市综合体需要集三种或三种以上的城市主要活动（居住、工作、游憩与交通）[6]。可见，城市综合体的开发建设理应综合考虑，它并不应该仅仅成为利益获取的工具，或单纯追求综合运行效率的建筑，而应该是功能高度混合的城市空间，是建筑和开放公共空间的综合，是城市基础设施的有机延续，并承载丰富的城市公共生活。

因此，强化城市综合体的"城市属性"，发挥其应有的"协同效应"，是提升其自身活力的重要渠道，也是进而优化城市公共空间，促进城市立体化发展，提升城市整体活力的有效途径。只有这样，城市综合体才能成为我国城市发展从"量变"到"质变"的重要契机，进而实现经济、环境和社会层面的共同可持续发展。无论从城市发展、城市管理、还是城市生活的角度，当下对"城市综合体的协同效应"进行系统梳理和深入研究，都是适时和有必要的。

---

[1] 2011 年 1 月 26 日，国务院常务会议推出"新国八条"，要求强化差别化住房信贷政策，二套房首付比例提高，取消差额营业税，从严制定和执行住房限购措施。这使住宅市场的投资门槛加高，而商业地产投资门槛却未有改变，原本商业地产首付高、税费高等"缺点"都不复存在，房地产的调控加码，更从侧面突现了商业地产的政策"优势"。此后，以城市综合体为代表的商业地产开发与经营成为我国房地产发展的主流，在拿地环节上，许多开发商并非主动介入商业地产，大多数都是"被进入"商业地产的状态，因为如果不开发城市综合体，不做商业部分，就无法从政府那里拿地。

[2] 数据来源为中国行业研究网：http://www.chinairn.com/news/20140218/091708867.html。

[3] 数据来源为国家统计局官网：www.stats.gov.cn/tjsj/zxfb/201801/t20180118_1574923.html。

[4] 王桢栋，文凡，胡强 . 城市建筑综合体的城市性探析 [J]. 建筑技艺，2014（11）：24-29。

[5] 混合使用开发（Mixed-use Development），是由美国城市土地学会（Urban Land Institute，简称 ULI）1976 年在"Mixed-use developments: New Waysof Land Use"（《混合使用开发：新的土地使用方式》）书中提出的概念，详细介绍请参见本书 1.3 节中的内容。

[6] 1933 年 8 月，国际现代建筑协会（CIAM）第 4 次会议通过了关于城市规划理论和方法的纲领性文件《城市规划大纲》，后来被称作《雅典宪章》。大纲指出，城市规划的目的是解决居住、工作、游憩与交通四大功能活动的正常进行。居住、工作、游憩与交通四大功能也被后人认为是现代城市的主要功能。

本书旨在从理论层面揭示城市综合体的内在规律，通过案例比较研究验证理论框架并分析我国城市综合体现阶段存在问题，提出指导城市综合体规划设计的策略，并展望我国城市综合体的未来发展重点和趋势。

本书内容分为六大部分：

第一部分为绪论：城市中的建筑，建筑中的城市。从问题“城市如何让我们变得更加富有、智慧、绿色、健康和幸福？”出发，讨论了城市如何改变人类生活，城市正在如何改变，建筑如何推动城市发展，以及建筑如何改善城市生活四个问题。进而提出以“城市综合体为代表的大型公共建筑是推动城市让我们变得更为富有、智慧、绿色、健康和幸福的重要动力”的观点。

第二部分为理论研究，含 3 个章节。第一章“城市综合体的溯源及概念辨析”在高密度人居环境的背景下，对当代城市综合体诞生的历史线索进行溯源，对其相关概念进行梳理和辨析，并提出城市综合体的定义。第二章“城市综合体与城市可持续发展”通过对洛克菲勒中心这一当代城市综合体典范的剖析，探讨城市综合体与城市发展的重要关联，并对当代城市综合体在城市可持续发展的四个方面主要贡献：鼓励绿色出行、创造生活便利、资源功能共享、场所精神营造展开介绍。第三章“城市综合体协同效应价值剖析”从经济、环境和社会 3 个维度来分析城市综合体的价值创造，从治理维度探讨解决高密度城市发展所需应对突出问题的解决之道，并建立城市综合体协同效应的理论框架。

第三部分为案例研究，含 3 个章节。第四章“沪港两地城市综合体比较研究”从经济、环境以及社会维度 3 个层次，对沪港两地“城市级”城市综合体展开比较，逐层深入探究其在相似商业开发定位下却产生不同效果的原因，并讨论了沪港两地的城市发展理念差异。第五章“城市综合体空间结构体系研究”选取“片区级”城市综合体为研究对象，从城市视角的“城市组合空间”和建筑视角的“垂直空间结构”两个角度展开对城市综合体空间结构体系的研究，并总结以城市综合体为载体的城市垂直公共空间体系的发展趋势、价值体现和设计要点。第六章“城市综合体非盈利性功能研究”选取“社区级”城市综合体为研究对象，对非盈利性功能的组合类型展开研究，以探究各类非盈利性功能和不同组合类型对消费者选择行为的影响以及对整体经济、环境和社会价值提升的作用，并讨论更利于城市综合体整体价值创造的功能组合方式。

第四部分为策略研究，含 1 个章节。第七章“城市综合体公共空间增效策略”通过对香港和上海两地典型案例的统计分析，总结归纳出城市综合体公共空间增效策略：即作为城市立体节点、采用开放网络型结构和在公共空间容纳各类城市公共活动。选取沪港两地的国金中心、又一城和 K11 三组姊妹案例进行实地调研并采集使用者时空间分布及行为数据，通过统计分析和数字建模等方法进行空间绩效比较研究，对三项增效策略逐一验证。

第五部分为趋势研究，含 1 个章节。第八章“我国城市综合体发展趋势刍议”基于笔者研究团队全国范围的问卷调研结果及近年的研究成果，从环境、社会和治理 3 个维度切入，来探讨我国城市综合体发展趋势：在创造巨大经济价值的同时，城市综合体还将会成为我国城市空间结构整合的重要途径，城市公共文化服务供给的有效补充，并具有激发城市基层社会治理模式创新的潜力。

第六部分为附录和后记。附录将本书中涉及的 54 个精选综合体案例（33 个国内和 21 个国外案例）的资料进行汇总：整理了各案例的主要角度照片，统一绘制的轴测模型、剖面图、区位图等图纸资料，列出了各案例中英文名称、建成时间、所在地域、城市职能、功能占比、开发商、设计单位、建筑面积、占地面积、容积率、建筑规模等数据资料，并注明了各案例在本书各章节中被引用情况。在后记中总结了笔者研究团队近年在城市综合体领域的研究情况，包括研究课题情况、培养研究生情况等，并向为本书研究提供帮助和便利的专家学者致谢。

目录

第一部分：理论研究

第二部分：案例研究

第三部分：策略研究

第四部分：趋势研究

绪论：城市中的建筑，建筑中的城市

2011 年，哈佛大学经济学教授爱德华·格莱泽（Edward Glaeser）在其专著《城市的胜利》（Triumph of the City）中指出：“城市是人类最伟大的发明与最美好的希望”，并进而抛出问题：“城市如何让我们变得更加富有、智慧、绿色、健康和幸福？”[1]

[1] Glaeser E. Triumph of the City: How Our Greatest Invention Makes Us Richer, Smarter, Greener, Healthier, and Happier [M]. New York: Penguin Books, 2012: 1-16.

0.1 城市改变人类生活

人是群居动物，而城市是人类群居生活的高级形式。城市的出现，是人类走向成熟和文明的标志：人类在城市中相聚相识、互通有无、协作共赢、迈向未来。人类创造了城市，城市则改变了人类的生活方式；人类推动着城市发展，而城市则在发展中不断向人类提出新的生活问题。

纵观城市发展史不难发现，城市功能之聚合与扩散的矛盾调和是其永恒主题。城市伴随着社会第三次大分工应运而生，分散的社会功能为经济作用而聚合在了一起。在城市发展的历史长河中，当难以提供更多的发展空间而不再适于人类生存时，城市就一次次地扩散；而随着经济、技术和文化的进步，城市又一次次地聚合，往更为复杂多样的方向生长。

进入 21 世纪，在人文主义城市建设思想的指引下，人们开始认识到，城市是复杂而有序的生命体，是工作、生活、游憩和交通四大基本功能的有机融合。当代大都市已经成为人类活动、经济和精神的交集，也已经不能被视为独立存在的组织，城市与其建造者们息息相关，并由包容一切的经济系统与整个文明世界相联系。[2] 在有限的城市土地上实现经济、环境和社会三方面互为平衡的可持续发展，促进人们在城市生活中的聚集、交流、合作、创造，成为当代城市的发展目标。

[2] Hilberseimer L. Metropolis-architecture [M]. New York: GSAPP BOOKS, 2012: 84.

0.2 城市正在如何改变

随着世界人口持续增长以及城市化进程加速，在 2014 年，仅占地球 2% 表面积的城市土地已承载了 53.4% 的人口。[3] 根据联合国人口基金会（UNFPA）的预测，到 2050 年，全球将有 75% 的人口生活在城市中。[4] 与此同时，限制城市蔓延，控制城市发展对自然环境影响的可持续发展理念已深入人心。在这一理念的影响下，城市即被视为造成不可持续问题的现实根源，也被看作实现可持续发展的未来希望。[5] 可以说，高密度已成为城市发展的必然趋势，城市必将在未来更为紧凑，呈现出更密集更立体的面貌。

我国城市化水平到 2012 年已经越过 50%。相较西方发达国家城市化速度，城镇化率从 20% 到 50%，德国为 98 年，美国为 44 年，日本为 43 年，

[3] 数据来源：世界银行（World Bank）官方网站 2016 年数据。http://beta.data.worldbank.org/。

[4] 数据来源：联合国人口基金会（UNFPA）官方网站。https://www.unfpa.org/。

[5] 杨东峰，毛其智，龙瀛．迈向可持续的城市：国际经验解读——从概念到范式 [J]. 城市规划学刊，2010（01）: 49-57。

我国仅用了30年。❶ 年均1%的城镇化增长速度，意味着每年新增约1000万城镇人口。然而，这一速度并未放缓，预计在2030年，我国城镇化率将达到70%，又将会新增3亿城镇人口，这在人类城市发展史上是没有先例的。❷

❶ 数据来源：杨贵庆．新型城镇化面临的城乡社会危机及其规划策略 [J]. 湖南城市学院学报，2014，35（01）：1-7。

❷ 数据来源：潘家华，魏后凯．城市蓝皮书：中国城市发展报告No.8 [M]. 北京：社会科学文献出版社，2015：25。

我国在城市快速增长时期所经历的时间远远少于发达国家，这既是工业化发展积累到一定程度的必然反映，也是我国改革开放政策之后解放农村生产力的必然结果，同时又是我国自上而下推进城镇化发展政策的优势体现。与此同时，我国“时空压缩”式的高速增长，也使得城市问题日益显现：新旧矛盾激化，尺度失调严重，历史文脉割裂，城市孤岛增多。在这背后，深层次的城市社会问题也在不断积聚。

0.3 建筑推动城市发展

“十三五”期间我国将全面进入城市型社会，同时城镇化从以速度为主转向速度、质量并重的发展阶段。在这一新的时期，城市经济将占据主导性地位，城镇化将取代工业化成为中国发展的主要动力。❸ 在城市空间管理上，提高土地利用效率诉求明显，加快盘活存量土地压力加大。积极平衡发展与管理的关系，高效利用城市空间，成为我国城市从传统型走向综合密集型的必然选择。

❸ 潘家华，魏后凯．城市蓝皮书：中国城市发展报告No.8 [M]. 北京：社会科学文献出版社，2015：25。

在这一进程中，大型公共建筑无疑将会起到关键作用：更高、更大、更全、更密的大型公共建筑，推动着城市在形象、形态、结构和模式等层面的巨大变化。然而，我国城市的各类城市问题也在大型公共建筑的开发建设中集中突显：建筑往往是实现土地价值最大化的媒介，抑或建造者财力和野心的象征；建筑与场地的关系要么是实现单一商业功能，要么是单一视觉功能。这些建筑大多与其所在的环境特征毫无关联——不论是物质形态方面、文化方面、环境方面还是社会方面。❹

❹ Wood A. Rethinking the skyscraper in the ecological age: Design Principles for a New High-Rise Vernacular[C]// Proceedings of the CTBUH 2014 Shanghai Conference. Shanghai, China. 2014: 26-38.

即便建筑技术、效率和性能已今非昔比，也无法回避大型公共建筑（尤其是超高层建筑、大跨建筑等）相较普通民用建筑造价昂贵、耗能巨大、系统封闭的事实。❺ 那么，如何实现高投入高回报，为城市创造更多可能性，建立与城市、气候和人的联系，并实现经济、环境和社会维度相平衡的可持续发展目标，是大型公共建筑未来发展趋于理性的思考方向。

❺ 丁洁民，吴宏磊，赵昕．我国高度250m以上超高层建筑结构现状与分析进展 [J]. 建筑结构学报，2014，35（03）：1-7；范重，马万航，赵红，等．超高层框架-核心筒结构体系技术经济性研究 [J]. 施工技术，2015，44（20）：1-10，31；李道增，王朝晖．迈向可持续建筑 [J]. 建筑学报，2000（12）：4-8.

0.4 建筑改善城市生活

我国高速发展的城镇化时期所造成的人本尺度缺失、交通堵塞、环境污染以及越来越长时间的通勤正在困扰着城市。从日本和我国香港地区的成功经验来看，公交导向开发模式（Transit Oriented Development，简称TOD）[1]，是解决上述问题的良药：基于TOD理念的开发可以创建出更好的适于人们交流的环境，让人们不仅生活在快节奏的城市，还可以更好地生活、交流。[2]基于公交导向开发，以城市综合体为代表的大型公共建筑可作为城市基础设施的有机延续和功能高度混合的城市空间，为市民提供更为丰富的公共空间和更为自由的出行选择。

与此同时，被称为“城中之城”的城市综合体，基于“混合使用开发”土地开发模式，其盈利性功能在获得更高收益的同时，可使原本在基地内不能或难以生存的功能获得生机，从而实现其他城市开发模式难以实现的创造性目标。城市综合体在创造巨大经济价值的同时，还将会成为我国城市空间结构整合的重要途径，城市公共文化服务供给的有效补充，并具有激发城市基层社会治理模式创新的潜力。

可以说，如何在立体维度创造来自于人群聚集所带来的人与人之间的积极互动，促成对有限空间更为灵活、多样且高效的使用，更为紧密地将人与城市、自然和社会连接，是未来以城市综合体为代表的大型公共建筑推动城市让人类变得更为富有、智慧、绿色、健康和幸福的重要动力。

[1] “以公共交通为导向的开发”，简称公交导向开发（Transit Oriented Development，简称TOD）的概念最早由新城市主义（New Urbanism）的代表人物美国学者彼得·卡尔索普（Peter Calthorpe）在1992年提出。其中的公共交通主要是指火车站、机场、地铁、轻轨等轨道交通及巴士干线，然后以公交站点为中心、以400～800m（5～10分钟步行路程）为半径建立中心广场或城市中心，其特点在于集工作、商业、文化、教育、居住等为一身的“混合用途”，使居民和雇员在不排斥小汽车的同时能方便地选用公交、自行车、步行等多种出行方式。城市重建地块、填充地块和新开发土地均可以TOD的理念来建造，TOD的主要方式是通过土地使用和交通政策来协调城市发展过程中产生的交通拥堵和用地不足的矛盾。

[2] 彼得·卡尔索普，杨保军，张泉，等. TOD在中国：面向低碳城市的土地使用与交通规划设计指南[M]. 北京：中国建筑工业出版社，2014：序1。

第一部分：理论研究

第一章　城市综合体的溯源及概念辨析

20世纪是人类历史上一个重要的阶段。在这个阶段中,人的聪明智慧、物质产生、社会进步和科技发展，都互相簇拥着走到了一个智能社会相当的发展阶段。人的活动内容与范围大大地增加了，人的组织机构数量大大地扩充了，人的远近距离移动速度大大地增加了，人对空间与尺度的容忍理解程度也大大地缓和了。在这样的情况下，对建筑物、建筑群、结构体、城市地面、地上、地下、人工、自然的认识也会与时俱进地有所调节。[1]

——戴复东

[1] 王桢栋．当代城市建筑综合体研究 [M]. 北京：中国建筑工业出版社，2010：序 iii。

在绪论中，笔者回顾了城市诞生的意义，分析了城市变化的趋势，讨论了大型公共建筑如何推动城市发展，并引出了城市综合体在上述背景下将会如何改善城市生活的话题。

本章将在高密度人居环境的背景下，对当代城市综合体诞生的历史线索进行溯源，并对其相关概念，如巨构建筑（Megastructure）、垂直城市（Vertical City）、复合体建筑（Hybrid Building）、大都会建筑（Metropolisarchitecture）、混合使用开发（Mixed-use Development）、豪布斯卡（HOPSCA）等进行介绍。笔者尝试在城市高密度发展的历史背景下，对上述概念的相互关联进行系统梳理和辨析，并在本章最后提出城市综合体的定义。

1.1　乌托邦视野下的巨构建筑

在人类发展的历史上，城市规划者、建筑师、社会学家、科幻作家和电影导演们从未停止过规划和描绘着陆地、海洋甚至太空中的未来城市蓝图。进入人口和科技高速发展的20世纪以来，在土地缺乏、住房需求、资本积累、技术进步以及乌托邦理想五个社会因素的共同影响下，产生了许多巨构建筑思想。

从20世纪初源于意大利的未来主义（Futurism）以及俄国的构成主义（Constructivism），到20世纪中后期欧美的十次小组（Team X），英国的建筑电讯派（Archigram），法国的境遇主义国际（Situationism），日本的新陈代谢派（Metabolism）；从1976年由活跃在美国建筑界的英国学者雷纳·班纳姆（Reyner Banham）出版《巨构建筑：最近的城市未来》（Megastructure:

Urban Futures of the Recent Past)(图 1-1)推动了关于巨构理论的研究热潮，到 2011 年记者出身的荷兰建筑师雷姆·库哈斯(Rem Koolhaas)出版《日本项目:新陈代谢派访谈录…》(Project Japan: Metabolism Talks...)(图 1-2)追溯了日本新陈代谢派的兴衰，并再次引发了西方学界对巨构思想的回顾和关注。一个时期一旦同时出现前述 5 个社会因素中的 2 个或 2 个以上汇聚，就马上会出现与巨构建筑相关的理论研究。❶

❶ 姚栋，黄一如．巨构城市“10 万人生活的巨构”课程思考 [J]. 时代建筑，2011(03): 62-67。

图 1-1 《巨构建筑：最近的城市未来》(Megast-ructure: Urban Futures of the Recent Past) 封面(左)
来源：www.amazon.com

图 1-2 《日本项目：新陈代谢派访谈录…》(Project Japan: Metabolism Talks...) 封面(右)
来源：www.amazon.com

巨构建筑的定义最早由槙文彦在 1964 年结合其导师丹下健三的理论提出：“巨构建筑是能够在当今技术条件下实现的承载城市所有或部分功能的巨型框架。从某种方面来说，它可被称作为人工景观。……一个大规模的人类尺度的形式，包括巨大的形式，以及能够适应更大框架的独立的可快速变化的功能单位。”❷

❷ 英文原文：“The Megastructure is a large frame in which all the functions of a city or part of a city are housed. It has been made possible by present day technology. In a sense it is a man-made feature of the landscape.…… a mass-human scale form which includes a Mega-form, and discrete, rapid-changing functional units which fit within the larger framework.” 来源：Banham R. Megastructure: urban futures of the recent past [M]. London: Thames and Hudson, 1976: 8.

巨构建筑集中体现了建筑师们尝试用建筑的手段来解决高密度城市人居问题的思考。其积极方面包括：①有效提高土地利用效率。通过与土地的最小接触，来减少建筑对自然环境的影响(图 1-3)。②取得自然和大量人口的平衡。垂直立体的巨型结构在容纳所有城市功能的同时，也为所有功能最大限度地争取到了阳光和空气(图 1-4)。③步行环境促进社会交往。巨构建筑往往通过垂直电梯或扶梯组成高效竖向交通，并在空中形成水平向城市公共空间，使用者通过步行即可方便地在各城市功能间穿梭，纯步行环境的城市空间也便于社会交往的开展(图 1-5)。

其消极方面包括：①对社会资源的极高消耗。建造巨构建筑是对人类经济、物质、劳动力资源的极大挑战，只有将这些资源高效集中，并在统一全社会精神信念的前提下，才有可能在特定时代背景下实现伟业。历史上，有相当多的巨型建筑未能建成(图 1-6)。因此，比之更为复杂的巨构建筑，一旦在任何环节出现问题，就将更难以实现。②对人类生活影响的无法预

图 1-3 矶崎新的空中城市
(Clusters in the Air, 1962)
来 源：demusitecture.wordpress.com

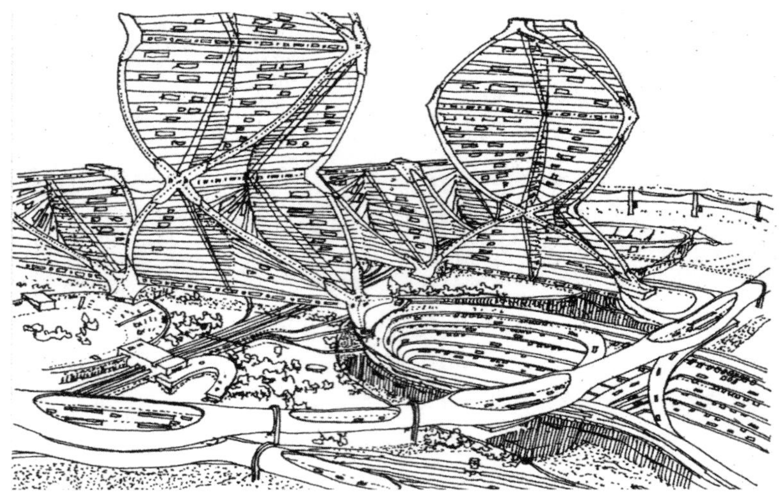

图 1-4 黑川纪章的螺旋城市
(Helix City, 1961)
来 源：Koolhaas R, Obrist H U. Project Japan: Metabolism Talks... [M]. Koln: Taschen, 2011: 380

图 1-5 丹下健三的筑地规划
(Tsukiji Plan, 1964)
来 源：Koolhaas R, Obrist H U. Project Japan: Metabolism Talks... [M]. Koln: Taschen, 2011: 362

知。巨构建筑将为人类社会创造一个前所未有的生活环节，基于以往的认知，无法判断大量人类离开地面环境生活，会产生何种生理和心理上的影响（图1-7）。③对人类生活需求转变的难以适应。人类社会分层结构是在持续变化的，巨构建筑精密而又紧凑的空间结构如何来适应其居民在年龄、组成和组合等维度分层而造成的需求变化，是其需要面对的重要挑战。

图 1-6 苏维埃宫方案渲染图，这一项目因为“二战”爆发而流产（左）
来 源：CTBUH 报 告“Dream Deferred: Unfinished Tall Buildings”《延期的梦：未完成的高层建筑》，www.ctbuh.org

图 1-7 沙特吉达塔（Jeddah Tower）效果图，设计方案中直升机停机坪以上部分功能不明（右）
来 源：CTBUH 高层建筑中心（Skyscraper Center），www.skyscrapercenter.com

纵观历史，绝大多数巨构建筑都停留在了图纸阶段，能够被建造出来的凤毛麟角，而这些仅存的硕果也往往命运多舛。由黑川纪章设计的东京银座中银胶囊塔（Nakagin Capsule Tower）作为日本新陈代谢派的代表作，其每个房间单元都是独立的，可以拆卸、重新拼接（图 1-8）。然而，在 1972 年建成以来，在其 40 余年的使用过程中，并没有任何单元如建筑师设想的被拆卸、移动和替换。目前，这栋建筑已年久失修，热水系统全线瘫痪，建造商并没有维修的意向，并屡次提议拆除。由菊竹清训[1]提出的海上城市（Marine City）概念，是新陈代谢派的代表性巨构建筑思想。由他设计并在 1975 年冲绳世博会上建成的人工海上都市（Aquapolis）项目，是这一思想唯一实现的作品，并在当时成为日本展现在未来向海上扩展理想的重要载体（图 1-9）。然而，其在世博会结束后作为公园观光设施运营至 1993 年闭馆。之后，这一建筑日益陷入运营危机，差点被投资为中华餐厅，但最终投资案破局，所有权者破产，被低价卖给债权人美国公司。最终在 2000 年，因为年久失修被拖运到中国上海解体拆除。[2]

阿尔多·罗西（Aldo Rossi）在《城市建筑学》中论述到：“建筑形式还取决于建筑物在时空中发展为复杂实体的属性。……在城市建筑体中，有些原本的价值和功能被保留下来，而另一些则彻底地被改变了。”[3] 这一观点很好地解释了巨构建筑难以成功的核心原因。“城市的整体和优美是由

[1] 菊竹清训和丹下健三同为新陈代谢派的发起人物，他的职业生涯实践以新陈代谢派的理念为思想根基，打造巨型建筑而闻名。

[2] 矶达雄．浮动城市 [M]．杨明绮译．台北：商周出版社，2014：117-121。

[3] 阿尔多·罗西．城市建筑学 [M]．黄士钧译．北京：中国建筑工业出版社，2006：31。

图 1-8 中银胶囊塔（左）
来源：www.architravel.com

图 1-9 海上都市（右）
来源：www.fukasal.co.jp

许多不同的形成时期组成的，这些时期的综合就是城市整体的统一。”[1]试图仅仅以建筑单体来改变城市甚至创造城市，往往是建筑师的一厢情愿。

城市中的建筑，是对经济、环境和社会问题综合权衡和适应的产物。乌托邦视野下的巨构建筑往往只能在某一方面有突出贡献，很难全方位适应人类社会的发展需求。

有意思的是，作为巨构建筑之父勒·柯布西耶[2]的现代主义城市规划理想“光辉城市”（La Ville Radieuse）并未在西方发达国家的城市建设中开花结果，却在第三世界发展中国家的城市开发中重获生机。

接下来，笔者将从高密度城市发展的历史实践线索，来继续展开讨论。

1.2 上海小陆家嘴与垂直城市

在现今世界城市发展重心的亚洲地区，人口密度和城市用地紧张的矛盾尤为突出。土地是亚洲城市发展的主要约束之一，唯一的应对之道就是向天空建设，即“垂直城市”。[3]关于垂直城市的研究已经成为亚洲城市发展的核心议题。

自金茂大厦 1999 年建成以来，小陆家嘴地区的超高层建筑已经成为中国崛起和上海飞速发展的标志。在 2007 年环球金融中心取代金茂大厦成为中国第一高度之后，2015 年，作为上海首座巨高层建筑（Mega Tall Building）[4]，上海中心再次摘下了中国第一高楼的桂冠，在成为小陆家嘴地区最后一块拼图的同时，也成为当之无愧的上海新地标。如今，金茂大厦、环球金融中心和上海中心这三栋高层建筑已经成为上海市民习以为常的城市背景，人们亲切地给他们起了绰号：“注射器”“开瓶器”和“打蛋器”（图 1-10）。

从建筑学专业视角来看，在世界第二的高度和升龙造型的独特外观外，

[1] 阿尔多·罗西. 城市建筑学[M]. 黄士钧译. 北京：中国建筑工业出版社，2006：64。

[2] 勒·柯布西耶在 1931 年完成的阿尔及尔规划方案中提出的 Project “A”, FortI’ Empereur 被雷纳·班纳姆称为巨构建筑通常意义上的祖先（Most general ancestor）。 来源：Banham R. Megastructure：urban futures of the recent past[M]. London：Thames and Hudson，1976：8.

[3] 新加坡国立大学王才强教授，为亚洲垂直城市学生国际竞赛（Vertical Cities Asia）所做题记。来源：http：//www.verticalcitiesasia.com/。

[4] 世界高层建筑与都市人居学会（CTBUH）综合考虑高层建筑的建筑及结构设计特点和高度发展趋势，于近年提出高层建筑类型划分新标准，将 300m 以上的高层建筑定义为超高层（Super tall），将 600m 以上的高层建筑定义为巨高层（Mega Tall）。上海中心是全球第三座巨高层建筑，其他两座为迪拜的阿里法塔（Burj Khalifa）和麦加的麦加皇家钟楼（Makkah Royal Clock Tower）。

图 1–10　上海小陆家嘴地区鸟瞰照片
来 源：CTBUH 高 层 建 筑 中 心（Skyscraper Center），www.skyscrapercenter.com

上海中心还拥有成为垂直城市新范式的野心（图 1-11）。通过一系列先进技术，以及建筑师、工程师和管理人员的通力合作，上海中心获得了最大限度地优化，并成为世界上最绿色和高效的高层建筑之一。❶

❶Wood A，Gu JP，SafarikD（eds.）. Introduction to Shanghai Tower（2014）The Shanghai Tower：In Detail [M]. Chicago：CTBUH. 2014：6-9.

图 1–11　上海中心空中中庭效果图（左）及剖透视（右）
来 源：CTBUH 高 层 建 筑 中 心（Skyscraper Center），www.skyscrapercenter.com

然而，若把注意力从这些宏伟的超高层建筑转移到其周边城市环境上时，会发现小陆家嘴地区虽已经历了近 30 年的高强度建设，但是尚不能被称作上海的城市动力核心。❷ 漫步在小陆家嘴街头，很难感受到一个国际大都市应有的多样性、复杂性和城市活力（图 1-12）。建筑之间的空间尺度巨大，在这些非人尺度的城市空间中通行，即便是驾车也很难分辨方位（图 1-13）。

❷DT 财经．陆家嘴 VS 静安寺，谁才站在了魔都职场名媛的鄙视链顶端 [EB/OL].2017-11-2。http：//www.yicai.com/news/5378561.html。

纽约高层建筑博物馆陈列了同为城市 CBD 的上海小陆家嘴地区和纽约

图 1-12 陆家嘴明珠环步行天桥上的城市景象（左）
来源：昵图网，www.nipic.com

图 1-13 陆家嘴城市道路上的城市景象（右）
来源：新浪地产，dichan.sina.com.cn

下曼哈顿地区的城市模型（图 1-14）。通过比较可以发现，虽然两者的轮廓和面积惊人地相似，但是其城市形态却存在巨大差异。小陆家嘴地区建筑的平均高度与下曼哈顿地区相差不大，但其毛容积率还不及下曼哈顿地区的一半，建筑覆盖率也刚到其一半[1]（图 1-15）。事实上，将小陆家嘴地区和隔江相望的浦西地区进行比较，同样可以发现其城市形态的差异，毛容积率、建筑覆盖率和人口密度等数据的横向比较结果显示，浦西核心地区的城市密度要远高于浦东核心地区[2]（图 1-16）。以上比较揭示了小陆家嘴地区城市密度过低的事实，也解释了为何行人在小陆家嘴地区有空间尺度巨大难辨方位感受的根本原因。

❶ 平均高度数据及毛容积率数据为课题组根据 CTBUH 的 Skyscraper Center（www.skyscrapercenter.com）数据，结合百度地图和谷歌地图的层数及面积信息推算，下文有关上海浦西地区和香港中环地区数据的获得方法类似。计算后的小陆家嘴地区建筑平均高度为 40m，毛容积率为 2.3，建筑覆盖率为 20.66%，下曼哈顿地区建筑平均高度为 50m，毛容积率为 5.1，建筑覆盖率为 41.10%。

❷ 经计算图中浦西地区的毛容积率为 3.3，建筑覆盖率为 44.71%，小陆家嘴地区毛容积率为 2.3，建筑覆盖率为 20.66%。根据上海市统计局网站 2017 年数据显示（www.stats-sh.gov.cn），浦西的所处黄浦区 2016 年人口密度为 32072 人 /km^2，而小陆家嘴地区所处浦东新区 2016 年人口密度为 4545 人 / km^2。

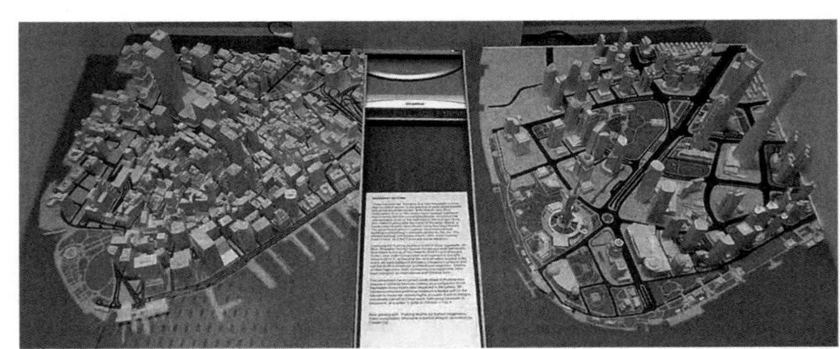

图 1-14 纽约下曼哈顿地区（左）和上海小陆家嘴地区（右）的城市模型
来源：作者自摄

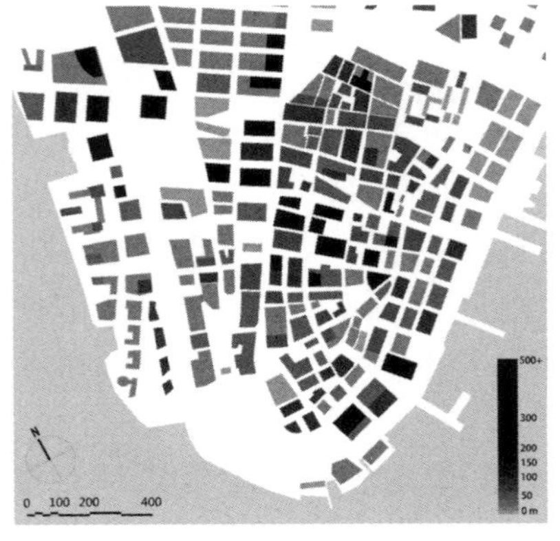

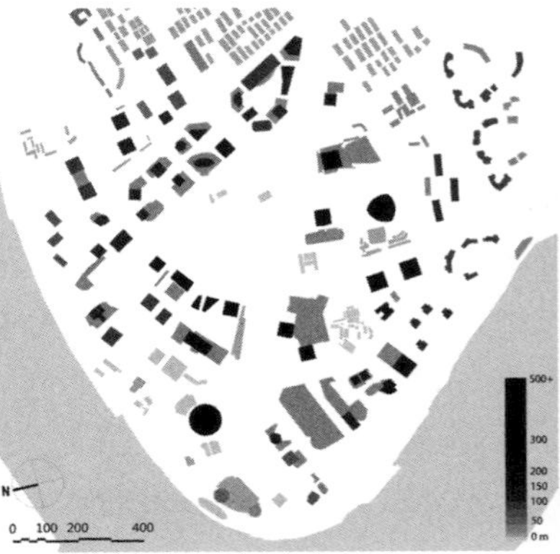

图 1-15 纽约下曼哈顿地区（左）和上海小陆家嘴地区（右）的城市形态比较
来源：赵音甸绘制

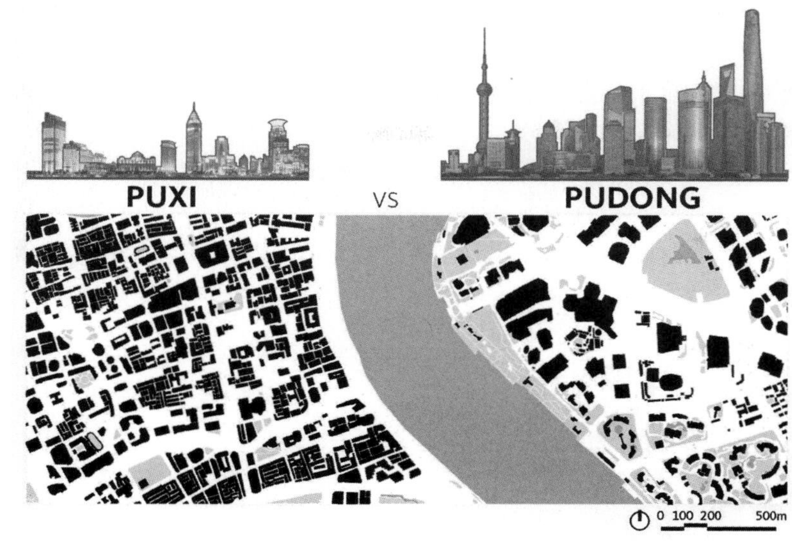

图 1-16　上海小陆家嘴地区（右）与浦西地区（左）城市形态比较
来源：潘逸瀚绘制

那么，小陆家嘴地区各建筑之间的关联性如何，整体使用强度又如何呢？笔者再尝试将其与同为东亚地区重要 CBD 的香港中环地区进行比较。出于解决机动车和步行需求矛盾的目的，2 个地区都使用空中步道系统来联系各地块上的公共建筑。通过比较发现两地空中步道系统总长度差距巨大❶，更不用说再叠加考虑两者在建筑覆盖率和建筑毛容积率上的差异了（图 1-17）。显然，中环地区各公共建筑之间的联系更为紧密，其公共空间的使用效率和强度都更高，而同为城市最高建筑的上海中心和香港国金中心在 CBD 城市空间中的实际贡献也大相径庭。❷

❶ 计算后的小陆家嘴地区空中步道系统总长为 1.5km，毛容积率为 2.3，建筑覆盖率为 20.66%，香港中环地区空中步道系统总长为 10km，毛容积率为 6.3，建筑覆盖率为 30.12%。

❷ 更多关于上海小陆家嘴地区及香港中环地区的比较和研究请参考本书第四章。

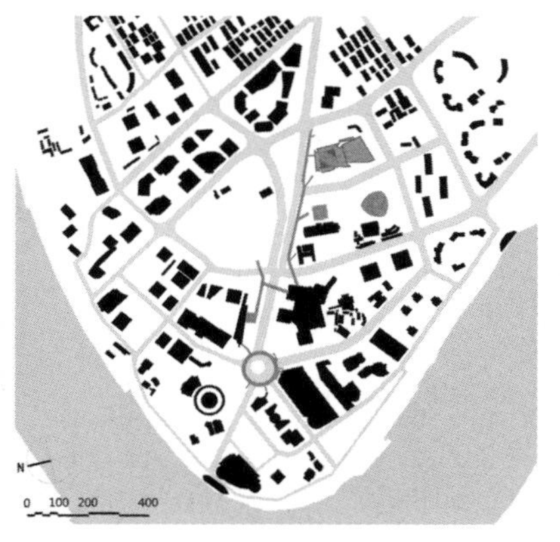

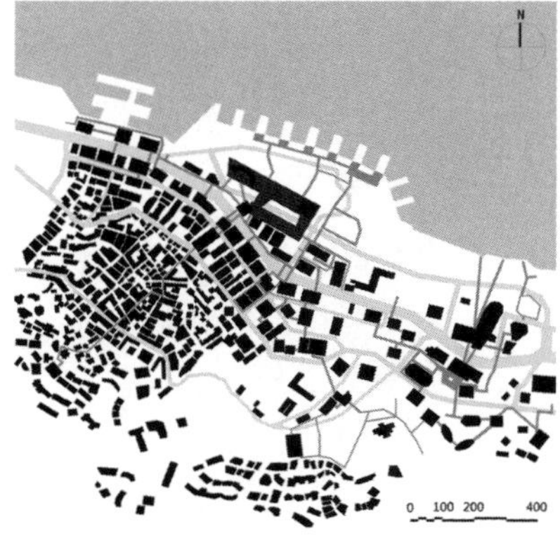

图 1-17　上海小陆家嘴地区（左）与香港中环地区（右）的空中步道系统比较
来源：赵音甸绘制

小陆家嘴地区在过往建设中存在的主要问题归纳下来主要包括：机动车主导，地块孤立发展，地下开发独立，缺乏户外空间，公共绿化割裂，以及缺乏步行联系。而当前城市设计存在的问题主要有：①非人性的宏大尺度：高耸的建筑物以及过低的建筑密度；②形态不明的城市空间：高层建筑没有积极地定义街道和广场；③多样性缺失：功能单一（79% 办公），空间缺少形态和尺度的变化；④步行环境品质低下：功能分区引发交通潮汐，道路两侧缺乏活力支撑。[1]

反思历史，不得不承认当年国际竞赛[2]第一名英国理查德·罗杰斯方案的紧凑城市设计精髓未被采纳的遗憾（图 1-18），而当时以汽车交通为核心的发展思路是一切问题产生的根源（图 1-19）。未来，小陆家嘴地区城市空间的改造势在必行，其城市设计的深化工作任重道远。[3]

[1] 蔡永洁，许凯，张溱，周易．新城改造中的城市细胞修补术——陆家嘴再城市化的教学实验 [J]. 北京：城市设计，2018，15（01）：38-47。

[2] 1992 年上海陆家嘴中心区规划国际咨询竞赛共有五组方案，包括中国上海联合咨询组、英国罗杰斯、法国贝罗、日本伊东丰雄和意大利福克萨斯。来源：上海陆家嘴（集团）有限公司编著．上海陆家嘴金融中心区规划与建筑——国际咨询卷 [M]. 北京：中国建筑工业出版社，2011。

[3] 其可能的解决方式将在本书的第七章中继续讨论。

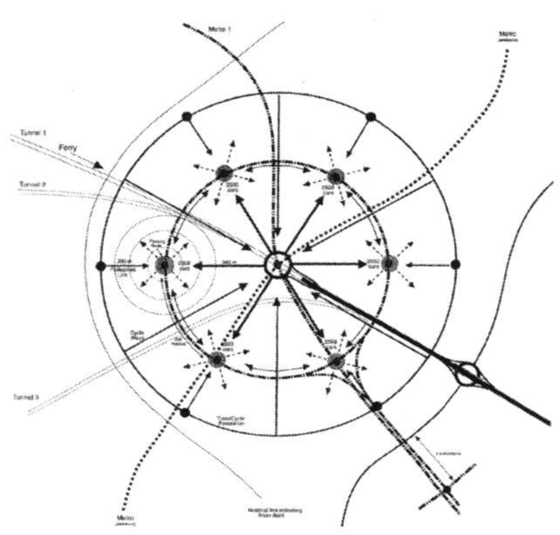

图 1-18　1992 年小陆家嘴中心区规划国际咨询竞赛英国罗杰斯方案模型照片（左）和交通系统分析图（右）
来源：理查德·罗杰斯，菲利普·古姆齐德筒．小小地球上的城市 [M]. 仲德崑译．北京：中国建筑工业出版社，2004：47-48

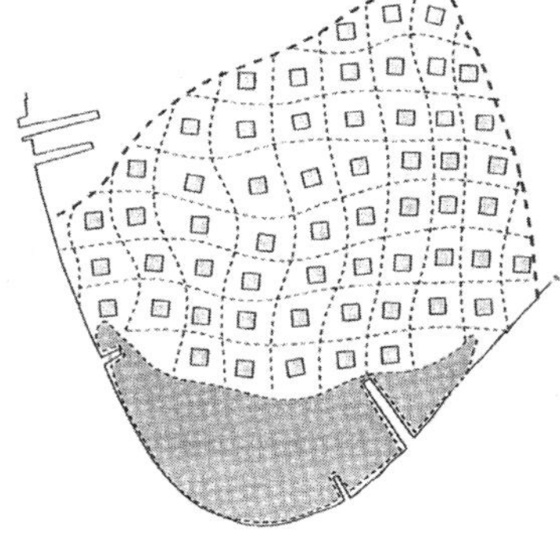

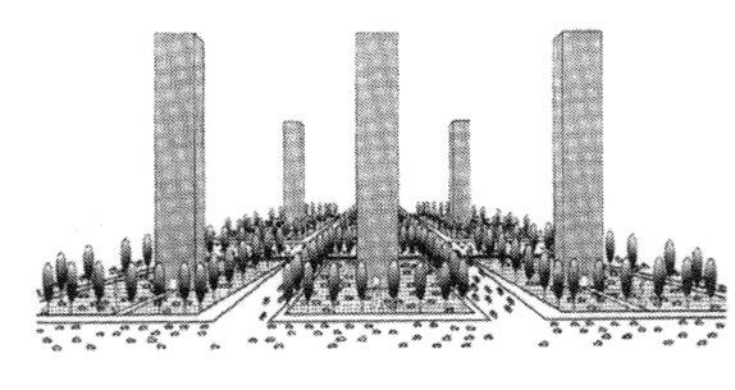

图 1-19　20 世纪 90 年代上海将骑车人转变为驾车人的目标和陆家嘴以汽车交通为导向的原规划
来源：理查德·罗杰斯，菲利普·古姆齐德筒．小小地球上的城市 [M]. 仲德崑译．北京：中国建筑工业出版社，2004：44-45

重读 19 世纪初纽约曼哈顿的高速城市发展历史，会发现小陆家嘴地区现今存在的大部分问题同样曾经在纽约曼哈顿的城市建设过程中存在过，那么这些问题是如何被解决的呢？

1.3　从复合体建筑到混合使用

现代城市为建筑功能从均质到异质的增长提供了养料。❶

美国城市网格（Grids）是人类城市规划历史上的伟大创造。纽约政府要员在 1807 年绘制了网格状的城市规划图（图 1-20），这一看似简单的做法却在长达 2 个世纪里创造了最大程度的财富集聚，促使一个只有 10 万人口的城市一跃发展为世界上最伟大的城市之一，甚至在长达 1 个世纪的长河里能够比肩人口 300 多万的伦敦，并形成让其他城市顶礼模仿的全球经济权力。

❶ 出自斯蒂文·霍尔（Steven Holl）为 "Pamphlet Architecture 11: Hybrid Buildings"（《建筑小册子 11：复合体建筑》）所做的序言。英文原文："The modern city has acted as fertilizer for the growth of architectures from the homogeneous to the heterogeneous in regard to use." 来源：Fenton J. Pamphlet Architecture 11: Hybrid Buildings[M]. New York: Princeton Architectural Press, 1985: 3.

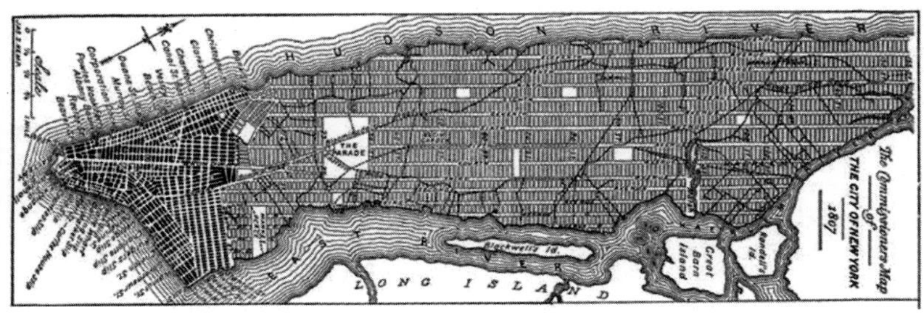

图 1-20　纽约 1807 年城市规划图
来　源：Valentine DT. Manual of the Corporation of the City of New York for 1852 (Classic Reprint) [M]. London: Forgotten Books, 2018: 848

实际上，在曼哈顿崎岖、荒凉的岩石山丘和沼泽地之间，要实现这种表面统一的网格并非易事（图 1-21）。但是，这一模式却很好地解决了城市的连通性问题，相互连接的密集街道网络确保曼哈顿的良好互通性：每平方公里有 18km 长的街道以及高达 80 个道路交叉口；与此同时，土地市场设定的微小地块单位（200m² 的地块）能够实现高度多元化的土地利用并更好满足市场需求（图 1-22）。可以说，这一模式为成功促使城市形成自我改造的能力和方式的多样性打下了良好的空间基础。❷

图 1-21　纽约 19 世纪初城市建设景象
来源：维基百科（en.wikipedia.org）

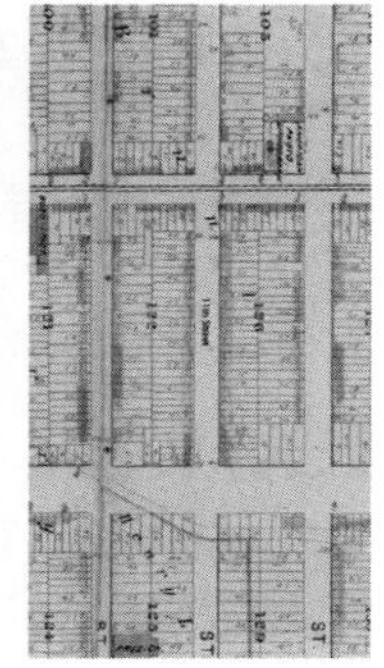

❷ 薛杰．曼哈顿网格的原动力——图上画线创造价值 [M]// 中时代网《全球最佳范例》杂志亚太版指导委员会编．全球最佳范例（第 26 期）．北京：光明日报出版社，2015: 70-85。

图 1-22　纽约 1755 年土地出售区块划分图
来源：www.oldnyc.org

然而，回顾历史，让纽约城市系统能够持久产生多样性、创造财富并能够适应时代变化的能力并非一蹴而就，政府的政策和法规调控，开发商的摸索和市场检验，规划师和建筑师们的思考和实践应用，持续完善着城市网格的适应性，并为人类高密度城市发展留下了宝贵的财富和重要的经验。

在19世纪末20世纪初的美国，随着城市中心区土地价值的飞速提升，为适应高密度城市的高速发展需求，城市核心区域土地上的建筑更新频繁。在这一背景下，出现了“复合体建筑”（Hybrid Building）[1]这一新类型。乔瑟夫·芬顿（Joseph Fenton）在其1985年的专著中，对这一建筑类型进行了系统回顾，并指出：**“复合体建筑的产生是在城市网格的限制下，对大都市土地价值提升压力的回应。”**[2]他将复合体建筑分为编织型（Fabric Hybrids）、嫁接型（Graft Hybrids）和整构型（Monolith Hybrids）3类（图1-23）。

❶Hybrid Building在国内亦被翻译为“杂交建筑”，2009—2010年，作为最早提出Hybrid Building分类的参与者，斯蒂文·霍尔事务所在北京、深圳、杭州等地做了主题为“都市主义”的巡回展览，期间对事务所完成的北京当代MOMA-Linked Hybrid的中文翻译名称采用了“联结复合体”一词，这也使“复合体建筑”成为“Hybrid Building”较为通用的一种翻译方式。来源：郭红旗.复合体建筑定义解析[J].华中建筑，2013，31（03）：8-11。

❷英文原文：“The Hybrid type was a response to the metropolitan pressures of escalating land values and the constraint of the urban grid.”来源：Fenton J. Pamphlet Architecture 11：Hybrid Buildings[M]. New York：Princeton Architectural Press，1985：5。

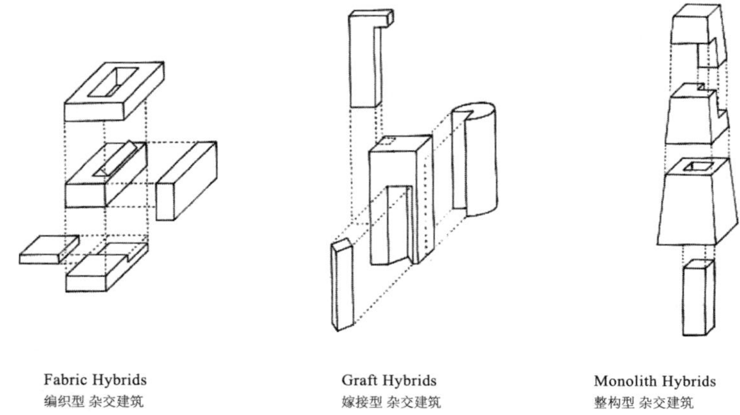

图1-23 复合体建筑的三种类型
来源：Fenton J. Pamphlet Architecture 11：Hybrid Buildings[M]. New York：Princeton Architectural Press，1985：8

具体来看，编织型复合体建筑往往是围绕1～2个核心功能，通过组合加建的模式增加其他功能，来拓展其适应性。例如，1892年建成的芝加哥席勒大厦（Schiller Building），其围绕办公和剧院功能，加建了商业、俱乐部及瞭望台等功能（图1-24）；1914年建成的纽约比尔特莫尔饭店（Biltmore Hotel），则基于酒店功能，结合了火车站到达厅、零售、餐饮等功能（图1-25）。

嫁接型复合体建筑是在原有功能基础上叠加新功能，或将原有功能嫁接到新开发建筑的上部。例如1915年建成的波士顿海关大楼，就是在原海关大楼之上加建了办公塔楼（图1-26）；而1924年建成的芝加哥Chicago Temple，则将原地块上的教堂直接加建到了新建大楼的顶部（图1-27）。

整构型复合体建筑是将不同功能在垂直维度上进行叠合，形成摩天大楼形式的整体性开发。如纽约1976年建成的Olympic Tower，将商店、办

图 1-24 美国芝加哥席勒大厦（左）
来 源：Fenton J. Pamphlet Architecture 11: Hybrid Buildings[M]. New York: Princeton Architectural Press, 1985: 15

图 1-25 美国纽约比尔特莫尔饭店（右）
来源：commons.wikimedia.org

图 1-26 美国波士顿海关大楼（左）
来源：www.dreamstime.com

图 1-27 美国芝加哥 Chicago Temple（右）
来源：themanonfive.com/page/66

公和公寓在垂直维度上进行叠加（图 1-28）；而芝加哥 1968 年建成的著名超高层建筑汉考克大厦（Hancock Tower）在垂直维度自下而上叠合了商店、车库、办公、公寓、俱乐部、观景平台、饭店、电视台等 8 种不同的功能（图 1-29）。

“复合体建筑”本质上是在有限的地块上，以建筑手段应对高密度开发需求的建设模式。其往往是内向和自成体系的，很少会考虑与城市整体的联动发展。这在霍尔近年在中国的“复合体建筑”实践中，依旧可窥一斑。

图 1-28 美国纽约 Olympic Tower（左）
来源：www.sothebyshomes.com

图 1-29 美国芝加哥汉考克大厦（右）
来源：cn.dreamstime.com

例如，他在北京的代表作当代 MOMA，内部通过丰富的立体步行系统将不同功能体块有机联系（图 1-30），但是其对城市周边空间的态度却是较为封闭的，同时这一项目与城市的公共交通联系薄弱，住户通常只能驾车出行（图 1-31）。

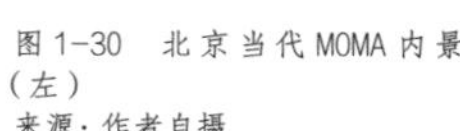

图 1-30 北京当代 MOMA 内景（左）
来源：作者自摄

图 1-31 北京当代 MOMA 整体轴测模型（右）
来源：周锡晖绘制

随着建筑在经济蓬勃发展的刺激下不断往空中生长，为纽约等美国大城市提出了新问题。1915 年，公正大厦（Equitable Building，图 1-32）的建成成为纽约城市发展史上的重要转折点。这栋高层建筑落成后，在冬季能形成 2.6hm^2 相当于其建筑表面积 6 倍的巨大阴影，并直接导致了周边建筑物由于采光受到影响而租金暴跌甚至大量空置。纽约政府意识到，若不对高层建筑形态加以控制，将会对纽约城市空间造成无法挽回的影响。于是在 1916 年，纽约城市区划法（Zoning Law）问世，通过法规对建筑形态进行明确限制，控制建筑不同高度部分的体量，将商业和居住地块加以区分，并对城市开放公共空间做出明确限定（图 1-33）。

1916 年区划法虽然有效控制了城市形态，但是仍旧无法解决高密度城

图 1-32 美国纽约公正大厦
来源：（左）www.skyscraper.org/zoning/；（右）www.nyc-architecture.com

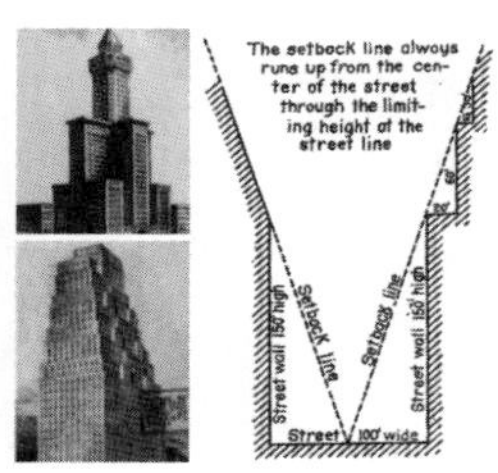
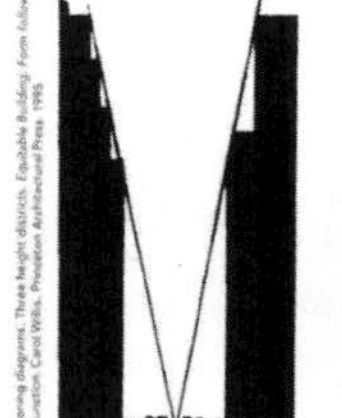

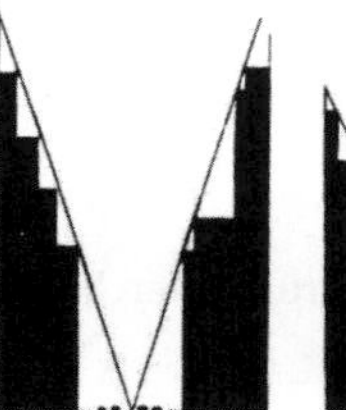
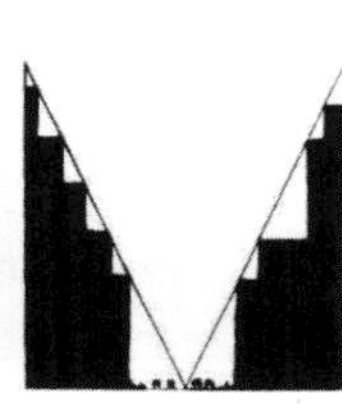

图 1-33 1916 年纽约城市土地区划法对建筑形态进行明确限制
来源：The skyscraper museum 官网：www.skyscraper.org/zoning/

市发展面临的核心问题。一方面，在经济利益最大化的驱使下，开发商纷纷将区划法对建筑形态的控制作为建筑设计的主要标杆，建筑造型和城市形态日趋单一（图 1-34、图 1-35）。另一方面，城市密度的增加带来了更多的城市人口，大量人口在城市中的通勤需求向城市道路空间的交通承载力提出了新挑战。

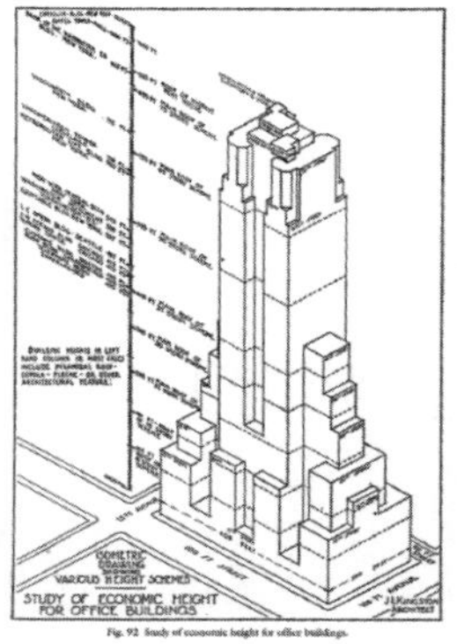

图 1-34 休·费里斯（Huge Ferriss）根据土地区划法生成的高层建筑效果图（左）
来源：The skyscraper museum 官网（skyscraper.org/EXHIBITIONS）

图 1-35 纽约帝国大厦的形体设计严格遵照了土地区划法的要求（中、右）
来源：archimaps.tumblr.com

事实上，20 世纪 20 年代前后，在美国高层建筑高速发展和汽车交通导向的时代背景下，就已经吸引了不少欧美学者开始就摩天大楼所带来的城市发展问题进行反思，讨论其对高密度人居环境所带来的矛盾和挑战，并进一步提出交通问题将会成为未来城市高密度发展的核心问题。

英国学者雷蒙德·昂温（Raymond Unwin）❶在1924年发表的论文中，通过对当时北美第一高楼伍尔沃思大楼（Woolworth Building）的研究指出，将人们集中在高层建筑中办公对城市步行和车行交通都会产生巨大的压力，他认为："纽约并没有通过变高而解决城市交通问题，高层建筑仅仅是将城市地面上水平移动的小汽车转变为了在高楼中垂直移动的电梯，并顺带将城市中原本的短途通勤变得更为困难。"❷昂温关于高层建筑无法解决城市拥挤问题的观点，能够在同时期德国学者维尔纳·黑格曼（Werner Hegemann）❸的专著里对美国城市发展的批评中找到回应。"摩天大楼并不能创造更多拥有充足光线和新鲜空气的办公空间。"黑格曼指出，"更为灾难性的是这些高大的商业建筑对当今街道交通造成的难以言表的影响。当街边服饰店的雇员在午餐期间想走上街头呼吸一下新鲜空气的时候，等待着他的是摩肩接踵的人群。如果某人想在交通高峰期在纽约街头选择汽车出行1 ~ 2km的话可得非常谨慎，因为他将不得不面临长时间的堵车。"❹

德国学者路德维希·希尔贝斯艾默（Ludwig Hilberseimer）在其专著《大都会建筑》（Metropolis-architecture）❺中指出："交通问题将会成为贯穿城市有机组织自始至终的问题。"❻

在同时期，也有身处纽约的建筑师和学者开始为解决纽约日趋严重的城市交通问题而提出城市设计方案。美国建筑师及理论家哈维·威利·科比特（Harvey Wiley Corbett）早在1913年，就已经开始探索纽约高架拱廊步行道的方案，他在《科学美国人》（Scientific American）杂志上发表了他的未来纽约城市设计方案图❼（图1-36），并在1924年发表了名为"分层设置步行、车行和轨道交通"（Different levels for foot，wheel，and rail）的方案❽，尝试通过立体交通组织的形式来解决纽约的交通问题（图1-37）。

而纽约区域规划协会（New York Regional Planning Association）❾在"纽约及其郊区区域计划"（Regional Plan of New York and Environs）中也提出了与科比特相似的"纽约，以适应交通需求的街道扩充方案"（New York，Proposals for street expansions to accommodate traffic）（图1-38）。这一模式试图逐渐将步行交通引向空中，形成城市空中步行连廊，将地面彻底解放供汽车使用，并将空中建筑退台相连形成空

图1-36 科比特1913年在《科学美国人》杂志上发表的未来纽约城市设计方案图
来源：Suplee H H. The Elevated Sidewalk，The Current Supplement[J]. Scientific American，1913（04）：67

❶Raymond Unwin（1863—1940）是一位杰出而有影响的英国工程师、建筑师和城市规划师，他致力于工人阶级的住房改善工作。

❷Unwin R. Higher building in relation to town planning [J]. RIBA Journal，1924，31（5）：126.

❸Werner Hegemann（1881—1936）是一位国际知名的城市规划师、建筑评论家和作家。他是魏玛共和国时期主要的德国知识分子，因对希特勒和纳粹党的批评他被迫于1933离开德国，并在1936年客死纽约。

❹Hilberseimer L. Metropolis-architecture [M]. New York：GSAPP BOOKS，2012：106-107.

❺路德维希·希尔贝斯艾默1927年出版的专著《大都会建筑》（Metropolis-architecture）是20世纪20年代重新定义了建筑与城市关系的代表作品，书中的城市理论和提出的"高层城市"（High-rise City）方案对其后的建筑和城市设计的思想、理论和实践起到了深远的影响。

❻英文原文："The traffic question will become the Alpha and Omega of the entire urban organism." Hilberseimer L. Metropolis-architecture [M]. New York：GSAPP BOOKS，2012：133.

❼Suplee H H. The Elevated Sidewalk，The Current Supplement[J]. Scientific American，1913，69（04）：67.

❽Corbett H W. Different levels for foot，wheel，and rail[J]. American City 1924，31（7）：2-6.

❾纽约区域规划协会（New York Regional Planning Association）成立于1922年，是一个非政府性组织。其主要由Russell Sage基金会资助，并由英国规划师托玛斯·亚当斯（Thomas Adams）牵头。

图 1-37 科比特 1924 年发表的名为“分层设置步行、车行和轨道交通”的方案
来 源：Corbett H W. Different levels for foot, wheel, and rail[J]. American City, 1924, 31 (7): 2-6

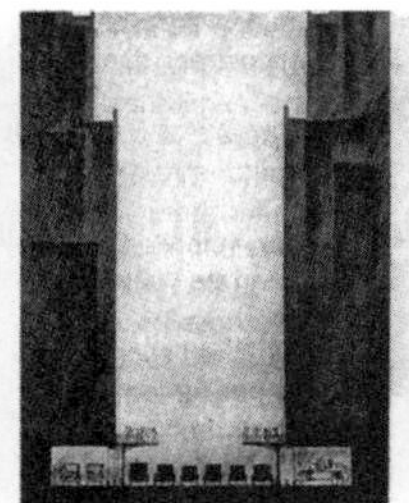

图 1-38 纽约区域规划协会提出的“纽约，以适应交通需求的街道扩充方案”
来源：Hilberseimer L. Metropolis-architecture [M]. New York: GSAPP BOOKS, 2012: 109

中公共空间基面，进一步缓解地面交通的压力。

1935 年，在欧洲推广光辉城市计划屡屡碰壁的勒·柯布西耶来到了大洋彼岸的纽约，试图以他的方式为纽约未来的发展提供新思路。在他为纽约提出的规划中，可以看到他采取了比巴黎更为极端的方式：将整个曼哈顿全部拆除，打造全新网格并重新建造巨型摩天楼，架设高速车行道路连接各幢大楼，并将建筑之间的空地建设为公共绿地（图 1-39）。勒·柯布西耶认为只有这样，才能从根本上解决大量车流交通与城市高密度发展之间的矛盾。

虽然勒·柯布西耶准确认识到了纽约城市发展所面临的核心问题是城

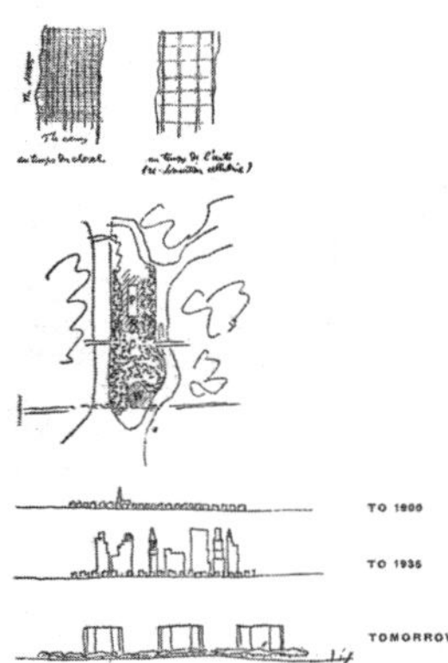

图 1-39 勒·柯布西耶提出的纽约规划方案
来源：雷姆·库哈斯. 癫狂的纽约[M]. 唐克扬译. 上海：生活·读书·新知三联书店，2015: 408, 391

市空间与交通之间的矛盾，但是其解决方案并不能从根源上治愈这一高密度城市的病灶。实际上，勒·柯布西耶的光辉城市计划早在 1922 年提出时，就受到了多方质疑。路德维希·希尔贝斯艾默曾指出，光辉城市所有形态上的优美都建立在了错误的交通模式上。经过他的计算，光辉城市中实际通勤需求将会极大削弱广阔的公共绿地。而高达 60 层的商业建筑仅仅是将水平向的拥挤转换到了垂直向。这一观点，与先前的昂温和黑格曼对纽约高层建筑的批评不谋而合。

在希尔贝斯艾默对勒·柯布西耶的光辉城市方案批评之余，他也指出高密度城市问题的“**终极解决方案是减少多余的城市交通**”❶。他在 1927 年的“高层城市”（High-rise City）方案中，提出将游憩、工作和居住在城市垂直维度内整合的理想城市模型。这一理想模型设想了容纳 100 万居民的垂直城市。这一城市由大量细长板楼组合而成的街区构成，在每个街区内，下部 5 层用作商业功能，上部 15 层用作居住功能（图 1-40）。由于所有居民被设想居住于其工作空间之上，城市的水平向交通将被减少到最低。

❶Hilberseimer L. Metropolis-architecture [M]. New York: GSAPP BOOKS, 2012: 74.

图 1-40 路德维希·希尔贝斯艾默提出的“高层城市”提案
来 源：Hilberseimer L. Metropolis-architecture [M]. New York: GSAPP BOOKS, 2012: 125

虽然上述的种种方案和思想对上海陆家嘴 CBD 和香港中环 CBD 的发展起到了重要影响，但是却并未在纽约实现。归根结底，这是因为纽约放弃了以汽车为核心的交通模式而转向建设地铁的成功，以及美国建筑师雷蒙德·胡德（Raymond Hood）有关“同一屋檐城市”（City Under a Single Roof）设想的落地。

1931 年，基于要把新的时代理念真正适应于曼哈顿城市发展的目标，胡德提出了“同一屋檐城市”提案（图 1-41），尝试来应对当前“**城市扩张已失去控制，摩天楼创造拥挤，而建设地铁将带来更多摩天楼**”的城市高密度发展所面临的根本矛盾。胡德提出，若能够将相邻的地块联合开发，置入相关联的城市功能，并提供有效的步行联系，将社区活动局限在一定的交通范围内，这样人们就无须长途跋涉去收集供给和采办货品。❷胡德提出的开发模式实际上是将城市中原本大量的水平移动需求转换为建筑内部的水平和垂直移动，同时通过城市功能的混合来减少市民的出行需求，从而有效提高城市运营效率，并将进一步带来强劲的土地集约化经济发展动力。

❷雷姆·库哈斯．癫狂的纽约 [M]. 唐克扬译．上海：生活·读书·新知三联书店，2015: 266。

幸运的是，胡德的这一提案，很快就得以在他参与的纽约洛克菲勒中心项目中实现。1939年，随着洛克菲勒中心的落成，纽约城市未来发展的方向找到了出路，这一开发模式也成为之后美国大型商业项目开发的主要模式。而洛克菲勒中心的成功经验❶，也进一步影响了纽约城市区划法的修订。例如，在1961年区划法中加入的私有公共空间政策奖励（Zoning Bonus）和未利用开发权转移政策（Rights Transfer），以及在1980年区划法中对公共空间品质及公共活动促进的政策（Increase Control Content）等。

图1-41 雷蒙德·胡德提出的“同一屋檐城市”提案
来源：雷姆·库哈斯. 癫狂的纽约[M]. 唐克扬译. 上海：生活·读书·新知三联书店，2015：267

❶ 有关洛克菲勒中心成功经验的介绍请详见本书2.1节的内容。

洛克菲勒中心的开发模式被美国城市土地学会（Urban Land Institute，简称ULI）拓展为混合使用开发（Mixed-use Development）土地开发思想，并在其1976年出版的专著《混合使用开发—— 一种新的土地使用模式》中指出：“混合使用项目不仅仅意味着商业活力和财务回报。它们越来越多地代表着一种通过在一个开发项目中将相互支持的活动丰富混合，来重新发现城市性的模式。”❷

而维基百科将混合使用开发定义为：“混合使用开发——广义上说——是指在任何城市、郊区或乡村开发中，甚至仅仅是一幢单独的建筑开发中，融合了居住、商业、文化、机构，甚至工业用途，使这些功能发生物理和功能联系，并提供步行连接。”❸

混合使用开发思想在城市开发领域有效推动了城市综合体这一建筑类型的发展❹，使其成为当代高密度人居环境城市立体化发展的重要契机和实现手段。而随着越来越多的城市综合体出现，“垂直城市”的发展理念也逐渐从理想转化成为现实。

❷ 英文原文：“Mixed use projects mean much more than commercial vitality and financial return. Increasingly they represent a rediscovery of urbanity through integration of a rich mixture of mutually-supporting activities into a single development project.” 来源：ULI. Mixed-use developments: New Ways of Land Use[M]. Washington DC: Urban Land Institute.1976: 3.

❸ 英文原文：“Mixed-use development is—in a broad sense—any urban, suburban or village development, or even a single building, that blends a combination of residential, commercial, cultural, institutional, or industrial uses, where those functions are physically and functionally integrated, and that provides pedestrian connections.”来源：https://en.wikipedia.org/wiki/Mixed-use_development

❹ULI. Mixed-Use Development Handbook[M].2nd edition. Washington DC: Urban Land Institute, 2003: 3-8.

1.4 商业地产开发与豪布斯卡

20年前靠住宅，20年后靠城市综合体。……中国经济的稳健发展持续刺激了城市形态的发展，加速了城市综合体的发展从理论变为现实，从一线城市走向全国各级城市，成为各地开发城市地产的主流模式。❺

城市综合体这一建筑类型在我国出现，最早可追溯到20世纪90年代初由美国约翰·波特曼建筑设计事务所（John Portman & Associates）设计的上海商城（图1-42）。在经历了一线城市20世纪末的第一波建设浪潮和一二线城市21世纪最初10年的第二波建设浪潮后，其覆盖全国的第三波大规模建设热潮始于2011年。❻彼时，在国家政策引导下，商业地产的开

❺ 邓凡. 透视城市综合体[M]. 北京：中国经济出版社，2012：前言。

❻ 有关我国城市综合体发展热潮的背景介绍，请参考本书绪论中的论述。

发热点从住宅转向了城市综合体。出于开发商的广告目的，城市综合体在中国有了一个响亮的英语名字“HOPSCA”,其中译名“豪布斯卡”更为惹眼，并被包装为国外成熟开发模式的代名词（图 1-43）。

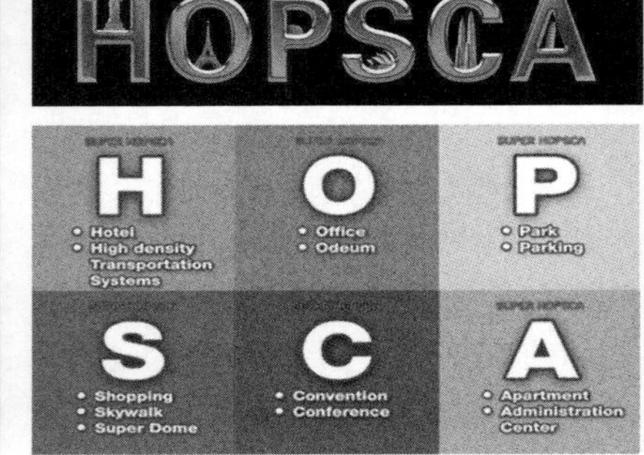

图 1-42 上海商城鸟瞰照片（左）
来源：CTBUH 高层建筑中心（Skyscraper Center），www.skyscrapercenter.com

图 1-43 国内地产开发商制作的 HOPSCA 广告（右）
来源：绿色东吴电子报《台湾环境与永续》校外教学，www.scu.edu.tw/green

“HOPSCA”的概念源自国内开发商对特定功能组合模式综合体建筑的简称，而非对于城市综合体的定义，更非源自西方的舶来品。如今，虽已很难考证 HOPSCA 的确切出处，但是可以明确的是，这个词是纯正的中国制造。美国在线俚语词典“城市词典”（Urban Dictionary）网站收录了很多常规词典里面查不到的流行英文俚语俗语，其对 HOPSCA 给出如下释义：“一个使用在中国房地产广告中的新词。……总体而言，其用来指代城市中的大型混合使用开发或综合开发。这个词的使用者假定了此词来源于西方，并错误地认为法国的拉德芳斯新区为世界上的第一个 HOPSCA。大量的中国商业综合开发项目使用这个词，以彰显其时尚和国际化，而实际上是典型的中国制造词汇。”[1]

若追溯 HOPSCA 在报纸杂志上的使用源头，会发现不同于开发商错误地认为 HOPSCA 来源于西方，有学者已在研究中明确指出 HOPSCA 仅仅指代了一种商业开发模式。[2] 有意思的是，有关 HOPSCA 具体是哪六类功能的缩写，却存在多种相互矛盾的解释。除去 H 指代 Hotel，O 指代 Office，S 指代 Shopping Mall，A 指代 Apartment 的认识相对统一外，P 有 Parking 和 Park 等，C 则有 Convention 和 Club 等完全不同的解释。百度百科的解释[3] 至今仍存在这方面的矛盾。想必，这与开发商专注于项目的商业利益不无关系。这也从侧面说明，我国现阶段大量商业地产开发热潮下的城市综合体项目，关注重点仍旧聚焦于商场、住宅、办公、酒店等可出租销售并能带来直接收益的功能，而很少真正关注这些城市功能聚集之后所能产生的环境效能和社会效应。

在中国城市现代化发展的历史进程中，对于更高和更大的追求从未停止。如果说对于高度的追求更多源自对技术、财力和野心等层面的体现，那么对于更大的追求则更多源自对价值、效率和规模体现的经济层面。在

[1] 英文原文：“A neologism used in real estate advertisement in Chinese context. It is read as ‘hao bu si ka’ in Chinese. In general, it refers to large scale mixed-use or complex development in downtown area. Users of this word assume that it is derived in Western context and erroneously deem France's la Défense as the first HOPSCA in the world. Many commercial mixed-use developments in China now use this word to symbolize their project as a fashion and international one, which in fact is a Made-In-China.” 来源：https://www.urbandictionary.com/define.php?term=HOPSCA.

[2] 褚冬竹. 无缝嵌入——城市·建筑一体化观念下的 HOPSCA 模式设计实践 [J]. 新建筑，2009（02）: 43-49，42。

[3] 百度百科关于 HOPSCA 的定义为：“HOPSCA 是指在城市中的居住、办公、商务、出行、购物、文化娱乐、社交、游憩等各类功能复合、相互作用、互为价值链的高度集约的街区建筑群体。HOPSCA 为 HOTEL、OFFICE、PARK、SHOPPING MALL、Convention、APARTMENT 构成。HOPSCA 包含商务办公、居住、酒店、商业、休闲娱乐、交通及停车系统等各种城市功能；它具备完整的街区特点，是建筑综合体向城市空间巨型化、城市价值复合化、城市功能集约化发展的结果；同时 HOPSCA 通过街区作用，实现了与外部城市空间的有机结合，交通系统的有效联系，成为城市功能混合使用中心，延展了城市的空间价值。”

早先追求经济发展的宏观背景下，商业地产以商业效益为核心，以消费文化为导向，以经济绩效为参照的开发模式，成为我国城市综合体的发展主流是情理之中的。但是，必须清醒地认识到，以美国郊区封闭式大型购物中心为标杆的商业综合体开发模式，并不值得在城市中心区推广。过于关注商业功能注重内向发展，不考虑与城市周边社区的联动，并将更多的汽车带到市中心，是与城市综合体的诞生初衷相背离的。

1.5　城市综合体相关概念辨析

一直以来，虽然“城市综合体”这个词在前文提及的所有相关词汇中使用频率独占鳌头，但是却一直没有官方定义和确切的英语翻译或英语对应词汇❶。“城市综合体”作为绝对热词❷在日常使用中（图 1-44）也基本涵盖了前文提及的所有概念，这与先前提及的商业地产开发所需要的广告效应不无关系，但是也使得对其明确定义更为困难。

❶ 常见英语词汇为 HOPSCA，Urban Complex，City Complex，City Synthesis 等。

❷ 根据谷歌趋势关键词搜索结果显示，中文关键词中仅有“城市综合体”有热度，“城市建筑综合体”“商业综合体”“杂交建筑”等词汇均未有搜索结果，“混合使用”有搜索热度但基本在能源动力板块；英文关键词中“mixed-use”“HOPSCA”和“hybrid building”均有热度，其中 HOPSCA 热度在 2008 年后持续下降。

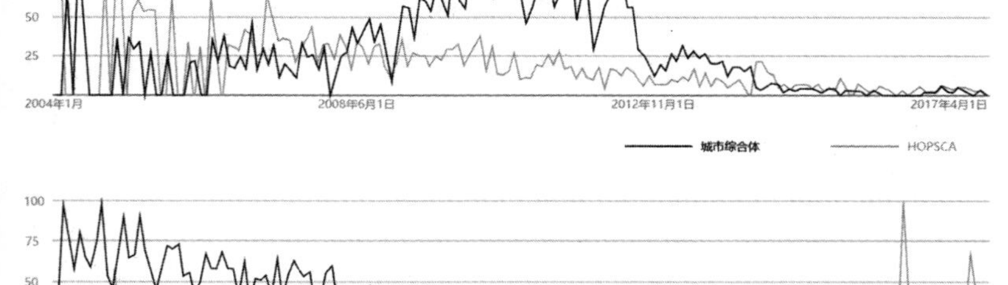

图 1-44 “城市综合体”和“HOPSCA”（上）以及“mixed-use”和“hybrid building”（下）四个词 2004—2017 年的谷歌搜索热度比较
来源：谷歌趋势（trends.google.com）

2010 年，为避免产生歧义，笔者在 2008 年完成的博士论文基础上整理出版的专著《当代城市建筑综合体研究》中，沿用了王建国院士的专著《城市设计》中提出的“城市建筑综合体”一词。❸这是出于对有官方定义的“建筑综合体”一词进行拓展，明确“城市建筑综合体”与“建筑综合体”的概念关联，并和国际通用概念进行对接的考虑。

在《当代城市建筑综合体研究》一书中，笔者做出以下总结：

“城市建筑综合体”是“混合使用”（mixed-use）理论思想和“建筑综合体”相结合的产物。其特征包括：①内部各功能之间有类似城市各功能的互补、共生关系；②包含三种或三种以上能够产生税收（revenue-producing）的主要功能；③项目中功能和形体高效地组织；④强调城市、建筑、市政设

❸ “城市建筑综合体”一词，最早由王建国院士在其专著《城市设计》中提出并定义：“通常由城市中不同性质、不同用途的社会生活空间组成，如居住、办公、出行、购物、文娱、社交、游憩等。把各个分散的空间综合组织在一个完整的街区，或一座巨型的综合大楼，或一组紧凑的建筑群体中，有利发挥建筑空间的协同作用，这种在有限的城市用地上，高度集中各项城市功能的做法，对调整城市空间结构，减少城市交通负荷，提高工作效率，改善工作和生活环境质量，都具有一定的作用。同时，对有效使用城市土地，节省市政、公用设施投资，减少城市经营管理费用及改善城市景观等，也具有很好的综合经济效益。”，笔者在此基础上，对这一概念进行了发展。
来源：王建国．城市设计 [M]. 东南大学出版社，1999：80。

施的综合发展。

在该书中进一步将“城市建筑综合体”概括为：“由城市中不同性质、不同用途的社会生活空间组成，诸如居住、办公、旅馆、购物、文娱、游憩、商业、交通等等，通过城市公共空间的引入，把各个分散的空间综合地组织在一起，充分发挥建筑空间的协调和建筑功能的互补作用，从而形成多样化、高效率、复杂而统一的一个或一组建筑，或巨型综合大楼，或紧凑的建筑群体，以功能协同高效、空间紧凑多样、抗风险能力强为特点，表现出极大的生命力和充沛的发展潜能。”❶

❶ 王桢栋．当代城市建筑综合体研究 [M]. 北京：中国建筑工业出版社，2010：25。

在我国城市综合体经历了 30 年的实践和发展后，各方对城市综合体的认知日趋一致，有关城市综合体的研究也日渐深入。尤其在近 10 年，随着我国城市综合体的爆发式建设，吸引了更多专家学者的关注，并公开发表了更多的观点和成果。因此，在当下有必要对“城市综合体”的定义进行梳理整合，通过与相关概念的辨析来厘清头绪，并与国际通用概念实现并轨。

经梳理，2008 年后我国有关城市综合体的研究可基本归为以下 3 类：

第一类是源自城市设计视角的研究。

董贺轩博士和卢济威教授在论文《作为集约化城市组织形式的城市综合体深度解析》中指出：“城市综合体是指具有城市性、集合多种城市空间与建筑空间于一体的城市实体。首先，城市综合体是将城市交通、城市公共活动、城市休闲娱乐等城市活动空间的多项内容和城市商业、办公、居住、旅店、展览、餐饮、会议、文娱等建筑生活空间的多项内容进行整合，在各部分之间建立一种相互依存、相互助益的能动关系，从而形成一个多功能、高效率的综合体，它是‘密集化’集约型城市的组织形式之一；其次，城市综合体不同于建筑综合体，它强调的是城市性，在建筑基础上融进了城市功能，相对于建筑综合体来讲更加具有城市开放性和公共性。”❷

❷ 董贺轩，卢济威．作为集约化城市组织形式的城市综合体深度解析 [J]. 城市规划学刊，2009（01）：54-61。

钱才云和周扬博士在专著《空间链接——复合型的城市公共空间与城市交通》中指出：“在综合密集型城市中，为了实现人性化理念和城市空间综合开发与土地集约利用等方面的有机结合，同时强调体现建筑功能群组与城市空间组织的三维性和四维性，需要采取以城市公共空间、建筑公共空间以及城市主要交通要素等相结合的有机组合体来联系开放的建筑功能单元，在城市交通规划的共同作用下加强建筑群组与城市功能一体化。”❸

❸ 钱才云，周扬．空间链接——复合型的城市公共空间与城市交通 [M]. 北京：中国建筑工业出版社，2010：21。

高山博士在专著《城市综合体：思想理念・设计策略・实现机制》中给出城市综合体的定义：“通过多种城市要素三维有机整合形成的具有行为功能体系化和形态整体性的人工化的城市区域，通常以具有场所感的步行系统作为公共空间的组织线索。”❹

❹ 高山．城市综合体：思想理念・设计策略・实现机制 [M]. 南京：东南大学出版社，2015：92。

这类研究强调了城市综合体对城市集约化立体化发展的意义，是对早年韩冬青教授和冯金龙教授在专著《城市・建筑一体化设计》中研究的延续。“城市・建筑一体化”思想是以建筑与城市同构的手段来实现高密度城市建设的理念。❶从这方面来看，与历史上的“巨构建筑”思想有一定的关联性。

第二类是源自建筑设计视角的研究。

郭红旗博士在论文《复合体建筑定义解析》中指出：“Joseph Fenton 的研究归纳了此类建筑案例中较为统一的特点：将多种社会功能与空间包裹于相对单纯的建筑表现类型中，从而形成一种不同于传统类型学分类的独特的建筑群体。Joseph Fenton 用 Hybrid 预言了这种混合功能与空间的建筑方式所产生出的是一种全新的但似是而非的建筑类型。此类建筑包含于城市建筑综合体类型之内，但其功能间具有更为明显的杂交与共生的复合化特征。”❷

董春方教授在论文《杂交与共生——综合体生存方式的演进历程》中指出：“‘杂交与共生’是综合体建筑的内在生存方式。所谓杂交与共生是指不同的甚至不相干的建筑以及城市功能和空间被混杂结合在一起，被包裹并相互有力与交互地共同存在于某种单纯的建筑中，反映一种城市视角下的建筑与城市两者功能、空间混合共生的状态；是城市私人利益与公共利益之间平衡、协调互利、相互渗透并达到共享利益一致性的整体都市主义建筑观念。”❸

这类研究聚焦于城市高密度环境下的建筑应变、实践与发展，归纳出因高密度而激发的建筑学策略，并将城市综合体作为用建筑的手段来解决城市问题的一种方法。这类研究更为关注建筑学本体，是对乔瑟夫·芬顿在《复合体建筑》（Hybrid Building）中研究的进一步引申。

第三类是源自商业开发视角的研究。

邓凡先生在他编著的《透视城市综合体》一书中将城市综合体定义为：“城市综合体是从‘城市性、开放性和集约性’层面切入城市发展本质，把城市功能与城市发展之间的内在逻辑通过城市建筑实体与城市空间有机结合的一种城市实体，利用建筑空间复合化、集约化和开放化，满足城市的商业、办公、居住、旅游、展览、餐饮、会议、文娱等城市功能空间需求，并建立一种相互依存、相互助益的空间能动关系，从而形成多功能，高效率的经济聚集体。”❹

庄雅典先生在他编著的《解密城市商业综合体设计》一书中指出：“城市商业综合体建造不再是单纯的住宅小区的开发，也不是单一的商业发展模式，而是将商业、办公、居住、酒店、展览、会议、餐饮、娱乐等城市生活空间中三项以上的功能进行整合，并在各部分功能间建立一种相互依存、相互促进和助益的能动关系，为人们提供更全面、更便捷的生活方式。它整合了城市的多项功能，以更大、更全面的生活机能面向城市，为人们提供更舒适、更便捷的‘城市生活’。城市商业综合体的根本目的是通过各项功能的相辅相成，创造更高的商业价值。”❺

这类研究基于商业地产开发思路，着重于经济层面的探讨，关注于商

❶ 韩冬青，冯金龙．城市·建筑一体化设计 [M]. 南京：东南大学出版社，1999：16-20。

❷ 郭红旗．复合体建筑定义解析 [J]. 华中建筑，2013，31（03）：8-11。

❸ 董春方．杂交与共生——综合体生存方式的演进历程 [J]. 建筑艺，2014（11）：30-33。

❹ 邓凡．透视城市综合体 [M]. 北京：中国经济出版社，2012：3。

❺ 庄雅典．解密城市商业综合体设计 [M]. 北京：北京大学出版社，2014：4。

业价值挖掘，并以提升收益为根本目的，可视为城市视角下的商业综合体研究。这类研究普遍受到美国购物中心建筑（Shopping Mall）的相关研究影响，更为关注能产生直接收益的商业功能组合和消费文化视野下的建筑空间组织。

纵观历史，无论是巨构建筑、杂交建筑都没有成为治愈城市高密度问题的良药，而以经济利益为核心的商业综合体也必定无法成为改变城市空间结构的决定性力量。唯有混合使用开发思想指引下的城市综合体，才成为了推动高密度城市更为可持续发展的决定性力量。城市综合体作为年轻的建筑类型，已经超越了建筑学本体的内涵：这是一种利用经济手段，来解决城市的环境和社会问题的伟大创造。

在本章的最后，笔者尝试在上述讨论的基础上，归纳城市综合体的定义：**"以地产经营为基础，以持续开发为理念，复合城市四大基本功能（居住、工作、游憩和交通）中至少3类，并通过激活城市公共空间，高效组织步行系统，以实现经济集聚、资源整合和社会治理为目标的城市系统。"**

笔者将城市综合体的英语翻译为"Mixed-use Complex"[1]，对应混合使用开发模式下的最高强度开发类型。

[1] 近年来，已有越来越多的欧美主流建筑媒体开始使用"Mixed-use Complex"这一新词来指代城市综合体这一建筑类型。

当代城市综合体虽然在我国是舶来品，却在短时间里生根发芽开花结果，形成了一道独特的风景，并在城市发展过程中日益成为改变其经济、环境和社会结构的决定性力量。

城市综合体能为我国的发展带来什么，将会如何改变我国的城市和市民的生活？正如洛克菲勒中心的诞生之于纽约的意义一样，如何通过城市综合体来解决我国当前存在的城市问题？

这是本书对城市综合体的概念溯源及辨析的原因，也是本书想要回答的核心问题。

第二章　城市综合体与城市可持续发展

它不是城市中的目的地，而已经是城市本身的有机组成部分；一座由私人维护而人行道一尘不染的城市，一座由坡道缓解十字路口和没有送货卡车的城市，一座由建筑间充满鲜花、彩旗和阳光的令人惊奇的小型开放空间构成的城市。❶

——丹尼尔·奥克伦特（Daniel Okrent）❷

本章将通过对洛克菲勒中心这一当代城市综合体典范的设计建造过程、持续改造升级、历史经验教训，以及对纽约城市发展的贡献等内容的系统介绍，探讨城市综合体与城市发展的重要关联。随后，从结合交通、适宜居住、促进工作和丰富游憩四个角度，对当代城市综合体在城市可持续发展的四个方面——鼓励绿色出行、提供生活便利、增进资源共享和营造场所氛围的主要贡献，来逐一展开介绍。

2.1　伟大财富：洛克菲勒中心

2.1.1　实现过程：集体商议决策

正如参与洛克菲勒中心设计建造的建筑师之一华莱士·哈里森（Wallace Harrison）❸在 1937 年接受采访时提及："当被问及谁设计了洛克菲勒中心时，我们所有人都会回答'是我'。"这一纽约最伟大的建筑的确很难被称为是某个人的作品。

历史上，通常将亿万富翁小约翰·D. 洛克菲勒（John D. Rockefeller, Jr.）和他野心勃勃的儿子尼尔森·洛克菲勒（Nelson Rockefeller）、地产天才约翰·R. 托德（John R. Todd）和富有远见的摩天楼建筑师雷蒙德·胡德（Raymond Hood）四人认为是洛克菲勒中心项目的核心人物。而实际操盘的，则是洛克菲勒家族授权，由政府、开发商和建筑师三方构成的委员会。委员会中，起到决定性作用的是代表开发商的约翰·托德，代表政府的哈维·威利·科比特，和代表建筑师的雷蒙德·胡德（图 2-1）。正是他们的共同努力，将洛克菲勒中心从一个区划法限制下利益最大化的无趣方案，打造成为纽约最富有活力的街区（图 2-2）。

在整个委员会中，建筑师雷蒙德·胡德在实现经济利益和空间品质平衡方面起到了决定性作用。他直面应对了洛克菲勒家族提出的近乎苛刻的要

❶ 英文原文："It wasn't a destination in the city; it was, organically, the city itself -- a city where the privately maintained sidewalks were spotless, where the ramp-relieved cross streets were free of delivery trucks. Where the flowers and the flags and the sun slicing down between the building and into this surprisingly small open space."
来源：Okrent D. Great Fortune – the Epic of Rockefeller Center [M]. USA: Penguin Books, 2004: 433.

❷ 丹尼尔·奥克伦特是美国著名作家和编辑。他曾获得普利策新闻奖并担任纽约时报报社首席公共编辑。著有《伟大财富——洛克菲勒中心的时代》（Great Fortune – the Epic of Rockefeller Center）一书。

❸ 华莱士·哈里森是在洛克菲勒中心设计建造过程中，参与时间最长也是其中最年轻的建筑师，洛克菲勒中心设计主持建筑师雷蒙德·胡德的建筑思想对其影响重大。华莱士·哈里森在纽约留下了大量重要作品，如林肯音乐中心、联合国大厦等。

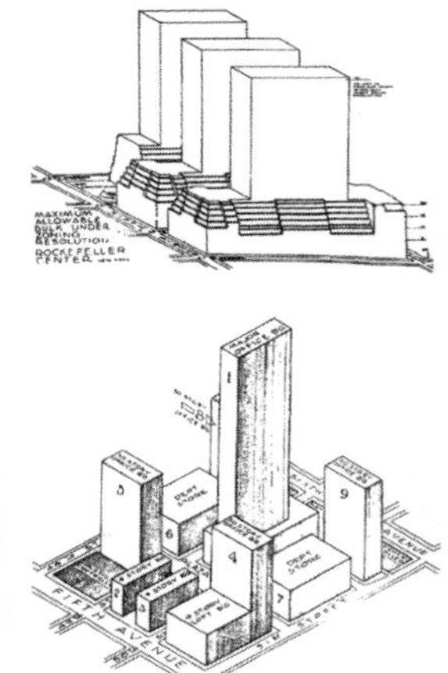

图 2-1 洛克菲勒中心建设委员会，前排左一为哈维·威利·科比特，前排左二为雷蒙德·胡德，前排右三为约翰·托德（左）
来源：www.pinterest.com

图 2-2 根据区划法获得的利益最大化方案（上）和洛克菲勒实施方案（下），（右）
来源：雷姆·库哈斯．癫狂的纽约[M].唐克扬译．上海：生活·读书·新知三联书店．2015：278.

求："洛克菲勒中心必须在进行最大密度开发的同时获得最多的采光和空间。"事实上，在胡德加入设计委员会之前，托德已经炒了几乎所有纽约著名的高层建筑设计师鱿鱼。然而，极具人格魅力的胡德却很快得到了托德的信任。

首先，胡德"形式追随商业需求"（Form follows Finance）[1]的设计理念颇受托德赏识，他不止一次在媒体前透露自己信任胡德的原因"他总是有好想法"。洛克菲勒中心核心建筑 RCA 大楼的设计很好地诠释了胡德的设计才华，由于当时的人工照明费用不菲，因此有自然采光的办公空间更受租户青睐，而一旦进深超过 27 英尺（约 8.2m）就无法实现自然采光了。在 RCA 大楼的设计中，胡德将所有办公空间的进深控制在了 27 英尺，结合高层建筑核心筒随高度逐渐缩小的功能要求，实现了非常独特的 Art Deco 风格的高层塔楼退台形体（图 2-3）。值得称道的是，RCA 大楼虽然只

[1] 这一观点最早由美国建筑历史学家卡罗尔·威利斯（Carol Willis）提出。卡罗尔·威利斯是纽约高层建筑博物馆的创始主任和哥伦比亚大学城市研究和规划方向的教授。

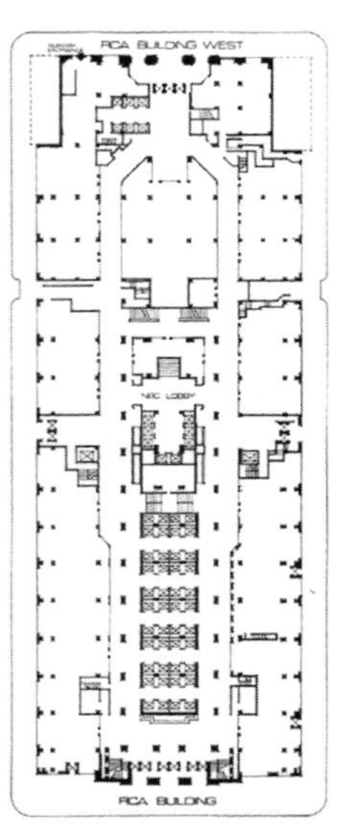

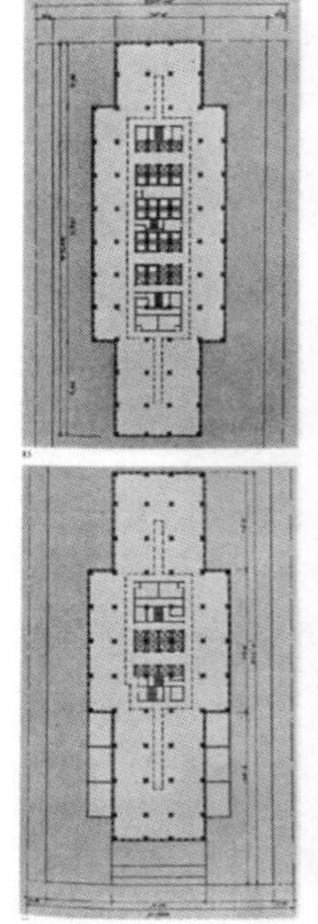

图 2-3 RCA 大楼外观及主要楼层平面图
来源：circle7framing.com（左），Balfour A. Rockefeller Center: Architecture as Theater[M]. New York: McGraw-Hill Book Company, 1978: 39（右）

有帝国大厦一半的可出租面积，其租金收益却超越了后者。[1]

其次，在设计过程中，胡德花了相当大的精力在洛克菲勒中心高品质公共空间的打造上。在这个过程中，托德每每对这些想法提出质疑，都会被胡德巧妙地说服。托德一直对洛克菲勒中心裙房屋顶的空中花园设计颇为不满，认为这部分额外投资产生的价值有限。然而胡德巧妙地改变了他的主意："想象下，若从您位于城市中心的办公室往下望去，放眼都是精美的花园景观，您会不会愿意为此多付些租金呢？"[2]（图 2-4）

最后，胡德对于纽约城市未来发展趋势极具先见之明。前文提及，在提出"同一屋檐城市"提案的背后，是胡德对从根源上解决纽约城市拥挤问题的深入思考。胡德知道"大势所趋是城市中的社区走向相互关联"[3]。

在洛克菲勒中心的设计中，胡德通过地下空间设计，将项目内各街区和周边街区通过下沉广场和地下通道相连成为一个网络系统（图 2-5）。令人钦佩的是，胡德早已预见了纽约地铁的发展趋势[4]和未来对高密度城市

❶ 数据来源于铁狮门。

❷Kilham WH. Raymond Hood, Architect[M]. New York: Architectural Book Publishing Co., INC., 1973: 120.

❸ 雷姆·库哈斯．癫狂的纽约[M]. 唐克扬译．上海：生活·读书·新知三联书店，2015: 266。

❹ 在洛克菲勒中心建设之初，纽约的地铁还是以高架的形式存在的。

图 2-4　洛克菲勒中心屋顶花园渲染图（左），RCA 大楼的屋顶花园与周围建筑的屋顶形成鲜明对比（右）
来　源：Balfour A. Rockefeller Center: Architecture as Theater[M].New York: McGraw-Hill Book Company, 1978: 73（左）; Kilham WH. Raymond Hood, Architect [M]. New York: Architectural Book Publishing Co., INC., 1973: 121（右）

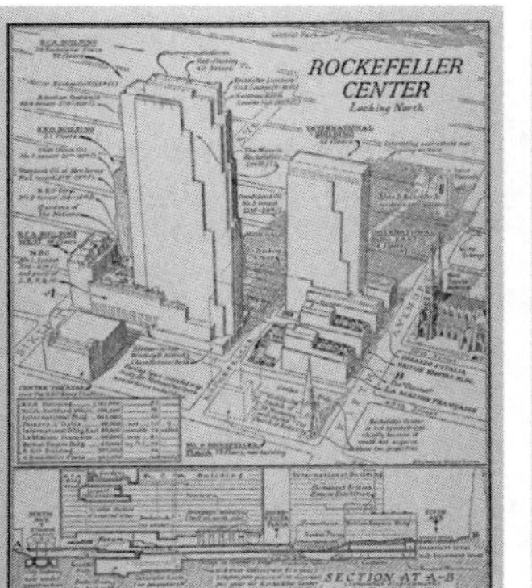

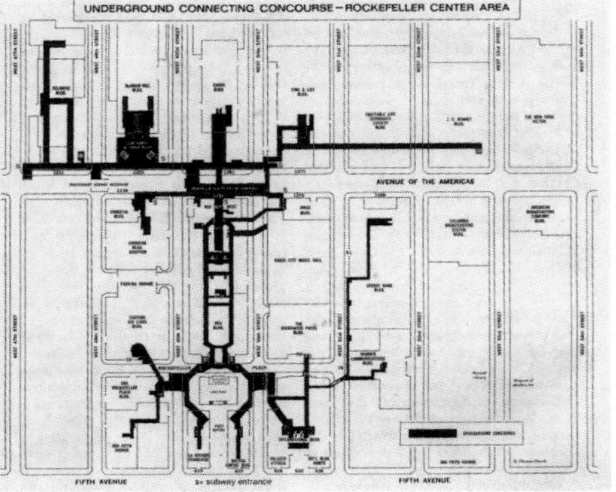

图 2-5　洛克菲勒中心的地下通道系统将周围街区联系成一个整体
来 源：www.wikipedia.org（左），alokv.tripod.com（右）

的决定性作用，而充分考虑了地下系统与地铁的联系。

2.1.2 主要贡献：生活模式创造

洛克菲勒中心所创造的生活模式，是传统的文化中心、购物中心和商务中心无法比拟的。库哈斯曾感叹洛克菲勒中心“在同一基地上具有无限叠加和不可预知的活动”[1]。仅1英里（约1609m）之隔的林肯中心在白天萧条的景象即是对此的最好注脚。此外，洛克菲勒中心位于曼哈顿的心脏位置，是城市网格的重要组成部分，其地理优势是纽约的滨水开发项目所难以企及的。行人不只是去洛克菲勒中心，他们还穿过了它。

被美国政府确立为“美国国家历史地标”的洛克菲勒中心是纽约城市中心最重要的财富。一方面，它为城市核心区域创造了一片珍贵的开放城市公共空间，通过精心呵护和用心经营，成为纽约最具活力的城市空间。《财富》杂志称赞道：“洛克菲勒中心营造的适宜氛围，催生了市民来此的闲情逸致（sauntering mood）。”据统计，仅洛克菲勒中心地面及地下公共空间每天就要接待约25万名来访者。[2]无论是连接第五大道的海峡花园（Channel Garden）（图2-6），还是RCA大楼前令人流连忘返的下沉广场（Lower Plaza）（图2-7），抑或是拥有纽约最佳空中景观的屋顶观景台（Top of the Rock）（图2-8）都已经成为纽约中城区的起居室。

另一方面，它也为城市提供了大量的精美艺术品和重要的文化艺术空间。在洛克菲勒中心的公共空间里，点缀了大量Art Deco风格的雕塑、浮雕和壁画等（图2-9）。而著名的无线电城音乐厅（Radio City MusicHall）（图2-10）早已成为世界著名艺术殿堂，演出交响乐、歌唱、舞蹈和杂耍等精彩节目，顶级的美国娱乐艺人和世界各地的超级歌星都渴望能登上音乐城的大舞台一显身手。

最重要的是，自建成起，洛克菲勒就成为纽约的城市核心精神场所，乃至整个美国的财富和文化象征。位于RCA大楼顶楼的彩虹厅（Rainbow Room）（图2-11）被称为纽约的接待厅，是各界社会名流趋之若鹜的场所。

[1] 英文原文“An infinite number of superimposed and unpredictable activities on a single site.” 来源：Okrent D. Great Fortune – the Epic of Rockefeller Center [M]. New York: Penguin Books, 2004: 433.

[2] 数据来源于铁狮门。

图2-6 洛克菲勒中心的海峡花园（左）
来源：作者自摄

图2-7 洛克菲勒中心的下沉广场（中）
来源：铁狮门

图2-8 从洛克菲勒中心屋顶观景台眺望曼哈顿城市景色（右）
来源：作者自摄

图 2-9　洛克菲勒中心的 Art Deco 风格雕塑
来源：作者自摄

图 2-10　无线电城音乐厅
来源：维基百科，www.wikipedia.org

其中心广场上一年一度的圣诞树亮灯活动，自 1931 年建设阶段开始，至今从未中断，并成为纽约每年岁末的压轴大戏（图 2-12）。每年圣诞树的大小和装饰的华丽程度，甚至会被媒体视为美国经济走向的“晴雨表”。

图 2-11　位于 RCA 大楼顶楼的彩虹厅（左）
来源：iralippkestudios.com

图 2-12　洛克菲勒中心的圣诞树亮灯活动（右）
来源：www.timeout.com

有意思的是，这个让美国人自豪了半个世纪的庞大建筑群，却在 1989 年日本泡沫经济顶峰时期，被日本三菱地产斥巨资收购，并成为拥有 80% 股权的控股股东，这在当时的美国社会激起了轩然大波。1996 年日本泡沫经济破灭后，著名的美国高盛集团（Goldman Sachs）[1] 低价回购洛克菲勒中心，在多方协同和征询洛克菲勒家族意见后，铁狮门（Tishman Speyer）[2] 被选定为运营商并持有 5% 的权益。这成为铁狮门的一个重要转折点，通过对洛克菲勒中心的悉心经营，铁狮门逐渐成为全球最著名的地产开发和运营商之一。

❶ 高盛集团（Goldman Sachs）成立于 1869 年，是全世界历史最悠久及规模最大的投资银行之一，向全球提供广泛的投资、咨询和金融服务，拥有大量的多行业客户，包括私营公司、金融企业、政府机构以及个人。其总部位于纽约，并在东京、伦敦和香港设有分部，在 23 个国家拥有 41 个办事处。

❷ 铁狮门（Tishman Speyer，TSP）成立于 1978 年。是世界一流的房地产业开发商、运营商及基金管理公司，擅长开发并与管理密切结合的房地产项目。

2.1.3 改造重生：着眼长效回报

铁狮门接手后，对洛克菲勒中心进行系统诊断，发现建筑状况并不理想，对租户的吸引力也日趋减弱，运营和管理的效率低下。铁狮门随即与纽约市地标保护委员会（New York City Landmarks Preservation Commission）❶合作，在保护洛克菲勒中心历史特征的基础上，着眼长效回报，聚焦能效提升，进行全方位可持续的改建和升级。

铁狮门以“历史的守卫，未来的管家”（Guardians of the past, Stewards of the future）为己任，将洛克菲勒中心在新时代定位为顶级商务目的地、零售中心以及世界级景点。铁狮门针对洛克菲勒中心的改建制定了一系列可持续和高效率的策略，来减少能源消耗和减少对纽约电力基础设施的压力。这些策略包括：①建立底线：通过全面的能源审计，来确定提高运营绩效的最佳策略。②需求评估：采取降低制冷、采暖和供电需求的节能措施，并开展租户参与计划。③供给评估：提高中央设备效率和安装新技术。④高效运营：进行操作参数微调和采用增强电池管理系统（BMS）。改造过程中使用在洛克菲勒中心的新技术包括：LED 节能照明、太阳能板、自动冷却装置、喷泉能源回收系统、溜冰场能源回收系统、地下车库能源回收系统、新电子制冷机组、冰蓄冷系统、变频驱动器、运营效率系统、建筑管理系统、改进型蒸汽和制冷机组等（图 2-13）。为保证上述策略和技术的落地，铁狮门专门为洛克菲勒中心配备了一支由 386 名员工组成的专业管理队伍来进行运营、消防、安保和电梯维护，其中由 70 名精英组成的综合工程队集中负责和确保洛克菲勒中心全年的维护和运营。洛克菲勒中心整体改造完成后，减少了 75% 室外照明能耗，在 5 年内实现了 3500MW · h 的采暖节能，并在夏季减少了 14000kW 的制冷峰值荷载❷。

❶ 纽约市地标保护委员会（New York City Landmarks Preservation Commission）是纽约市政府下的一个负责该市地标保护的单位，此委员会在 1965 年 4 月由纽约市长小罗伯特 · F. 瓦格纳成立。现在该委员会负责保护纽约市重要的历史、文化建筑，是当今美国最大的市级保护单位。此委员会由 11 名委员组成，并根据法律规定还含有至少 3 名建筑师、1 名历史学家、1 名城市规划师或景观建筑师、1 名房地产经纪人和来自纽约市 5 个区的至少 5 位居民。根据地标保护法，若要申请纽约市地标，该建筑必须至少有 30 年历史。

❷ 数据来源于铁狮门。

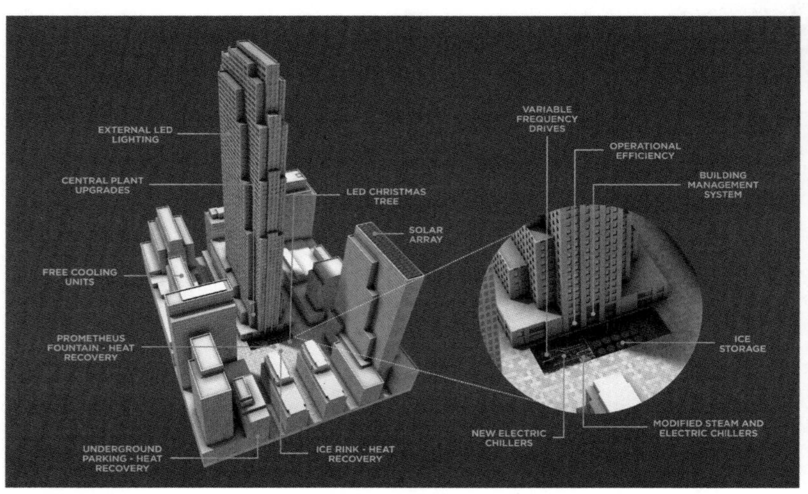

图 2-13 洛克菲勒中心在改造过程中使用的新技术
来源：铁狮门

除了通过升级旧设备和使用新技术来持续改善建筑绩效外，铁狮门还对洛克菲勒中心的功能和空间系统进行梳理。在办公部分，使用目的地调度电梯系统以提高垂直向交通效率，打通了办公空间与下部零售、咖啡、餐厅及旅游景点的直接联系，并理顺了与地下 4 条地铁线的连通性。在零售部分，进行了大规模的业态更新，将 60 万平方英尺（约 5.6 万 m^2）的空间划分为 115 家店铺，并引入大量亲民的本土轻奢品牌，如 Michael Kors、Anthropologie、Banana Republic、Lego、Coach、Cole Haan、Kenneth Cole 和 J.Crew 等吸引市民及游客到访。在公共设施部分，重新开放了已关闭 20 年之久的观景平台并结合高层建筑顶部空间进行商业开发，对著名的彩虹厅进行了保护改建有效降低其使用能耗，对公共和私人屋顶花园进行了修缮并积极组织公共活动以创造社区联系，对真冰溜冰场、圣诞树、海峡花园等公共文化活动空间着重维护，与 GrowNYC 组织❶合作在公共广场中定期开设农夫市场为市民提供便利，与公共艺术基金会共同组织大量世界级的公共文化活动。

通过技术升级、空间改造和悉心运营，洛克菲勒中心实现了质的提升，每一处空间都在整体中承担积极作用，社会各方力量积极参与并共同营造场所氛围。例如，办公出租率从 1996 年的 86% 提升到了 2015 年的 98%，零售部分在节假日能吸引日均 80 万访客，观景平台在年均吸引超过百万访客的同时创造了高额收益。❷

❶ Grow NYC 组织旨在改善纽约城市环境，为纽约居民提供可持续性资源，包括提供任何人都可以使用的免费工具和服务等。

❷ 数据来源于铁狮门。

2.1.4　历史典范：融入城市血脉

今天的洛克菲勒中心，已成为城市综合体在经济集约、资源整合和社会治理上均取得成就并相互平衡和促进的典范。然而，回顾历史，作为业主的洛克菲勒集团收获这一伟大财富，可谓是一波三折。

作为唯一的投资方，洛克菲勒集团在项目伊始，也曾定下所有的规划都需要基于对“一个尽可能美丽而又能获取最大收益的商业中心开发”的期望。但是实际上，据小约翰·洛克菲勒的儿子尼尔森·洛克菲勒回忆，洛克菲勒中心在他父亲在世的二十多年时间内并没有实现盈利，其回报不足投资的一半。❸

洛克菲勒中心尚未启动即碰到了土地收购和合作方撤资等困难，小约翰·洛克菲勒本人回忆：“显然在我面前的只有两堂人生课程可供选择。一是放弃整个开发计划；另一个则是认清形势，由我个人建造并承担一切金融风险……我最终选择了后一堂课。”❹

随后，洛克菲勒中心在建设过程中经历了美国经济大萧条的严峻考验。洛克菲勒家族在面临巨大财务危机的同时，坚持按计划建设洛克菲勒中心。洛克菲勒中心的建设成为了纽约在经济大萧条期间的希望象征，当时流传着一种说法：“若实在走投无路了，就去洛克菲勒中心工地，在那里总能找到糊口的机会。”在这段艰苦岁月里，洛克菲勒家族的信守承诺获得了工会

❸ Okrent D. Great Fortune – the Epic of Rockefeller Center [M].New York: Penguin Books, 2004: 421-422.

❹ Okrent D. Great Fortune – the Epic of Rockefeller Center [M]. New York: Penguin Books, 2004: 70.

和媒体的尊敬，并奠定了其在纽约的名声和地位。如今，洛克菲勒中心依旧能够为纽约市提供65000个工作岗位。[1]

[1] 数据来源于铁狮门。

洛克菲勒中心所创造的奇迹，源自洛克菲勒家族对纽约执着的热爱和付出，以及运营机构着眼长期回报并持续投入悉心经营的眼光和耐心。洛克菲勒中心已真正融入城市的血脉，成为纽约不可或缺的重要组成部分，并成为当代城市综合体当之无愧的典范。

在高密度人居环境下，城市综合体将会对城市生活环境的改变和改善产生巨大影响。在下文中，笔者将会从城市的交通、居住、工作和生活四大基本功能的角度来进一步探讨城市综合体的重要特征及其对城市可持续发展的重要意义：提升可达性以鼓励绿色出行，增加多样性以提供生活便利，创造复合性以增进资源共享，丰富体验性以营造场所氛围。

2.2 结合交通：鼓励绿色出行

在高密度人居环境背景下，建设高效换乘的公共交通体系，鼓励步行和自行车出行，有助于降低城市通勤的能源消耗，其优越性显而易见。而城市综合体可在其中起到很好的空间整合和节点转换作用。城市综合体与城市公共交通节点“零距离”连接，尤其是轨道交通车站和城市综合体开放空间的“零距离”结合可有效鼓励市民在日常生活中，采用步行及自行车与公共交通相结合的绿色出行模式。

2.2.1 流线梳理：创造步行捷径

相较普通的城市开放公共空间，城市综合体中的开放公共空间由于其本身的空间结构特性，更易于对立体交通流线进行梳理，并创造更为高效的城市通路和步行捷径。同时，结合城市综合体本身功能多样性的特点，也可以进一步诱导市民步行出行。

在日本东京涩谷未来之光（Hikarie）项目中（图2-14），由于基地位于涩谷坡地的底层，所以建筑的垂直中庭空间每到一层就与周边的道路连接起来，建筑公共空间内的自动扶梯和电梯成为涩谷地区立体交通和换乘的捷径，给使用者带来了极大的便利性，上下班的人群和高龄老人完全不需要爬坡，便可以轻松到达与相应楼层同高的道路，同时还可以乘坐电梯和自动扶梯前往更高层的美术馆、剧场等（图2-15）。往来涩谷的人群自然而然地聚集在这里，自然也就提升了整个建筑的活力。[2]

[2] 吴春花，王桢栋，陆钟骁．涩谷·未来之光背后的城市开发策略——访株式会社日建设计执行董事陆钟骁[J]．建筑技艺，2015（11）：40-47。

2.2.2 区域整合：组织城市空间

城市综合体通常会成为所在区域的核心。一方面，这是由于其往往位

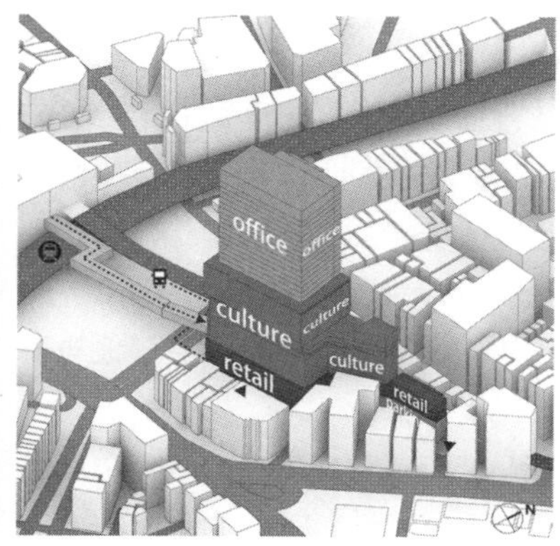

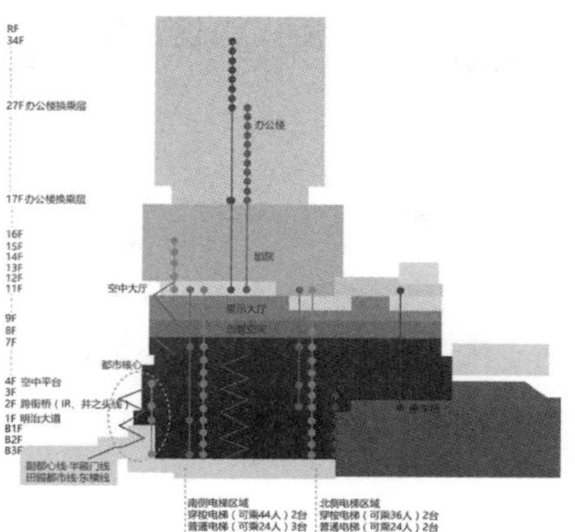

图 2-14 日本东京涩谷未来之光整体轴测图（左）
来源：于越绘制

图 2-15 日本东京涩谷未来之光总体流线示意图（右）
来源：于越参考日建设计提供资料绘制

于所在区域的核心位置且交通便捷。另一方面，这也是其相对更高强度和更综合的开发对区域内周边地块的吸引力而形成的。因此，城市综合体经常需要承担所在区域城市空间组织的重要作用。

以香港金钟太古广场（Pacific Place）为例，其结合地形，在建设过程中通过自动扶梯的设置，将南部高处的城市空间与北部低处的城市空间和公共交通层相连，形成步行捷径（图 2-16）。太古广场西侧的中庭空间除了作为城市步行捷径外，还经常作为演出和展览的场地，这一空间成为人们往来金钟地区乐于经过并富有活力的城市场所（图 2-17）。值得称道的是，太古广场还利用所处的地形特点，将车流交通布置在裙房屋顶上，从城市高架上引入匝道，不仅实现了人车分流，也避免了对地面繁忙交通的影响。此外，裙房上的开放屋顶花园，不仅延续了南部半山公园的生态环境，还将太古广场的内部步行系统与城市绿色休闲步行系统相联系（图 2-18）。

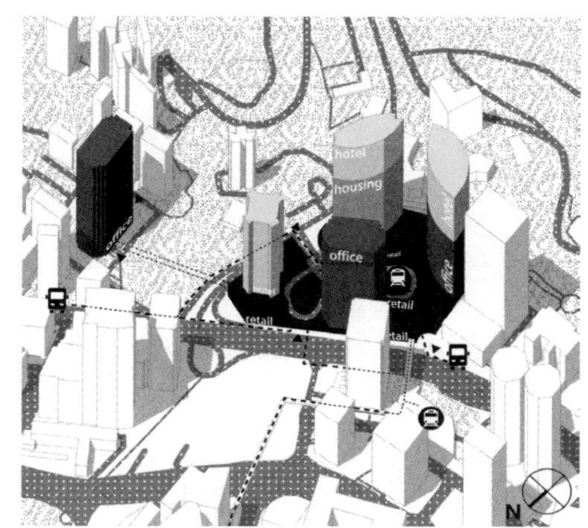

图 2-16 香港金钟太古广场整体轴测图
来源：周锡晖绘制

图 2-17 香港金钟太古广场的西侧中庭内景（左）
来源：作者自摄

图 2-18 香港金钟太古广场的开放屋顶花园（右）
来源：作者自摄

2.2.3 交通换乘：构建站城一体

当今，城市交通日趋立体化，空中、地面和地下的交通系统相互结合、互为补充，共同创造了丰富的城市交通环境。与此同时，城市综合体也为各种交通系统方便、快捷、高效的换乘创造了条件。对于城市综合体自身而言，与城市各交通系统的直接联系，是引入人流至关重要的一环。[1] 而对于城市各交通系统而言，通过城市综合体的有效组织，可以更好地与周边地块、顺畅和高效地连接。

[1] 详细内容请参考本书第五章。

以香港中环国金中心（IFC）为例，其地下三层有香港机场快线中环终点站，地下二层有两条地铁的换乘站，地下一层为停车库，地面层是公交、小巴、出租车的停靠站并拥有集散大厅，二层连接了半山自动扶梯系统和中环步行天桥系统，可直达海边的轮渡并与中环其他建筑紧密联系，三层则有酒店的入口平台，整个建筑通过平台、立交、天桥、中庭等一系列开放步行空间，合理地组织了中环地区复杂的交通系统（图 2-19）。这一立体的交通网络互不干扰却又紧密联系，使得香港国金中心成为中环地区的“城市心脏”。同时，也为其内部商业步行街中的零售、餐饮、娱乐等功能带来了源源不断的客流（图 2-20）。

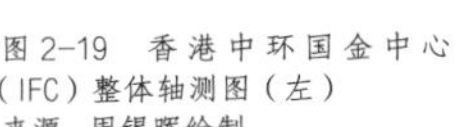
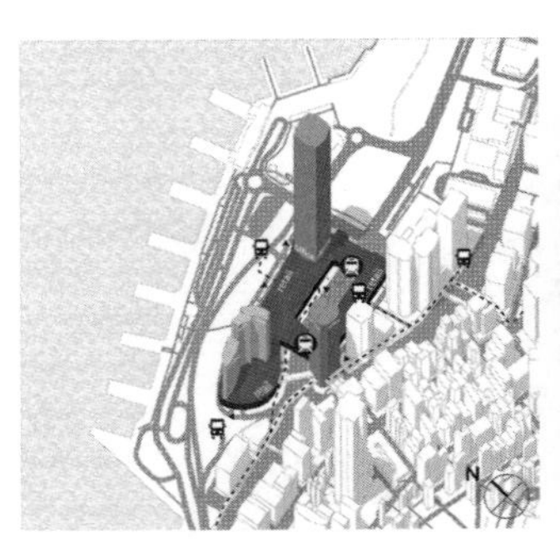

图 2-19　香港中环国金中心（IFC）整体轴测图（左）
来源：周锡晖绘制

图 2-20：香港中环国金中心（IFC）与中环步行天桥系统连为一体（右）
来源：作者自摄

2.3 适宜居住：提供生活便利

“多样性”是生态系统得以健康发展的重要条件，也是城市综合体的重要特征之一。多样性不仅为各个功能子系统之间的协同工作创造可能，也为其城市属性的实现提供支撑。多样性对于城市活力而言至关重要，是对居住在城市综合体中和周边社区内的人群创造生活便利的保证。丰富多元的城市综合体，可使得人们在一次出行中，在一个目的地内解决各类生活所需，极大提高生活效率。

2.3.1 服务内部：满足多元需求

城市综合体功能的多样性特征，可兼顾不同年龄、性别、职业和社群使用者的多元需求。近年来，在美国和日本等国的城市新区开发中，兴起了以步行主街为核心来组织新区混合功能的趋势。这种布局方法是将面向不同需求的不同城市功能分期分区混合安排，并以步行主街联系，最终形成一个完整的城市综合体。这样的混合布局更能适应各类客户需求和市场变化，有利于打造尺度舒适的空间环境。

日本东京二子玉川综合开发项目即是上述开发模式的典型案例。这一项目位于东京与神奈川交界的多摩川沿岸，是东京急行电铁（东急）田园都市线沿线的主要车站。基于“从城市到自然”的开发理念，整个项目由一条约 1km 长的步行街串联，两头分别是地铁站和二子玉川公园（图 2-21）。这一项目非常重视设施的方便性和舒适性，其一期开发了紧邻车站地块的商业设施和办公楼构成的复合设施，以及邻公园地块的超高层公寓。随后，在中部地块进行二期开发，开发商业设施、电影院、健身俱乐部、屋顶生态植物园和写字楼构成的复合设施。在这条步行街上，提供了丰富的商业、娱乐、休闲、文化设施和宜人的绿化和公共空间（图 2-22）。由于新城的主要住户为年轻家庭，项目还设置了相当数量供儿童使用的设施，如植物园等各类儿童教育基地。[1]

[1] 东急电铁，东急设计. 东急二子玉川综合开发 [J]. 建筑技艺，2015（11）: 36-39。

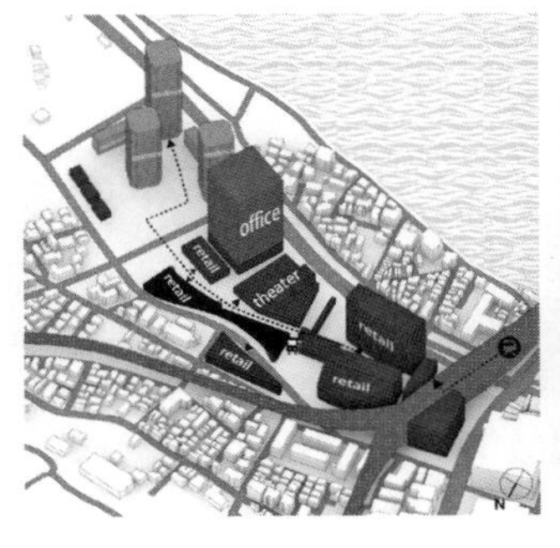

图 2-21 日本东京二子玉川综合体整体轴测图（左）
来源：于越绘制

图 2-22 日本东京二子玉川综合体的步行街（右）
来源：作者自摄

2.3.2 服务周边：支撑社区活动

城市综合体的多样性功能，不仅能够满足其内部多元需求，还能对周边的社区活动提供支撑，从而实现对所在城市区域的补充和提升。优秀的城市综合体会充分考虑与基地周边城市肌理的融合，在有限的空间内处理复杂的功能流线，还会结合城市相关建筑条例的规定，主动塑造高品质的公共空间和服务设施，成为所在区域富有活力的“城市客厅”。

以香港旺角朗豪坊为例，由于用地极其紧张，建筑师合理利用香港城市规划规范条件[2]，将整个建筑的大型商业公共空间布置在了建筑裙房屋顶层（15m 标高层）上，创造了一个巨型垂直的中庭，结合通天自动扶梯、数码天幕和艺术雕塑的布置，以及与办公功能、酒店功能、社区服务设施的串联，塑造了震撼人心的城市场所空间（图 2-23）。与此同时，朗豪坊在

[2] 根据香港城市规划规范要求，本地块 15m 以上建筑密度不能超过 65%。

图 2-23 香港旺角朗豪坊巨型中庭内景（左）
来源：作者自摄

图 2-24 香港朗豪坊中向周边社区开放的街头绿地（右）
来源：作者自摄

首层平面着重梳理了建筑与周边环境的肌理，并在裙房中布置了大量服务周边社区的公共设施，如社区服务中心、传统美食广场等。首层平面的设计充分考虑了与基地周边的路网结合，设置了多个出入口，可供当地居民和游客方便地穿越或进入建筑内部。难能可贵的是，建筑师通过酒店车辆出入口及回车场地的重合设计，最大限度地减少了酒店出入口对周边交通和城市肌理的影响。另外，建筑师还在寸土寸金的城市街角布置了一个街头绿地，成为周边居民休憩和锻炼的场所（图 2-24），并根据规划的要求在绿地的一侧布置了一个小型巴士站，为周边市民出行提供便利。

2.3.3 服务城市：打造城中之城

成为城市中的城市，满足居民及访客全天候的生活、工作和娱乐需求，是城市综合体多样性的极致体现。香港在过去的几十年中，应对逐步增长的人口压力的对策是“集中型混合土地使用”（Multiple Intensive Land Use，简称 MILU）政策。香港模式展示了如何通过政策来管理有限的土地资源，以及如何通过混合土地使用的方法来实现充满活力而又丰富的城市生活。

香港的集中型混合土地使用政策主要包括以下几方面内容：①极高的居住密度和开发强度：容积率需达到 5 以上，并至少要达到 2000 人 /hm^2 的人口密度，同时任何单一功能不得超过总建筑面积的 2/3；②多样的土地使用及适宜的环境：拥有或邻近居住、商业、娱乐、社区服务和交通设施 5 种基本功能；③采用合理的形式和设计：裙房设计是最重要的部分，其进一步强化了项目间的连接、共享和延伸，并成为政府和私人投资者整合和共享社区设施的有效途径；④与车流交通和人行步道的联系：考虑与 5 种香港主要的交通类型：MTR（地铁）、公交车、小巴、出租车以及私家车的联系，优先考虑与公共交通的联系；⑤为政府创造提供廉租住宅的可能：可使政府用其商业设施的盈利来补贴廉租住宅的租金收入。❶

❶LAU SSY, Giridharan R, Ganesan S. Policies for implementing multiple intensive land use in Hong Kong [J]. Netherlands: Journal of Housing and the Built Environment, 2003 (18): 365-378.

香港西九龙联合广场（Union Square）是集中型混合土地使用开发的代表。这一项目代表着建筑和城市相融合的趋势，并成为高密度城市地区生

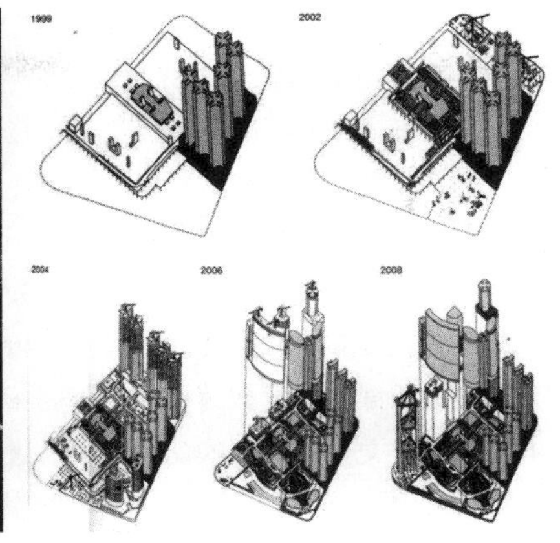

图 2-25　香港西九龙联合广场剖面图及分期建设图
来源：TFP Farrells 官方网站，www. farrells.com（左），TFP 事务所编 . 十年十座城市 [M]. 吴晨译 . 北京：中国建筑工业出版社，2003：58-59（右）

活的典范。其位于香港西九龙港铁九龙站上盖，总建筑面积达 109 万 m^2，共分 7 期在 15 年间完成（图 2-25），项目前期以高端住宅启动（占总建筑面积 60%），先后开发办公、商场、酒店及公寓等功能，并辅以配套服务设施，其屋顶为向公众开放的城市公园（图 2-26）。这一项目与机场快线无缝连接，访客在香港期间甚至都不需要离开这座建筑而实现所有对城市的需求，从这个角度来看，联合广场可以被称作真正意义上的“城中之城”。

图 2-26　香港西九龙联合广场屋顶公园
来源：作者自摄

2.4　促进工作：增进资源共享

城市功能的一体化和运作方式的集约化，以及由此带来的高效率和高效益，是城市综合体功能组织的主要目标。城市综合体的功能组合，就是其内部各功能子系统内在关联的合理整合以及这些建筑功能群组与城市功能的合理交织。系统而又高效组织所带来的资源和功能共享，是对城市有限空间的合理利用，也是城市综合体重要特征“复合性”的体现。

2.4.1　共享空间：开发存量土地

在城市核心区，城市综合体的开发往往是对高价值土地的存量开发，并可进一步被理解为对城市可开发土地的高效利用和对已开发土地的持续更新。城市综合体作为典型的城市高强度综合性开发，理应在存量开发中起到核心作用，进而在时空维度复合更多的城市功能。

日本东京六本木 Hills 项目，通过“文化都心”的理念为城市提供了大量高品质的公共空间，成为东京的新名片（图 2-27）。运营团队利用美术馆、俱乐部、学术中心、图书馆、露天广场等空间举办各种文化活动，让访客和租户在生活、工作和购物之余，自然而然地接触到世界各国的艺术，向业界一流的人士学习，并能与时尚人群进行交流（图 2-28）。

日本东京六本木 Hills 项目中的森大厦在顶端经济价值最高部分布置了文化艺术设施和城市公共空间：从 49 层到 53 层分别有美术馆、观景台、会员制俱乐部、继续教育机构、画廊、图书馆等设施。将文化置于经济之上象征着“文化都心”的门户形象，进而打造了一座“城市空间倍增，自由时间倍增，选择范围倍增，安全性倍增，绿化倍增，以及工作效率倍增”的垂直花园城市。[1]

[1] 森稔 .Hills 垂直花园城市：未来城市的整体构想设计 [M]. 北京：五洲传播出版社，2011：17。

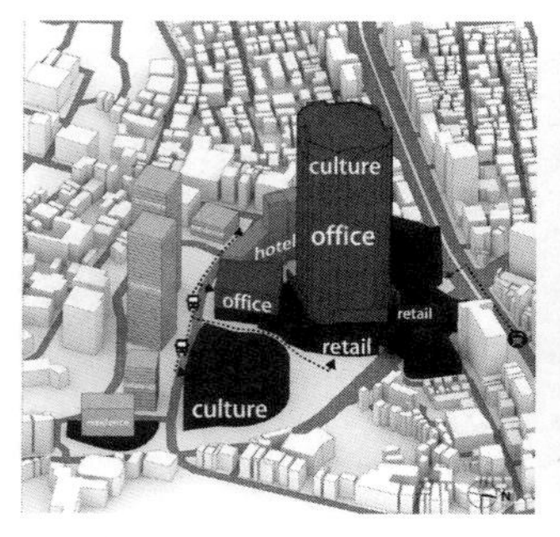

图 2-27 日本东京六本木 Hills 整体轴测图（左）
来源：于越绘制

图 2-28 日本东京六本木 Hills 利用公共空间举办文化活动（右）
来源：作者自摄

2.4.2 共享设施：驱动协同创新

驱动协同创新为城市空间尤其是公共空间营造提出了更新和更高的要求。高品质的城市公共空间，如公园、广场和中庭等不仅能促进社会公平公正、鼓励社会交往、为城市创造更为人性化的体验，还会成为激发大众创新的有力保证。高密度城市环境中的公共空间弥足珍贵，城市综合体以私有公共空间的形式向公众开放，不仅能有效拓展城市公共空间的外延，还能为城市提供大量高品质的公共空间。通过将私有设施和公共设施有效整合，创造高品质的城市公共空间，并激发城市活力。

日本东京六本木 Hills 项目通过精心设计，提供了大量易于抵达的公共场所供人交流、感动、休憩和发现。在其中工作的人若思绪停顿，都可以沿着毛利池散步来转换心情（图 2-29），也可以前往森艺术中心欣赏艺术作品（图 2-30）。希望在知识方面受到启发，可以前往学术中心和图书馆，或许在那里能够产生新的观点和想法。如此的环境吸引了大量国际一流企业租户的入驻，根据企业高层反馈，入驻不仅有利于提高企业声誉以及召集到优秀人才，还可以通过宽敞的空间和各类设施提高员工的创意能力。[2]

[2] 森稔 .Hills 垂直花园城市：未来城市的整体构想设计 [M]. 北京：五洲传播出版社，2011：34。

图 2-29　日本东京六本木 Hills 的毛利庭院（左）
来源：www.jerde.com/cn

图 2-30　日本东京六本木 Hills 森大厦顶部的森艺术中心（右）
来源：六本木 Hills 官方网站(www.roppongihills.com)

2.4.3　共享服务：融合办公商业

随着互联网时代的到来，商业和办公模式都在悄然发生变革。在城市综合体中，餐饮和娱乐等强调体验性的功能所占比例越来越高。线下实体零售日益强调参与及互动，成为线上商店的有效补充。传统实体消费中购物的单一行为，也逐渐被“购物—休闲—娱乐—学习—服务”等复合行为所取代。同时，办公功能开始从追求效率转向激励创新，办公空间也开始从单纯追求高效的使用空间转变为更具适应性的空间场所。新时代下，将更为推崇集体讨论的工作模式，办公场所也不会局限在办公室内。从事知识性创造事业的工作方式将不存在时间和空间的缝隙。

日本大阪的站前综合体（Grand Front Osaka，简称 GFO）即是上述背景下最具代表性的城市综合体。这一项目缘自 2002 年的国际竞赛，2004 年大阪市在整合竞赛获奖方案的基础上，提出了建设“知识之都”（Knowledge Capital）的意向。“知识之都”是一个创新之城，旨在让商人、研究者、发明家和民众聚集在一起，通过交换知识而创造价值。这里配备了大量的交互空间，如各种尺寸的办公室、沙龙、实验室、展示间、剧院和会议中心（图 2-31）。“知识之都”超越了传统的商业价值，转而聚焦在创新型文化和知识所创造的新型价值，具有极大的前瞻性。

图 2-31　日本大阪 GFO 内的知识之都楼层索引图
来源：GFO 官方网站，www.grandfront-osaka.jp

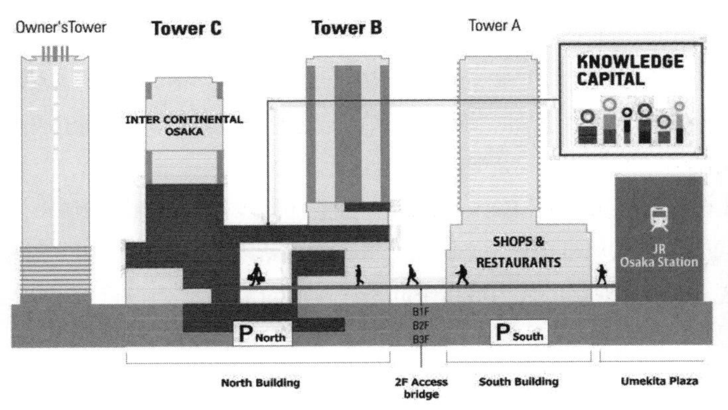

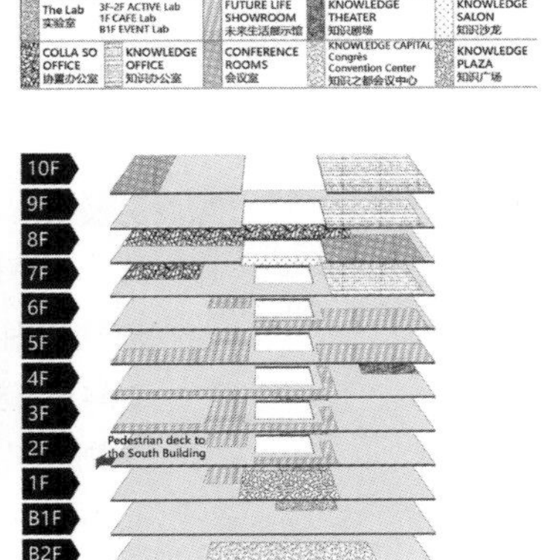

图 2-32 日本大阪 GFO 内商业和知识之都的共用中庭（左）
来源：作者自摄

图 2-33 日本大阪 GFO 内的商业、办公与非盈利性功能的交叠空间（右）
来源：作者自摄

“知识之都”位于 GFO 北大楼 B、C 两栋，围绕 B、C 栋之间的中庭三维展开（图 2-32）。中庭作为知识之都的形象展示场所，集聚了大量的商业功能；同时中庭与裙房屋面绿化直接相连，又沟通了办公空间。“知识之都”与商业和办公空间相互交错渗透，商业、办公与非盈利性功能的交叠空间成为共同使用的休憩、会议、市集、展览、体验的空间（图 2-33），在提升空间使用率的同时，促进了不同人群的交流。

2.5 丰富游憩：营造场所氛围

城市综合体往往能为一个区域或地段创造出一个全新的场所。城市综合体的规模优势、功能特点和经济基础，为创造全新的城市空间和营造独特的场所氛围提供了可能。城市综合体在场所营造上的成功是其成功的基础，也是各方努力的共同目标和最终回报。可以说，城市综合体所营造的场所氛围，对于高密度人居环境下的城市体验塑造具有决定性作用。

2.5.1 购物体验：黏合城市空间

城市综合体能为当今日趋全球化的社会提供一个有交互作用和强烈氛围的独特而又成功的商业环境。人们不仅到城市综合体购物，同时还会用餐、进行休闲、娱乐和社交等活动。城市综合体已经开始成为改变城市居民交流方式的场所。购物是群居集体生活的基础，零售功能是将城市综合体各功能组成部分及城市黏合在一起的胶水，是塑造城市社区生活的必要组成部分。❶

美国圣迭戈霍顿广场（Horton Plaza）创造性的步行商业内街与城市发展轴线相重合，成为城市历史中心区联系海滨码头新区的重要城市空间（图 2-34）。这一线形商业空间成为城市空间系统连接的重要因素，在时间维度上则起着延续地区历史文脉的作用。霍顿广场的零售商业设计打破了许多传统城郊购物中心的封闭型设计规则，并成为当地城市发展的一个触媒——吸引了大量往返于新旧城市中心区域的人群，使他们在霍顿广场中体验了

❶Jerde 事务所，维尔玛·巴尔．零售和多功能建筑 [M]. 高一涵，杨贺，刘霈译．北京：中国建筑工业出版社，2010：12。

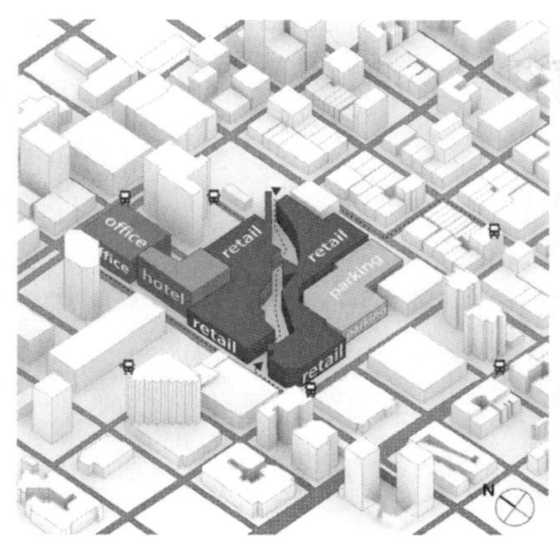

图 2-34　霍顿广场整体轴测模型（左）
来源：于越绘制

图 2-35　霍顿广场内的开放商业步行内街（右）
来源：www.sandiegouniontribune.com

一种令人兴奋的经历，并在之后与周围的人们共享（图 2-35）。霍顿广场为曾经衰败的城市中心区带来了超过 25 亿美元的新投资，并在建成 18 年后，成为当地单位面积销售额最高的商业空间。❶

2.5.2　娱乐体验：催化城市活动

正如简·雅各布斯所言："人们喜欢到街道上，喜欢坐在路边看来来往往的人流，因为这是一幅丰富的，不断变化的画面，不论是观看者还是被观看者，都不会感到不适，因为，他们的角色随时会改变。"❷优秀城市公共空间的魅力来源，是其能够促进使用者之间产生交互性。拥有交互性休闲娱乐体验的城市综合体不仅能吸引人，还能留住人，并能催化场所营造，能为其各功能子系统创造大量的机会。

上海正大乐城通过街区式的开放城市肌理布局，在其核心打造出一个园林式的公共广场（图 2-36）。设计单位凯里森（Callison）在设计中，有效平衡了引入大面积景观和可租赁面积减少、短期成本上升、利润下降的矛盾。❸设计方提出了阶梯向上的景观概念，将景观从底层通过逐级上升的建筑屋顶平台逐渐延伸到顶层的婚礼教堂，并在不同标高联系各层商业街，增加了各层的商业回游度。❹这一阶梯状的景观也成为项目中为巨大天棚覆盖的中心广场的看台，并在实际使用中与其积极互动，为整个项目在有效吸引和组织人流的同时，营造了很好的场所氛围（图 2-37）。

❶ 数据来源：Jerde 事务所，维尔玛·巴尔．零售和多功能建筑 [M]. 高一涵，杨贺，刘霈译．北京：中国建筑工业出版社，2010：4。

❷ 简·雅各布斯．美国大城市的死与生 [M]. 金衡山译．江苏：译林出版社，2006：58。

❸ 吴春花，王桢栋，Zivko Penzar. 上海绿地中心·正大乐城——访 Callison 商业副总裁 ZivkoPenzar[J]. 建筑技艺，2015（11）：84-87。

❹Kingkay. 上海绿地中心·正大乐城 [J]. 建筑技艺，2015（11）：88-93。

图 2-36　上海正大乐城鸟瞰图（左）
来源：www.callisonrtkl.com

图 2-37　上海正大乐城的核心灰空间广场和逐级上升的屋顶绿化（右）
来源：www.callisonrtkl.com

在城市综合体的公共空间中，如中庭、内院、入口广场等，往往也能通过复合交互性的功能来有效塑造场所氛围。IAPM 环贸广场是上海近年建成的代表性城市综合体，其位于淮海路黄金地段，地下与两条地铁线路连接。然而，在开业伊始，其与淮海路连接的入口广场和内部中庭空间却一直缺乏活力，很少有人停留。在运营团队的策划下，积极使用这些公共空间来布置交互性功能，有效改变了这一局面。在 2014 年 8—10 月举办“史努比 65 周年美陈艺术主题展”期间，运营团队从外部入口广场到内部中庭空间布置了一系列史努比的雕塑，这些雕塑很好地起到了从城市空间中吸引人流进入建筑内部空间的作用，并激发了大量人群的逗留，有效带动了建筑的整体活力（图 2-38）。

图 2-38 上海 IAPM 举办史努比展期间吸引了大量人流
来源：cn.istayreal.com（左），travel.ulifestyle.com.hk（右）

2.5.3 文化体验：塑造城市精神

城市综合体的精神性，对于其在城市中确立地位是十分重要的。一旦城市综合体成功塑造了城市精神，那它将获得决定性力量，并能够源源不断地吸引各个层面的人群。事实上，文化艺术功能和设施，如表演艺术中心、博物馆、美术馆、宗教设施、艺术品等等，已经越来越多地被引入到城市综合体中。文化艺术功能能够为项目提供无法用金钱购买的特色和声望。在通常情况下，由于文化艺术功能往往不能产生足够的收益来支付其运营的费用，它们往往需要依靠社会各方的赞助。而在城市综合体中，可以通过一些创造性的手段来提供一定的内部补贴费用，以确保它们的正常运转。[1]

[1] 更多有关文化艺术功能价值创造的详细讨论请参见本书第六章。

北京侨福芳草地是一座观念超前的城市综合体，其长达 12 年的开发建设周期，在艺术及环保上的巨额投入，以及其与众不同的功能业态配比曾一度为业界质疑。然而，其开业后大获成功，成为北京最受欢迎的城市综合体，文化艺术和商业等功能作为服务配套和场所营造的基础，有效提升整体的环境品质（图 2-39），其办公业态在开业 5 年后租金上涨一倍即是开

图 2-39　北京侨福芳草地的公共空间内布置了大量的艺术品
来源：作者自摄

发商及设计团队对项目成功塑造的写照。❶

在本章里，通过对当代城市综合体的典范“洛克菲勒中心”的剖析，并从城市四大基本功能的交通、居住、工作和生活的角度对城市综合体与城市可持续发展的关系进行探讨，归纳出城市综合体相较其他建筑类型的重要特征，即其“城市属性”。

城市综合体的城市属性，其核心的特质即“公共性”和“自治性”，并可被进一步细化为可达性、多样性、复合性、体验性、开放性、自由性、识别性、标志性等等。❷

诚如笔者在前文中提出的观点：“城市综合体产生的初衷是解决城市问题”，“商业性”和“私有性”绝非城市综合体的核心特质。从洛克菲勒中心的历史经验中可认识到，整体利益和长远利益永远高于局部利益和短期利益，局部和短期的“舍”，可被换取整体和长远的“得”。

如果说，“城市属性”是城市综合体相较于其他建筑类型的重要特征，那么城市综合体各组成部分共同创造的“1+1 > 2”的协同效应，则是城市综合体相较于其他建筑类型能够为城市所带来的核心价值。

那么，城市综合体的协同效应能为城市带来哪些层面的价值呢？如何在城市综合体的开发建设运营过程中避免潜在问题，并激发各组成部分之间的协同效应呢？如何通过这些普通建筑难以实现的协同效应，来解决城市存在的问题呢？

在下一章，笔者将对城市综合体协同效应的价值进行剖析，并在接下来的章节里对城市综合体的协同效应展开进一步的讨论。

❶ 数据来源：邹毅．“侨福芳草地”的商业经营逻辑 [J]. 建筑创作，2015（01）：248-259。

❷ 有关城市综合体的“城市属性”的详细讨论请参见本书 7.2 节。

第三章　城市综合体协同效应价值剖析

大都会建筑诞生于人类的实际需求，并为客观性和经济性、材料和结构，以及经济和社会因素所定义。大都会建筑是一个有着自己的形式和规则的新建筑类型。它体现了对当今运转着的经济和社会条件的设计。它试图将自己从所有与当下无关的事物中解脱出来。它力求削减到只剩必要元素，以实现最大化能源发展，最极端的张力和终极的精度。它与当代人的生活相对应，是一种并非主观个体而是客观集体的全新生命意识表达。[1]

——路德维希·希尔贝斯艾默（Ludwig Hilberseimer）

[1] 英文原文："Metropolisarchitecture is born of real needs and defined by objectivity and economy; material and construction; and economic and sociological factors. Metropolisarchitecture is a new type of architecture with its own forms and laws. It represents the design of today's operative economic and sociological conditions. It seeks to free itself from all that is not immediate. It strives for reduction to the most essential elements, to achieve the greatest development of energy, the most extreme possibilities of tension, and ultimate precision. It corresponds to contemporary human life; it is the expression of a new awareness of life that is not subjective-individual but rather objective-collective." 来源：Hilberseimer L. Metropolisarchitecture [M]. New York：GSAPP BOOKS，2012：264-265.

在本章里，笔者首先将从经济、环境和社会 3 个维度来分析城市综合体协同效应的价值创造，并探讨如何在城市综合体开发建设运营过程中避免潜在问题，激发各组成部分之间的协同效应。随后，笔者将尝试从城市治理维度以经济、环境和社会 3 个维度的两两边界为切入点，探讨如何通过运营管理来促进协同效应，来解决高密度城市发展所需应对的突出问题。在本章最后，笔者提出城市综合体协同效应的理论框架。

3.1　经济维度：激发经济增长

在城市综合体中，各功能子系统能从其他功能子系统获得支持，产生相较在单一功能建筑或多功能建筑中更高的收益，即城市综合体协同效应创造的经济价值。

城市综合体的功能子系统几乎涵盖所有常见的公共建筑功能，笔者将其中 10 类最有代表性的功能子系统：居住功能、办公功能、酒店功能、零售功能（细分为便利性零售、比较性零售和专门化零售）、娱乐功能（细分为餐饮和剧院）、健康医疗功能、文化艺术功能、市民设施、会议展览功能以及运动休闲功能绘制协同矩阵（表 3-1），来说明其相互之间在经济维度的关联性[2]。

[2] 王桢栋．当代城市建筑综合体研究 [M]. 北京：中国建筑工业出版社，2010：95。

3.1.1　直接支持：带来稳定客源

经济维度的协同效应包括各功能子系统之间的“直接支持”和“间接支持”。“直接支持”所产生的价值比较直观，例如办公楼上班族、酒店旅客、公寓住户会对项目内的零售、餐饮提供稳定的客源；办公楼的租户，可以为

城市综合体不同功能子系统的协同效应矩阵　　**表3-1**

主要功能子系统	住宅	办公	酒店	便利性零售	比较性零售	专门化零售	娱乐：餐饮	娱乐：剧院	运动休闲	健康中心	文化艺术	会议展览	市民设施
住宅		●	×	●	□	□	×	□	×	□	□	×	●
办公	●		●	●	□	□	●	–	□	□	□	●	–
酒店	×	●		●	●	□	●	□	●	□	□	●	–
便利性零售	●	●	●		×	–	□	□	□	□	□	●	□
比较性零售	□	□	●	×		–	●	●	□	–	□	□	□
专门化零售	□	□	□	–	–		□	□	□	–	□	–	–
娱乐：餐饮	×	●	●	□	●	□		●	●	–	●	□	□
娱乐：剧院	□	–	□	□	●	□	●		□	–	●	□	□
运动休闲	×	□	●	□	□	□	●	□		□	–	–	●
健康中心	□	□	□	□	–	–	–	–	□		–	–	●
文化艺术	□	□	□	□	□	□	●	●	–	–		●	●
会议展览	×	●	●	●	□	–	□	□	–	–	●		□
市民设施	●	–	–	□	□	–	□	□	●	●	●	□	

注：矩阵中各种开发类型价值融合水平：
●直接支持
□间接支持
–中立
×潜在市场冲突

在上述综合开发项目各种类型物业价值链矩阵中应重点分析直接支持（关系以“●”表示）以及存在潜在市场冲突（关系以“×”表示）的物业类型之间的关系。

来源：作者自绘

项目内的酒店提供客源，并为公寓带来客户或租户。功能子系统的邻近度，以及项目内步行系统联系的便捷度，是直接支持产生的关键。

以 2006 年落成的德国柏林中央火车站为例，作为当年世界杯足球赛的配套工程，耗资超过 100 亿欧元。同时，这也是目前欧洲最大的火车站，每天有超过 1000 列火车进出。整座建筑的核心部分是被两栋办公塔楼限定的车站空间，从地下到地上共有 5 层，其中最顶层和最底层是火车站台，地上站台主要供市内和近郊轨道交通列车停靠，而地下站台则是供远程火车停靠（图 3-1）。在上下 2 层站台之间，是 3 层商业功能，有 80 家商店，从服装店、书店、餐厅到邮局、纪念品商店等商业服务设施应有尽有，一应俱全。轨道交通为商业功能带来了源源不断的人流，也方便了办公和通

图 3-1　德国柏林中央火车站剖面（左）
来源：en.wikiarquitectura.com/building/berlin-central-station/

图 3-2　德国柏林中央火车站内景（右）
来源：作者自摄

勤人群的日常需求：办公功能为商业功能提供了稳定的客源，提高了轨道站点的使用率；而商业功能很好地满足了换乘人流和办公人群的日常需求（图3-2）。

3.1.2 间接支持：提供设施服务

“间接支持”由其他功能子系统创造的适宜环境来提供。例如，文化艺术功能和酒店功能等不会为办公功能或居住功能带来直接收益，但是可以作为适宜的环境支持，提供各类设施和服务，使得办公和居住功能获得更高的租金和售价。文化艺术功能等可以为消费者、酒店旅客、上班族和居民等提供良好的场所氛围，并改善其他功能的市场竞争力。酒店功能同样可以对其他功能提供间接支持，其完善的配套设施往往能为项目内的居住和办公功能提升附加值。另一些功能，如休闲娱乐功能，可通过增强整体的影响力，提供对其他功能的间接支持，同时，也使得每个功能子系统更为团结和更具市场竞争力。

上海月星环球港的开发运营模式即是很好地利用了重要功能间的间接支持作用。开发运营团队以独特的内部环境塑造来引入国际顶级品牌作为触发点（图3-3），吸引高端酒店业态，并通过文化艺术功能的引入来共同打造项目的整体场所和环境（图3-4）。通过上述努力，其零售业态招商空前成功，办公业态的租金高于周边写字楼近一倍，甚至还达到了上海浦西高端办公区域南京西路地段的租金平均水平。[1]

[1] 数据来源于环球港运营团队。

图3-3 上海月星环球港的中庭空间
来源：沃会画报，sharghaiwowmag.com

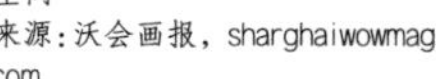

3.1.3 潜在矛盾：规避互相干扰

各功能子系统之间在相互支持的同时，也会存在潜在矛盾。例如，在城市综合体中，娱乐、运动休闲和会议展览功能必须被小心控制，这是因为它们产生的噪声和节庆气氛会影响到同一项目中居住、酒店和办公功能的正常运作。在设计中必须考虑它们的合理流线，并处理好隔声、排烟排污等技术问题。根据美国城市土地

图3-4 上海月星环球港内的文化艺术功能
来源：down.winshang.com/zt/2015/yuexing/（左），阚雯拍摄（右）

学会（ULI）的研究显示，大部分小租户喜欢选择有餐饮和零售的办公空间，他们更看中城市综合体提供的整体便利环境，而大租户则视此种情况为折中，更倾向于选择独立的办公大楼。[1]

3.1.4 功能配比：应对供需要求

有关城市综合体经济维度的协同效应价值创造，除了需要在功能组合层面有所考虑外，在功能配比层面的衡量同样不容忽视。功能配比应视为将各功能子系统联系起来构成项目整体的重要线索，各功能子系统的功能定位和设置比例需要在策划和设计阶段进行反复论证。例如，美国城市土地学会（ULI）关于酒店功能设置的研究显示，需对周边供求需要和交通情况进行认真调查，其功能设置必须考虑城市综合体的全局，错误的功能比例设置会造成全局失败。[2]

合理的配比是项目经济价值实现的重要保障。面对不同市场环境，不同项目需结合实际情况，在原有成功经验基础上进行功能选择及配比安排。笔者基于沪港两地国金中心的比较研究发现，在这两个城市综合体拥有极为相似的地理位置、基地面积、建筑面积、功能组合等条件的前提下，上海国金中心将酒店、办公及服务公寓的配比调低，唯独调高了零售功能的配比，推断这是开发商根据项目的实际情况及香港国金中心的成功经验做出的调整。这一猜测在研究后期与开发商交流过程中得到证实。[3]

另外，富有经验的开发商往往会通过分期开发、建筑布局、空间设计等方法来为项目留有余地，而富有经验的运营商也会根据实际运营的情况对功能配比进行及时调整。

3.2 环境维度：促进环境保护

城市综合体相较普通建筑虽然需要更高的投入，但是能获得更高的整体效率以及更合理的能效整合，进而诱导步行出行、改善城市生态环境、促进环境保护，即城市综合体的协同效应在环境维度产生的价值。

3.2.1 能效整合：合理利用能源

城市综合体多样性的特点，为建筑更合理的能效整合提供了可能。另外，不同功能子系统的组合也为以热动力学（thermodynamic）[4] 为代表的可持续发展建筑理念实现提供了可能。

从能源利用的角度来看，环境负荷能通过多样功能的最大化复合得到减少。在日本大阪阿倍野 Harukas 项目中，二氧化碳的排放量通过多种方式得到降低：①项目的能源管理通过每个部分能量荷载的时间差来实施。例

[1] ULI. Mixed-Use Development Handbook[M].2nd Edition. Washington DC：Urban Land Institute，2003：88-89.

[2] ULI. Mixed-Use Development Handbook[M].2nd Edition. Washington DC：Urban Land Institute，2003：253.

[3] 王桢栋，陈剑端．沪港两地国际金融中心城市建筑综合体（IFC）比较研究 [J]. 建筑学报，2012（02）：79-83。关于沪港两地国金中心比较研究详细内容请参考第四章。

[4] 热动力学为多学科对话提供了新维度，促使他们在更大尺度的地形领域进行重组。建筑、景观和能源的结合，将会改变传统的设计方法并促生新的建筑原型。

如，酒店能源的消耗主要在夜间，而办公区和百货商店则一般在白天；办公室在周末关闭时，百货商场却非常忙碌（图 3-5）。②热能通过每个部分得到互补利用。例如，空调全年使用的百货商场，其余热能被用于需要不断供应热水的酒店与办公室（图 3-6）。

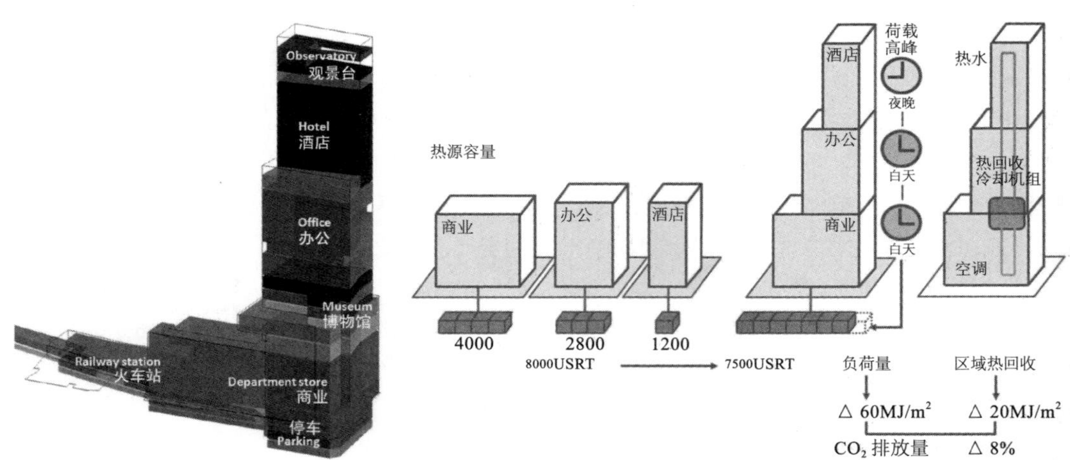

图 3-5 日本大阪阿倍野 Harukas 功能组合示意图（左）
来源：CTBUH

图 3-6 日本大阪阿倍野 Harukas 能源管理示意图（右）
来源：CTBUH

从能量转换的角度来看，可利用建筑形态的处理和空间设计，通过被动与主动节能相结合的方式，来合理利用能源。在法国巴黎“大巴黎计划”中的奥斯莫斯车站（Osmose Station）方案设计中，建筑师充分利用地铁产生的能量，结合南向建筑立面的光电生成器，通过高密度的布局以达到近零排放的目标。贯穿这一混合使用建筑的是被称为“风肺”的共享空间（图 3-7），这一空间的形态经过数字优化，不仅更适于获取地铁产生的热能[1]和形成自然通风，还成为极具个性的建筑空间。在“风肺”空间上部的风出口设置能量再生交换器，通过其中的可逆热泵来保持建筑内部水温的恒定（图 3-8）。同时，建筑的商业、办公和居住功能的混合协同提供了可逆热泵所需的高效环境。建筑的南立面及不上人屋面均将安装薄膜光电板，每年将提供 40 万 kWh 的电力供车站照明使用。此外，基于 8000m² 的水密建筑表面设计，建筑雨水流失表面积仅为 4000m²，回收的雨水将能满足整幢建筑的用水需求。[2]

[1] 地铁使用的电能和机械能被转化为热能排放。运行的地铁将在凌晨 5 点至深夜产生源源不断的热能，在高峰时期达到顶峰。这些能量在项目中被用于冬季采暖和夏季散热。

[2] 数据来源于 Abalos+Sentkiewicz 建筑设计事务所。

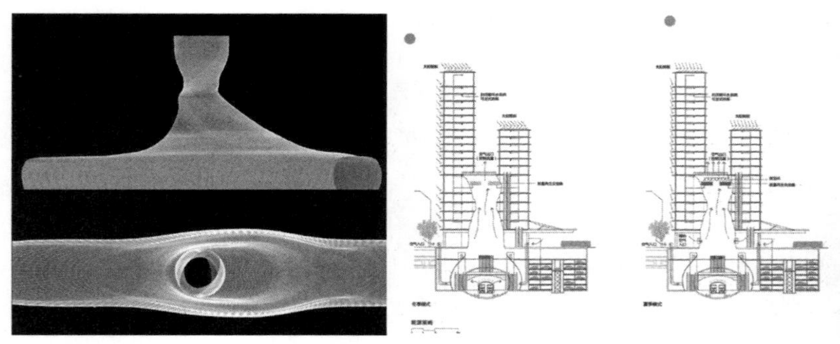

图 3-7 法国巴黎奥斯莫斯车站方案中被称为“风肺”的共享空间（左）
来源：Abalos+Sentkiewicz 建筑设计事务所

图 3-8 法国巴黎奥斯莫斯车站方案夏季及冬季能源利用示意图（右）
来源：Abalos+Sentkiewicz 建筑设计事务所

3.2.2　生态改善：形成微型气候

城市综合体复合性的特点，使其可以在寸土寸金的高密度城市核心区域拥有一定比例的开放空间和城市绿地，进而有机会在创造宜人公共空间的同时，改善城市核心区的微气候。

美国迈阿密的布里克尔城市中心（Brickell City Center）是一个位于市中心的城市更新开发项目。它耗资 10.5 亿美元，汇集零售商业、旅馆、居住区和办公等功能（图 3-9）。这一项目将成为迈阿密市中心的轻轨环线与城郊轨道交通换乘的交通中心。此外，由于其地理位置便利连接 95 号州际公路，其地下 2 层近 3 万 m^2 的室内停车场，将会吸引更多的私家车驾驶者到来。这一项目的核心，是一条跨越 4 个街区串联各功能和交通设施的空中人行步道。这一城市公共空间最大的亮点，即是覆盖其上的“气候缎带”（Climate Ribbon）屋顶系统。“气候缎带”是一个复杂而颇具创新性的气候控制系统，通过数字设计优化，能够实现遮阳、隔热、拔风和导风等作用，来实现对其覆盖空间积极主动的气候控制。在迈阿密炎热的气候下，这一系统实现了全开放无空调的公共空间，并保证了使用者可以在建筑各功能间舒适而又自由地穿梭，让城市综合体真正融入城市的自然环境之中（图 3-10）。

图 3-9　美国迈阿密布里克尔城市中心（左）
来源：ARQ 建筑设计事务所

图 3-10　美国迈阿密布里克尔城市中心内景（右）
来源：ARQ 建筑设计事务所

3.2.3　整体效率：融入城市环境

城市综合体内部的公共空间，不仅有连接各功能子系统的作用，还具有连接城市公共空间的作用，甚至本身即是城市化空间，成为城市公共空间的有机组成部分。城市综合体作为对城市功能、空间、资源等要素的整合，其城市化空间承载了大量的内容，是其“城市属性”的重要体现，更是其与城市一体化，融入城市大环境并提升城市整体效率的决定因素。

与城市公共空间及公共交通系统（尤其是地铁系统）紧密结合的城市综合体，可以在占有有限土地资源的前提下，形成紧凑、高效和有序的功能组织模式。这样的城市综合体，在鼓励多重访问的同时，还能进一步诱导步行出行，从根本上节约城市土地，减少能源消耗。在沪港两地的比较调研中，笔者的研究团队发现平均约有60%的人会选择公共交通的方式抵达城市综合体，而与轨道交通取得直接联系的案例会有超过70%的人选择公共交通，其中选择轨道交通的比例要高出不与轨道交通直接联系的案例四成。❶

日本东京的涩谷未来之光（Hikarie）集地铁车站、商业设施、餐饮、剧场、写字楼等各种功能，在垂直向堆积形成一个“立体城市”（图3-11）。在这个项目中有一个名为“城市之核”（Urban Core）❷的共享空间，即连接车站和城市街道的垂直公共交通核，它位于建筑中交通最方便、人流最密集的地方。这一容纳垂直交通自动扶梯的玻璃圆柱形空间，成为整个建筑实现地下、地面和地上空间一体化的城市核心（图3-12）。每天有5万～6万的乘降人流在“Urban Core”中通过，这些稳定的人流有效提升了建筑的整体活力，并为这一项目带来了无限商机。

❶ 王桢栋，陈剑端．沪港两地国际金融中心城市建筑综合体（IFC）比较研究[J]. 建筑学报，2012（02）：79-83.

❷ “Urban Core”的概念是由日建设计在横滨皇后广场项目中提出的“Station Core”转变而来的。“Station Core”是指车站建筑内的交通核，即不同线路的立体转换中人流聚集、交会的空间，然后在其周边布置商业等其他功能，使整个建筑更为繁华。但在日建设计做涩谷项目过程中发现，“Station Core”只能实现在车站内部带动人流，但无法主动与城市有效衔接。将“Station Core”改为“Urban Core”，可更加强调车站空间与城市的关系，这一空间与周边街区、道路、设施等主动连接起来，这种水平、垂直或斜向的便捷连接可带动、吸引人流。

图3-11 日本东京涩谷未来之光（左）
来源：作者自摄

图3-12 日本东京涩谷未来之光的“UrbanCore”内景（右）
来源：作者自摄

3.3 社会维度：推动社会进步

城市综合体还能对所在区域的场所营造起到积极作用，成为所在区域乃至城市的标志和精神中心，对所在区域乃至整个城市起到辐射作用，促进市场合作，并推进社会进步，即城市综合体协同效应在社会维度产生的价值。

3.3.1 辐射作用：改变社会结构

城市综合体往往拥有巨大能量，其建设能影响到一个地区的更新，改变当地的整体氛围，甚至推进历史区域的社会进步。因此，一些旧城核心区的更新项目，往往会以城市综合体作为杠杆。成功的城市综合体可以吸引大量不同年龄、性别和社群的人流，从而改变当地的社会结构，成为地区乃至城市的名片。

德国柏林的波茨坦广场（Potsdamer Platz）项目，肩负着缝合东西柏林城市空间边界的重要作用，并已经成为柏林最具魅力的场所（图3-13）。这一项目集餐馆、购物中心、剧院及电影院等于一身，不仅吸引着观光的游客，也吸引着柏林本地人的反复到访。与之相邻的索尼中心（Sony Center）由7栋大楼环抱在一起，索尼公司的欧洲总部设置在此，这组建筑群包括1家电影博物馆、2家电影院、1家全景电影剧场、大量餐馆和1个被围合而成的复合功能广场空间。位于中心区的广场空间宽敞明亮，上有一带皱褶的篷式顶盖，其中提供免费的无线网络，并经常举行大型活动，成为辐射波茨坦广场地区乃至整个柏林最具活力的场所（图3-14）。

图3-13 德国柏林波茨坦广场整体鸟瞰图（左）
来源：www.alitania.de/location/

图3-14 德国柏林索尼中心开放的内庭广场（右）
来源：www.waagner-biro.com

3.3.2 文脉延续：促进社会活动

城市综合体作为城市的重要组成部分，不仅可以从原有的城市文脉中吸取有利元素，增加与周边环境的联系，成为城市不可缺少的一部分，更可以传承、发扬，甚至改进城市文脉。

位于成都核心大慈寺片区的成都远洋太古里，通过开发者、政府和设计师团队的合作，以提升城市历史中心区品质的态度，还原了城市文脉的特征和当地昔日的繁荣（图3-15）。这一项目将庞大的工程拆分为几十个彼此貌似的小体量，共同定义不同尺度的城市场景。整个区域成为24小时开放的可供公众自由穿行的城市街区。与此同时，穿行的人流在通过和逗留的同时，可以欣赏到街区内的宜人景观和丰富活动，使“逛”成为一种美好的体验。从城市设计角度来看，“可渗透性”的街区也创造了视觉上的连

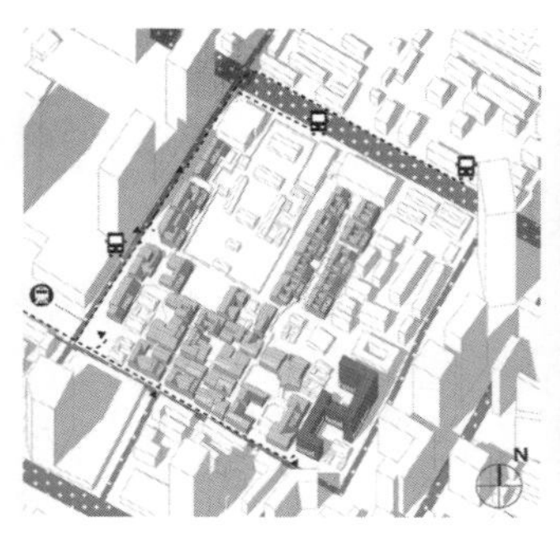

图3-15 成都远洋太古里整体轴测图（左）
来源：周锡晖绘制

图3-16 成都远洋太古里街区内景（右）
来源：作者自摄

接和延续，有助于人们对城市空间的识别和体验。建筑群落间与都市环境和文化遗存密切结合的广场、快慢区的街巷、历史建筑、餐厅、剧场、夜店、花园、店铺等一系列空间与其承载的活动，共同建立了一个欢愉而又多元化的永续创意里坊（图 3-16）。

在成都远洋太古里的推动下，大慈寺历史片区重新成为城市的标志，获得了似曾相识却更富魅力的认同感、亲切感和归属感。借助都市文化创意功能和开放街区，也为民众带来身处都市独特的愉悦和便捷，并促进了大量社会性活动在其公共空间中发生（图 3-17）。这一项目将公众生活的空间、文化历史的资产及公园般的环境升华为街巷的氛围，并转化为营商和地区经济活跃的机遇，对可持续发展的都市更新具有启示意义。[1]

[1] 吴春花，郝琳．为都市中心而创建的成都远洋太古里——郝琳专访 [J]. 建筑技艺，2014（11）：40-47。

图 3-17 成都远洋太古里公共空间内发生的积极活动
来源：作者自摄

成都远洋太古里的建筑，是作为城市公共空间的背景来设计的，或者说是从都市聚落和建筑群体的角度来设计的。这与当下很多大型公共建筑在城市中的姿态截然不同（图 3-18）。笔者在 2016 年一次工作日的调研中，比较了远洋太古里与相邻的 IFS 两者公共空间内的人流和使用情况：在上午 10：00 到 12：00 这个时间段内，IFS 的内部公共空间访客寥寥，其周边外

图 3-18 成都远洋太古里的宜人尺度与相邻的 IFS 形成鲜明反差
来源：作者自摄

部公共空间则基本都是行色匆匆的通勤人流，很少有停留行为发生；远洋太古里则呈现出截然不同的景象，无论其周边还是内部的公共空间，都有不少怡然自得的闲逛人流，而在内部核心公共空间内，则有大量停留行为和各种不同类型的偶发性和社会性活动发生。除了一定比例的年轻人外，笔者还观察到不少带着孩子散步的家长、组团出游的老年人等在 IFS 内没有的人群（图 3-19）。上述情况可以从侧面来说明成都远洋太古里在城市文脉延续上的成功。

图 3-19　某工作日上午同时间段成都远洋太古里（右）和相邻的 IFS（左）内外公共空间活动人群对比
来源：作者自摄

3.3.3　市场协作：丰富社会体验

城市综合体的成功取决于其能否将多种不同功能融为一体。这一融合应当遍布在每周 7 天每天 24 小时之中，并通过市场协作（Market Synergy），使得整体共存共荣。城市综合体内的功能子系统可归纳为 2 种类型：一类是以商业、办公、酒店、居住等功能为代表的盈利性功能；另一类是以文化艺术、体育休闲、社区服务、教育、公园、交通等非盈利性功能。城市综合体的社会价值，主要通过非盈利性功能体现。

非盈利性功能在城市综合体中提供给人们更为完整的城市生活，而城市综合体则成为这类非盈利性功能在寸土寸金的高密度城市环境中的新归宿。这一现象，成为活化现代城市的决定性力量。[1] 其中，文化艺术功能对城市综合体品牌形成和场所营造具有极大的推动作用，也是其文化价值和特色的重要体现。城市在传统上就是文化艺术的归属，只有能提供多元文化艺术体验的城市生活才是成功的城市生活。因此，城市综合体中的文化艺术设施是能够体现其改善城市生活核心意义的重要力量，也是其作为

[1] 关于非盈利性功能的深入探讨请参考本书第六章。

城市标志物的决定力量。反之，城市综合体同样能为艺术文化设施提供更好的归属。

日本东京的惠比寿花园广场（Yebisu Garden Place）是在札幌啤酒工厂旧址进行再开发而产生的集购物、餐饮、办公、住宿于一体的综合性设施，也是惠比寿地区的地标性建筑（图 3-20）。除了百货商店、葡萄酒店、西点屋等购物设施以外，还有电影院、美术馆、各种餐厅和咖啡馆等。开发商考虑到周围环境的实际情况，致力于把 40% 以上的空地作为可供公众使用的空间，实现了时间和空间的完美结合。其中，最令人印象深刻的是整个项目的核心设施“惠比寿花园”。这一由巨型屋顶覆盖和充满法式浪漫风情的建筑环绕的开放公共空间，在特别设计的灯光巧思下营造出惠比寿独特的浪漫风情。这一场所是整个惠比寿地区最热闹和活跃的市民活动中心，在运营方 20 余年的精心组织下，由多方共同打造了著名的“惠比寿生活方式”（Yebisu Style）（图 3-21），几乎每天的重要时段都会由各类活动填充。

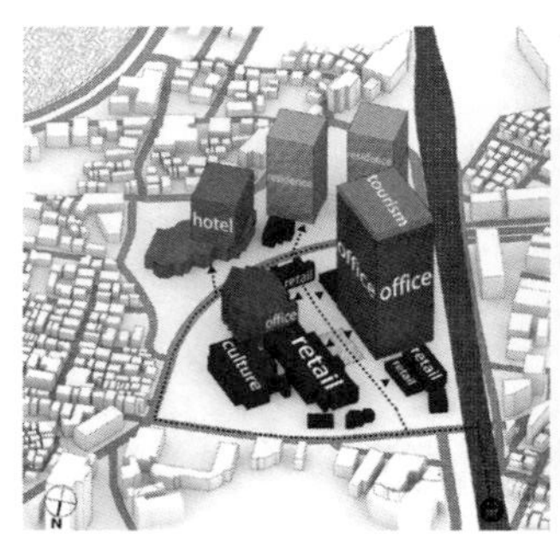

图 3-20 日本东京惠比寿花园广场整体轴测图（左）
来源：于越绘制

图 3-21 “惠比寿花园”举行夏季夜晚野餐音乐会（右）
来源：作者自摄

3.4 治理维度：持续运营管理

在讨论完协同效应在经济、环境和社会 3 个维度的价值创造之后，笔者将关注点放到上述 3 个维度的两两界面。在这 3 个界面上，协同效应的价值创造更为复杂，需在城市综合体自开发建设到日常使用各个阶段持续投入，在时间维度上对城市综合体通过运营管理的方式得以实现。协同效应在城市治理维度的价值创造，是推进城市综合体自身及城市可持续发展的重要力量。

3.4.1 复合使用：公共商业共享

城市综合体往往能鼓励访客多重目的访问。访客在一次来访中，将会访问一个以上的功能子系统，这是对城市综合体复合使用的重要契机。而具体到城市综合体内的各部分空间尤其是公共空间在不同时间上用作不同功能或服务不同功能子系统，需通过有效的运营管理才能实现。

以占公共建筑面积相当比例的停车空间为例，复合使用使得每个停车位与多个功能子系统关联，直接提高停车空间使用效率。此外，由于不同功能子系统具有不同活动周期，城市综合体中不同功能子系统的停车峰值在一天中不同时间段，一周中不同日子，以及一年中不同季节都会发生变化（图 3-22），这为共享停车[1]的实施提供了可能。笔者研究团队基于上海中山公园龙之梦的研究结果表明，共享停车理论指导下的共享泊位需求预测所得的城市综合体车位比原设计数量可减少 7.6%，比现行规划对不同功能要求的累计数量更可减少 4 成左右（表 3-2）。[2]城市综合体中共享停车设计的重点在于通过更好的设计和管理提供高效而又充足的停车空间，从而减少多余的车位并节约城市土地和建设资金。

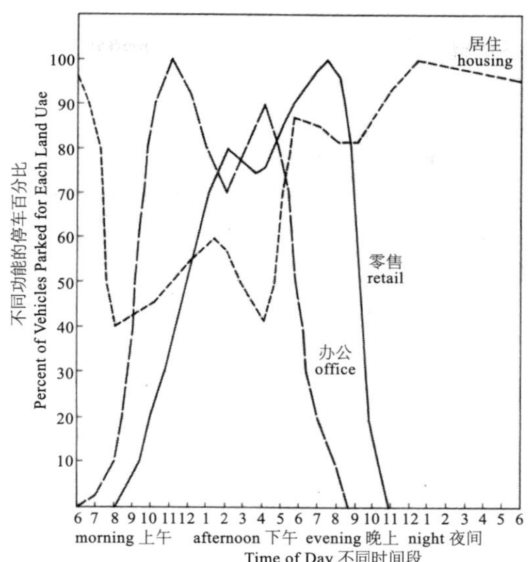

图 3-22　不同功能在不同时间停车百分比变化
来源：改画自 Procos D. Mixed Land Use [M]. Stroudsburg: Dowden, Hutchinson & Ross, Inc., 1976: 76

❶ 所谓共享停车即“Shared Parking”，是源自美国的一种停车管理模式，意为一个停车空间由两个以上的功能共享，以提高停车设施的使用效率。

❷ 刘毅然 . 共享式泊车设计理论应用研究——基于“上海龙之梦购物中心”泊车优化设计 [D]. 上海：同济大学，2012。

上海中山公园龙之梦停车位计算表　　表3-2

	规范要求车位数	实际设计车位数	月影响系数	日影响系数	协同效应系数	系数调整车位数	基于共享停车调整后车位数
办公	147	123	100%	30%	85%	–92	31
酒店	327	164	60%	65%	80%	–64	100
零售	389	270	105%	125%	100%	+84	354
餐饮	178	107	92%	90%	100%	–18	89
电影院	26	26	90%	90%	100%	–5	21
会议	167	112	105%	125%	60%	+35	147
总计	1234	802					741

来源：刘毅然绘制

库哈斯在日本横滨“21 世纪未来港”的概念方案中，曾使用“熔岩图”（图 3-23）来说明在这个巨大的城市综合体中，如何在平日和节假日的 24 小时内利用不同功能中的不同活动，来实现对建筑空间的复合使用。时间维度的复合使用，是城市综合体中公共空间实现商业和公共共享的重要手段。

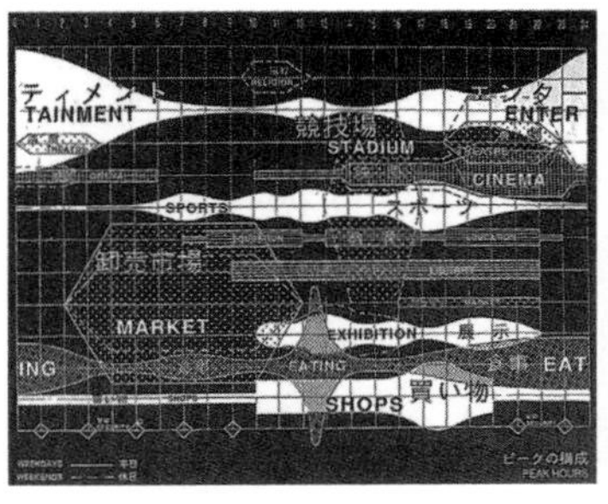

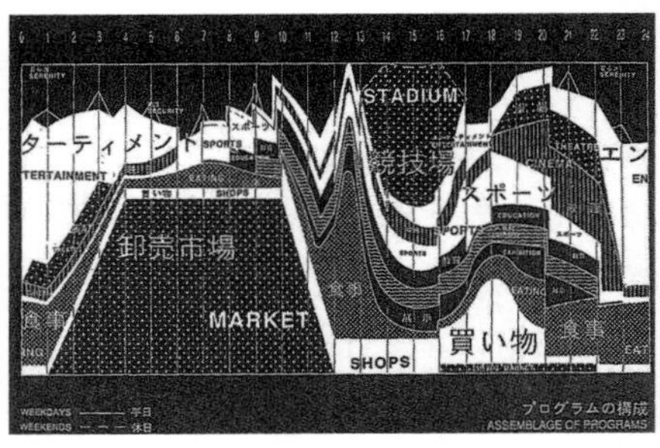

图 3-23 库哈斯为日本横滨“21世纪未来港”的概念方案绘制的“熔岩图”
来源：oma.eu/projects/yokohama-masterplan

作为新加坡最大的生活式（Life-style）零售目的地，怡丰城（Vivo City）是新加坡购物天堂引人注目的重要组成部分。其坐落于圣淘沙岛（Sentosa Island）对面的滨水之地，风景秀美，是一个惬意而有趣的购物中心。日本建筑师伊东丰雄在设计中，充分利用了建筑宽阔的中庭空间复合布置了大量非盈利性功能，使其充满了生机与活力。最值得称道的是，其很好地利用了共享空间来实现商业与公共的共享。怡丰城在顶层围绕儿童业态打造了一个露天内庭院，内设开放式操场及大量活动设施供儿童免费使用（图 3-24）；整个建筑屋顶成为免费向市民游客开放的公共空间，其中的一片儿童戏水池和一个圆形剧场吸引了大量不同年龄段访客的到来、驻足和使用，形成了极具活力和吸引力的城市目的地，并成为市民的社区活动场所（图 3-25）。

图 3-24 新加坡怡丰城免费开放的儿童活动庭院（左）
来源：作者自摄

图 3-25 新加坡怡丰城的屋顶设施免费向市民开放（右）
来源：作者自摄

3.4.2 服务供给：政府企业共建

城市综合体在创造巨大价值的同时，还能提供单一功能建筑难以支撑的城市服务性功能。这些城市服务性功能一方面可以为城市综合体整体营造更好的环境并吸引更多的来访人流，创造经济价值；另一方面，也可为政府在城市开发中，实现更多元的公共服务供给提供合理的开发模式。与此同时，城市综合体中由开发商建设的城市服务功能，往往也会相较政府开发的品质更高和更接地气，并能更好地满足市民日常需求。

新加坡西城广场（Westgate）距离新加坡城区中心约 20 分钟车程，距离机场约30分钟车程。项目紧密连接交通网络及城市公园，是这个地区唯一与裕廊东汽车转乘站和地铁站同时接驳的商业建筑，可以实现与新加坡市中心及樟宜机场的无缝公共交通连接（图3-26）。在这一项目中，政府与开发商紧密合作，在项目中建设了大量的开放城市公共空间，将建筑二层的部分空间作为连接地铁和周边商业、服务设施及社区的城市通道，使得这一建筑成为周边市民出行的必经之地（图3-27）。

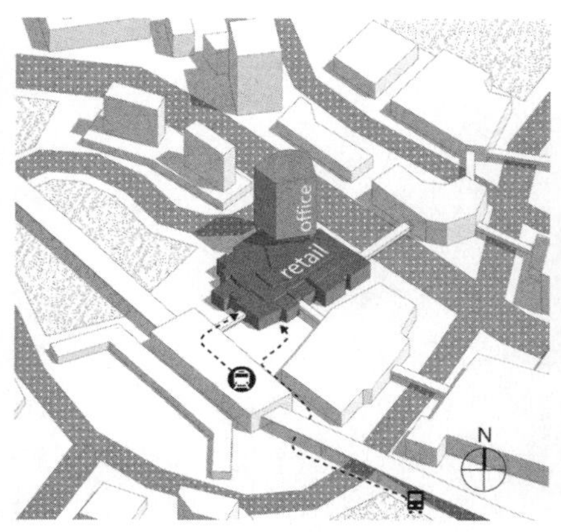

图3-26　新加坡西城广场整体轴测图（左）
来源：程锦绘制

图3-27　新加坡西城广场的公共空间连接了地铁和周边城市空间（右）
来源：作者自摄

新加坡西城广场的空间设计非常强调社区感，充满生机的室内绿化街道提供了绿化围绕的行人休息区和颇具雕塑感的绿化墙，同时也提供了可以举办艺术和展示活动的公共场所（图3-28）。建筑师在设计中创造出半室外的特殊体验，立面处理和建筑尺度充分回应了周边的建筑尺度，同时传承了原址多层建筑的历史。半开放式的街道景观让低层建筑分解为不同部分，也作为该区独特的绿色景观聚集地。加建的零售平台也包含了城市公园、健身俱乐部、游泳池和儿童游乐区（图3-29），营造出轻松而又活跃的场所。在开放公共空间顶部设置了交叠的玻璃屋顶，提高了空间舒适度，引导了空气流动。[1]

日本东京中城（Mid-Town）是一座由广阔绿地与6座建筑体构成的包

[1] 蒋毅．打造具有生命力的城市目的地——未来城市商业综合体设计前瞻[J]. 建筑技艺，2017（07）：66-75。

图3-28　新加坡西城广场半开放式的街道景观（左）
来源：作者自摄

图3-29　新加坡西城广场屋顶上与商业功能结合的免费儿童乐园（右）
来源：作者自摄

含办公、商业、酒店、公寓、会议中心、美术馆等设施组成的56万 m² 综合性新型“都城”。“建造一个具有日式价值、充满魅力的街区”为开发基本理念。在政府与开发商的共同努力下保留基地上原有130棵树木，扩张周边道路，并与相邻的桧町公园一体化规划，形成了与周边地区共生的广阔绿地。与此同时，在“古今未来的历史印记与现代新技术相协调的城市”这样一个大主题下，积极保护周边环境（图3-30）。[1]

[1] 东京中城 [J]. 建筑技艺，2014（11）：64-71。

图3-30 日本东京中城整体鸟瞰
来源：作者自摄

东京中城是东京拥有最大片绿地的城市综合体，其巨大的魅力在于拥有丰富的树木花草，拱廊街及广场中种植了大量植物，穿插在现代建筑之间，仿佛远离都心（图3-31）。在与桧町公园相连的中城庭院里，有草坪广场，还有银杏树、樱花树、樟树等众多树木，创造出令人心旷神怡的空间（图3-32）。中城庭园及松町公园两个区块，还提供无线网络，成为最佳的户外办公室。

东京中城的另一个亮点是以人为核心，创造新的生活美学空间。在政府的指导下，这一项目非常注重商业与文化的结合，充分运用商业世界中人、

图3-31 日本东京中城拱廊街（左）
来源：作者自摄

图3-32 日本东京中城中庭与室外庭院相连（右）
来源：作者自摄

物和环境构成空间的概念，以美学设计为主轴，构造东京 21 世纪衣、食、住、行、游的完美景观。无论是其中的 21_21 Design Sight，三得利美术馆和三宅一生美术馆等艺术场馆，还是装点在公共空间中的 20 件公共艺术作品，都有效地将艺术与都市融为一体，使东京中城的日常空间拥有高品质的艺术氛围（图 3-33）。

图 3-33　日本东京中城的庭院与艺术设施相融合
来源：作者自摄

3.4.3　场所营造：自然社会共赢

格式塔（Gestalt）心理学认为，人对城市形态环境的体验认知，具有整体的“完形”效应，是经由对若干个空间场所，各种知觉元素体验的叠加结果。特定地域文化共同体的生活方式和传统惯例，会给居民心目中留下持久而又深刻的印记。城市综合体能够为人们的生活提供良好的场所和物质环境，并帮助定义这些活动的性质及内涵。

公共绿地、屋顶花园是实现城市综合体与城市整合最简单有效的方式，通过提供绿地和休闲设施，形成开放立体的公共空间，吸引各类人群到访。与此同时，这些空间还能起到调节城市微气候甚至改善城市生态环境的作用。尤其是对于环境比较混乱的城市历史街区，可有效提升周边城市活力和环境质量，实现社会和自然环境的共赢。

日本大阪难波公园的前身是一座棒球场，地块被轨道交通和高架桥环绕，成为一座城市孤岛，在引入立体化的屋顶绿化平台后，原有消极空间被转换为可以停留的绿地公园，为城市活力的实现创造了基础（图 3-34）。捷得事务所在设计中将屋顶绿化与城市街道相连，形成梯田状的屋顶花园（图 3-35），从二层延续至裙房屋顶，每层绿化与商业部分都有连接，形成盈利性功能与非盈利性功能在不同向度的整合，并将综合体与城市公共空间巧妙融合。

据《日经建筑》2010 年 11 月号刊载的《能够产生 92 亿日元营业额的绿化》一文中，日本建筑研究所住宅 / 都市研究小组以 18 岁以上的来访者为调查对象，发现在晴天时，访客的来访动机与屋顶绿化的关联度很高。经过推算，屋顶绿化平均每年会为难波公园创造 92 亿日元（约 7.4 亿人民币）的营业额，约 2 亿日元（1600 万元人民币）的营业利润。而在 2009 年大林组对建成 7 年后的屋顶花园进行的调查结果显示，确认其中有 14 种鸟类和 93 种昆虫。[1] 上述研究结果说明，难波公园的屋顶花园在提升了整体活力的同时，创造了一定的商业价值，并真正意义上改善了这一地区的城市生态环境（图 3-36）。

[1] “城市综合体营利与非营利功能关系的思辨”主题沙龙 [J]. 城市建筑，2013（4）: 6-14。

图 3-34 日本大阪难波公园整体鸟瞰图
来 源：https://www.slideshare.net/rabben.herman/interview-powerpoint

图 3-35 日本大阪难波公园屋顶公园（左）
来源：作者自摄

图 3-36 日本大阪难波公园屋顶绿化建立了良好的生态环境（右）
来源：作者自摄

新加坡的 Star Vista 位于纬壹科技城之中，其设计思路是结合地形将巨大的星宇表演艺术中心架起于整个建筑的上部，并为其覆盖的多功能城市公共空间实现被动节能创造了条件。这一项目旨在成为富有活力的城市节点，包括一座 5000 座的文化剧院和以餐饮为主的商业部分，两个部分互为补充，提高了彼此的活力。其采用了多面可渗透的设计，富有穿透性，生动反映了室内丰富多样的活动，并模糊了公共区域、私密领域以及商业、文化部分之间的界限（图 3-37）。

Star Vista 作为一栋社会性建筑，旨在通过开放的公共区域及商业区为当地居民提供具有活力且友好的社交空间，并推动创新和创意产业发展。该建筑避免了新加坡其他建筑中通常存在的狭小空调空间，更有利于南北向盛行风通过外部空间，为访客打造舒适的户外座椅区，进而推广健康的生活方式（图 3-38）。设计还应用了计算流体动力学，优化自然通风效果，在通常采用空调的普通流线区域内营造出舒适的热环境。该建筑成为可持续与被动设计的典范，与四周环境互为补充、融为一体，并成为社会空间的有效补充。[1]

[1] Andrew Bromberg at Aedas. 新加坡星宇项目 [J]. 建筑技艺，2017（07）：76-83。

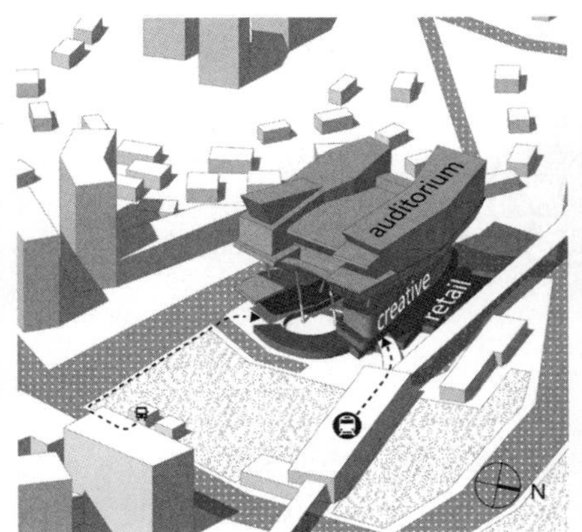

图 3-37 新加坡 Star Vista 的整体轴测模型（左）
来源：程锦绘制

图 3-38 新加坡 Star Vista 的开放前院成为市民工作、游憩和交往空间（右）
来源：作者自摄

3.5 城市综合体协同效应理论框架

城市综合体在我国发展历史很短，与其现今大量建设和重要地位相比较，对其基础理论、经验和方法等方面的研究相对薄弱。尤其是对城市综合体究竟能够产生何种协同效应，协同效应所能创造的价值何在，以及如何最大限度激发协同效应的产生等方面缺乏全面认识。因此，当下对城市综合体的协同效应进行系统梳理，是适时和有必要的。

在本章的最后，笔者尝试从经济、环境、社会和治理四个维度上建立城市综合体协同效应的理论框架（图 3-39）。

在经济维度上，建立各功能子系统的直接支持和间接支持，在避免潜在矛盾的同时注重合理的功能配比，协同效应可有效吸引人流来访和逗留从而激发经济增长。

在环境维度上，充分考虑能效整合，积极促进生态改善，通过与城市基础设施一体化设计提升整体效率，协同效应可有效节约能源和改善城市

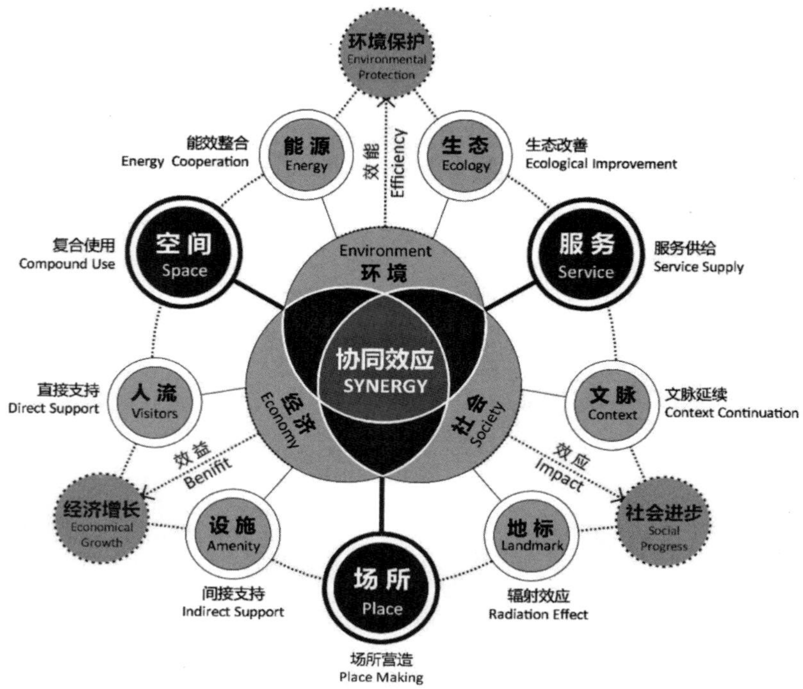

图 3-39 城市综合体协同效应的理论框架
来源：作者自绘

生态环境从而促进环境保护。

在社会维度上，充分利用城市综合体的地标作用来辐射周边，在城市更新中传承、发扬甚至改进城市文脉，促进市场协作整体共存共荣，协同效应可有效对城市产生辐射作用并延续城市文脉从而推进社会进步。

在治理维度上，在经济和环境界面，通过运营管理实现公共商业共享，即功能复合使用；在社会和经济界面，通过运营管理实现政府企业共建，即公共服务供给；在环境和社会界面，通过运营管理实现自然社会共赢，即精神场所营造。通过运营管理在上述 3 个界面上产生的协同效应，是实现城市综合体的持续运营和可持续发展的核心内容。

城市综合体以其大体量、多功能、综合性、协同性等优势，体现了集约高效、功能整合的特点，反映出可持续发展思想的核心内容，即通过规划设计和运营管理，减少对资源和能源的消耗，确保系统的整体效益最大。这正是城市综合体的最大优势，也是需要通过多方努力才能实现的目标。

强化城市综合体的“城市属性”，发挥应有的协同效应，是提升其自身活力的重要渠道，也是进而优化城市公共空间，促进城市立体化发展，提升城市整体活力的有力途径。只有这样，城市综合体才能成为我国城市发展从“量变”到“质变”的重要契机，进而实现经济、环境和社会的共同可持续发展。

在社会发展、城市建设、技术进步和生活改善的共同作用下，城市综合体已经成为当前我国城市建设的重要组成部分，这在一些大城市尤为明显。城市综合体已经成为我国重要的城市建设内容，并会对我国社会的发展产生深远的影响。

那么，我国当前的城市综合体建设还存在哪些问题呢？我国的城市综合体是否能充分实现其应有的协同效应呢？相较发达国家和地区，我国城市综合体的建设是否还存在差距呢？是否有值得我国学习的经验和教训呢？

本书的下一部分为案例研究部分，笔者将分 3 章，基于城市、片区和社区 3 个尺度[1]的案例比较，来对城市综合体的协同效应价值创造进一步展开研究。通过比较研究，尝试总结我国现阶段城市综合体建设中的不足，和我国当前城市发展存在的问题。

[1] 城市级、片区级和社区级的划分方式，对应了城市规划的城市（city）、片区（region）和社区（community）的层级划分方式。

第二部分：案例研究

第四章　沪港两地城市综合体比较研究

香港和上海有着共同的历史背景，却有着不同的历史命运。正是这种同一与差异，注定了香港和上海这两座城市间的历史纠结，也诱惑着香港和上海自觉或不自觉地彼此观望。

——李欧芃[1]

[1] 李欧梵，1939 年生于河南，台湾大学外文系毕业，哈佛大学博士。曾任教于芝加哥大学、印第安纳大学、普林斯顿大学、香港科技大学、哈佛大学等，现为哈佛大学东亚系荣休教授、香港中文大学讲座教授、台湾"中央研究院"院士。著有《铁屋中的呐喊》《上海摩登》《西潮的彼岸》《狐狸洞话语》等。

1 个多世纪以来，香港和上海之间由"观望"到"对视"，形成了中国城市发展史上一道亮丽的风景线。而这两个同以"国际金融中心"为建设目标的城市，在城市综合体开发方面也有许多相似之处。在香港自 20 世纪 80 年代起开始大力发展城市综合体后，上海也在 20 世纪 90 年代迎来了自己的大发展期。

本章将基于协同效应理论，从经济、环境以及社会维度 3 个层次，分别对沪港两地展开比较。笔者选取"城市级"城市综合体——沪港两地国金中心（IFC）为例，通过对二者的商业定位、空间布局及城市地位的调查比较，从城市综合体的经济价值、环境价值以及社会价值 3 个层次展开研究，逐层深入探究其相似定位下产生不同结果的原因，并从侧面分析沪港两地城市发展的理念差异。

4.1　沪港两地城市综合体历史发展概述

2000 年以来，在沪港两地出现了不少开发商或设计方甚至开发商及设计方均一致的姊妹项目。其中比较有代表性的包括：香港时代广场和大上海时代广场，香港国金中心和上海国金中心，香港九龙塘又一城和上海五角场百联又一城，香港 APM 和上海 IAPM，香港 K11 和上海 K11，香港旺角朗豪坊和上海陆家嘴正大广场等。然而，这些姊妹项目建成后的实际使用效果却大相径庭。

4.1.1　经济价值：收益存在差距

在城市综合体中各功能子系统能从其他功能子系统获得支持，产生相较单一功能建筑或多功能建筑更高的经济价值。由于沪港两地的姊妹项目大多先后出自相同的开发商之手，所以这些项目业态和功能配比都有一定的相似之处和传承关系。但是由于两地的实际市场和城市建设理念的差异，上海项目所产生的经济价值往往不如香港项目。

以沪港两地的时代广场为例，虽然两者有共同的开发商、设计方和相似的总建筑面积和功能配比，但是最终产生的经济价值却截然不同：香港时代广场在地下将地铁日常通路与餐饮零售结合，在地面将裙房中的高端百货与开放城市广场并置，而在空中将围绕裙房上部核心中庭的中端零售和办公功能组合，立体组织人流获得巨大收益，成为铜锣湾地区的核心（图 4-1）；而大上海时代广场各功能子系统相对孤立，一方面，不同等级的功能定位很难促进经济价值的累加，另一方面，各功能的人流没有系统组织，无法有效促进协同效应，最终只成为淮海路商业街上的一个普通节点（图 4-2）。

图 4-1　香港时代广场内部空间与城市空间联系紧密（左）
来源：作者自摄

图 4-2　大上海时代广场内部空间与城市空间脱节（右）
来源：作者自摄

4.1.2　环境价值：贡献无法匹配

城市综合体的公共空间作为城市公共空间的有机组成部分，能为建筑整体创造更高的环境价值。其内部公共空间，不仅连接了各功能子系统，还能成为城市公共空间的有机组成部分。城市综合体作为对城市功能、空间、资源等要素的整合，其城市化空间承载了大量的城市活动，是其环境价值的重要体现。

香港的城市综合体大多利用其开放空间，对城市三维交通流线进行梳理，从而创造更高的空间使用效率。如香港九龙塘又一城（Festival Walk），其地下层汇集了地铁站、的士站和小巴终点站，地面层汇集了巴士终点站、九广东铁车站和城市步道接口，空中层又汇集了连接周边住宅、办公以及香港城市大学的空中通廊出入口。上述各类城市接口在不同标高接入这一城市综合体，通过中庭空间进行穿插组织，并利用中庭内的自动扶梯创造立体联系，进而将复杂的流线在建筑内部空间组织中梳理和融合。香港九龙塘又一城的中庭空间不仅很好地疏导了人流，为其内部商业功能创造了无限商机，也有效地组织了周边的城市空间，并成为九龙塘地区居民、师生、白领等出行的必经之地（图 4-3）。而上海的城市综合体项目很少能做到与

图 4-3 香港九龙塘又一城公共空间成为周边社区出行的必经之路（左）
来源：作者自摄

图 4-4 上海五角场百联又一城的内部空间较为封闭（右）
来源：作者自摄

❶ 关于沪港两地又一城的比较研究请参见本书第七章。

城市交通的立体整合。这一方面与城市地形较为平坦有关，另一方面也与缺乏相关政策和法规的引导和规划有关。如上海五角场百联又一城，虽然和香港九龙塘又一城同由美国 ARQ 建筑设计事务所设计，拥有相似的内部空间结构，但由于没有与周边城市交通立体联系，对城市通勤的贡献就十分有限了（图 4-4）[❶]。

4.1.3 社会价值：地位大相径庭

城市综合体作为所在地区乃至城市的名片，能带动周边地区甚至为整个城市创造更高的社会价值，其协同效应所带来的结果是其他类型建筑很难达到的。城市综合体可从城市文脉中吸取利于其发展的元素，增加与周边环境的联系，成为城市不可缺少的一部分，更可以传承、发扬，甚至改进城市文脉。

香港政府充分利用了城市综合体蕴藏的巨大能量，来带动一个地区的更新甚至改变当地的人文环境。例如，香港九龙旺角朗豪坊所在的地块，在以前是香港出了名的烂地盘，这里临近以“黄、赌、毒”而著称的砵兰街，人员结构非常复杂。而在朗豪坊兴建伊始，就开始有一些中高档商家入驻砵兰街。由于商家纷至沓来，砵兰街的商铺租金飙升了 10 倍之多[❷]。随着店铺的转型，警方也配合朗豪坊的落成开业而密集地扫黄，使色情事业日渐萎缩，而那些有营业执照的夜总会、麻将馆、桑拿按摩等商家，随着铺位租金的上升、整条街的陆续转型，也逐步迁出砵兰街（图 4-5）。

❷ 方雅仪. 朗豪坊效应——中产店急进驻，砵兰街铺租十级跳 [N]. Singtao Daily，HIC，2004-8-6。

香港旺角朗豪坊的中庭空间，通过其独特的空间设计和充满迷幻色彩的巨型数码天幕，营造了独一无二的场所感，成为这一建筑乃至旺角地区的精神空间。朗豪坊的中庭空间已经成为人们到旺角游览的必到之地，香港市民会面、聚会的优先选择场所，也成为旺角地区新的标志性场所，为整个项目吸引了大量的访客。近年来，朗豪坊更是主打年轻人品牌，利用其公共空间常年举办偶像见面会、时尚展览、流行演出等活动，在香港年轻人中积攒了极佳的口碑，成为大量本地年轻人聚会游玩的首选场所（图 4-6）。

图 4-5 香港九龙朗豪坊建成伊始与周边复杂的环境形成鲜明对比（左）
来源：作者自摄

图 4-6 香港九龙朗豪坊的中庭空间定期举办各类面向年轻人的活动（右）
来源：作者自摄

相较之下，同样由捷得建筑事务所设计的上海陆家嘴正大广场则更像一个在 CBD 中的城市孤岛，其经营状况一度岌岌可危（图 4-7）[1]。

接下来，笔者选取沪港两地姊妹案例中，最具代表性的“城市级”城市综合体沪港两地的国金中心（IFC）进行深入比较研究，来具体讨论两者在经济、环境和社会层面的价值差异。

[1] 正大广场从 2002 年竣工开业，经历了“起死回生”，建成之初门庭冷落，运营困难，直到 2005 年开始，通过不断更新开发，并积极与周边城市公共空间建立立体连接，才最终成为名副其实的上海知名商业地标。这里描述的是其开业时的状态。

图 4-7 上海正大广场在建成伊始如同城市中的孤岛
来源：作者自摄

4.2 沪港两地国金中心的经济价值比较

笔者首先将沪港两地国金中心的主要信息和基础数据列表进行比较（表 4-1）。

沪港两地国金中心资料对照 **表4-1**

项目名称		香港国际金融中心（HONG KONG IFC）		上海国际金融中心（SHANGHAI IFC）	
地理位置		香港岛中环金融街 8 号，香港岛中环区		上海浦东新区世纪大道 8 号，陆家嘴中心区	
距离机场		35.3 km		42km	
项目标志		ifc		ifc Shanghai	
宣传口号		香港商业、购物休闲新地标及海外游客指定观光点，重塑中环购物休闲的形象及模式		汇聚商业精英，提升金融都市形象，成为上海的新地标和最高端商业中心	
开发商		IFC Development Limited（新鸿基地产占 50%）		香港新鸿基地产发展有限公司	
建筑师		Pelli Clark Pelli 建筑事务所及严迅奇建筑事务所合作		Pelli Clark Pelli 建筑事务所	
建设时间		1994—2007（其中一期 1994—1998，二期 1997—2003）		2007—2010（其中一期 2007—2009，二期 2007—2010）	
建筑组群		国金一期、国金二期、国金商场、四季酒店（及四季汇）		国金一期（南塔楼，含丽思卡尔顿酒店）、国金二期（北塔楼）、国金商场、酒店式公寓（国金汇）	
用地面积		约 68000m^2		约 73000m^2	
建筑面积		436000m^2		400000m^2	
主要用途		办公、零售、酒店、服务式公寓		办公、零售、酒店、酒店式公寓	
功能配比		办公 26 万 m^2，零售 7 万 m^2，酒店（含服务式公寓）10 万 m^2		办公 21 万 m^2，零售 10 万 m^2，酒店（含酒店式公寓）9 万 m^2	
塔楼	单体	国金一期	国金二期	国金一期	国金二期
	高度	201m	416m	250m	260m
	层数	地上 38 层，地下 4 层	地上 88 层，地下 6 层	地下 53 层，地下 5 层	地上 56 层，地下 5 层
	面积	办公 72000m^2	办公 185000m^2	办公 80000m^2 酒店 47000m^2	办公 127000m^2
办公		面向世界知名机构（如香港金融管理局等），甲级写字楼		面向世界知名机构（如汇丰银行总部等），甲级写字楼，LEED 前期金级认证	
商场		74000m^2，地上 4 层 北商场地下 7 层 南商场地下 6 层 超过 200 家国际品牌（12 个首次来港的新品牌以及超过 50 多家的旗舰店） 香港最豪华的戏院 Palace IFC，含 5 间影院		102000m^2，地上 4 层 地下 5 层 超过 180 家国际品牌，云集最多国际一线品牌旗舰店（当中约一成半是首次登陆内地，四成是首度进驻上海） 百丽宫电影院 PALACE cinema，含 6 间影院共 800 座位	
酒店		四季酒店，399 间客房		丽思卡尔顿酒店，285 间客房	
酒店公寓		四季汇（服务式公寓），519 间房		国金汇（服务式公寓），380 间房	
停车位		1800		1900	
抵达交通		地铁、公交、出租车、中环步行系统、机场快线、轮渡		地铁、公交、出租车、陆家嘴步行天桥系统	

来源：陈剑端绘制，数据来自新鸿基地产（截至 2011 年 9 月 1 日）

通过表 4-1 可以了解到，两者无论在用地面积、建筑面积、主要用途、功能配比、停车位数量等方面都非常接近，而两者的开发商和设计方的主体也是一致的，选址均为所在城市的重要金融区核心位置[1]（图 4-8、图 4-9），甚至二者极其相似的 logo 也体现出了它们之间的血缘关系。

[1] 由二者相同的门牌号码，可以看出开发商对二者持有相同的期望。

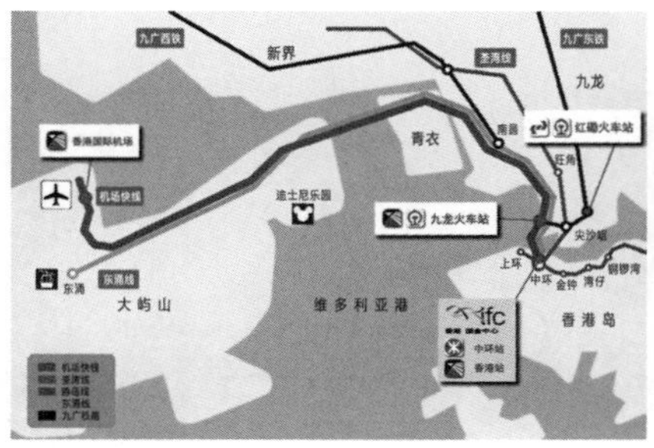

图 4-8　香港国金中心区位图及鸟瞰
来源：新鸿基地产（区位图），www.bigwhiteguy.com/archive/2004/07/21/ifc_2/（鸟瞰图）

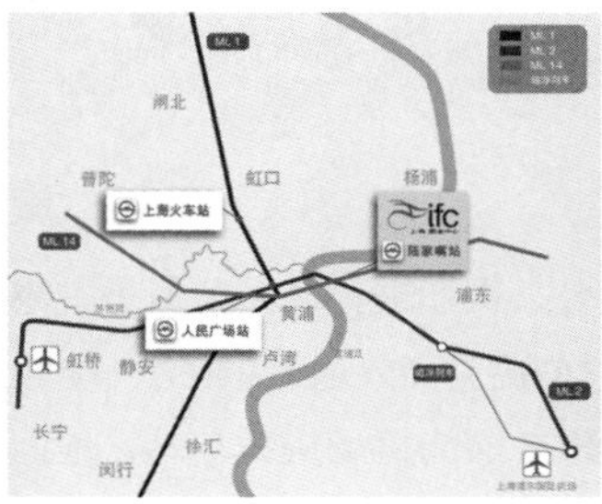

图 4-9　上海国金中心区位图及鸟瞰
来源：上海国金中心官方网站（www.shanghaiifc.com.cn）（区位图），新鸿基地产（鸟瞰图）

从建设时间上，上海国金中心是紧随着香港国金中心成功开发之后开始投资建设的，可以说开发商和设计方是带着香港国金中心的成功经验来到上海的。相同的主要功能设置，体现了开发商对香港成功模式的延续；而在功能配比方面对办公功能和零售面积的调整[2]，是对上海市场更为乐观的经验性应对。综上所述，基于开发商在城市综合体领域的丰富经验，两个国金中心的整体经济价值定位是基本一致的。

[2] 从增加商业面积减少办公面积来看，开发商根据香港国金中心的建设经验，对上海国金中心所能创造的经济价值投入了更高的期望。通常情况下，商业面积的增加在混合使用开发中会带来更高的风险性。

4.3　沪港两地国金中心的环境价值比较

4.3.1　城市步行系统联系

在与周边城市步行系统联系方面，两个国金中心有较为明显的差别。

香港国金中心在规划之初就充分考虑与已建成的中环步行系统进行联系，并成为中环步行系统的重要转换节点（图 4-10）。其东西向联系了中环地区的主要建筑物，南向联系了半山自动扶梯系统，北向联系了中环码头。根据笔者研究团队 2011 年的实地调研数据，通过香港中环步行系统的人群约有 50% 会进入香港国金中心。

由于陆家嘴地区原有规划存在不足，致使上海国金中心和城市步行系统联系生硬。在项目后期，由于陆家嘴明珠环、东方浮庭等陆家嘴步行天桥系统的建设，才将建筑裙房通过世纪天桥和世纪连廊与周边步行系统取得联系（图 4-11）。但是，由于地铁车站及公交换乘枢纽并不在建筑内部，所以实现通过天桥步行系统引入人流的目标也并不乐观[1]。

[1] 这一内容在本书第七章的研究中得以证实。

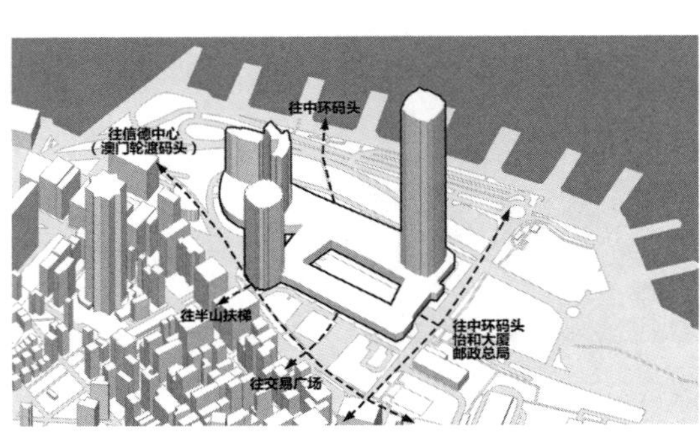

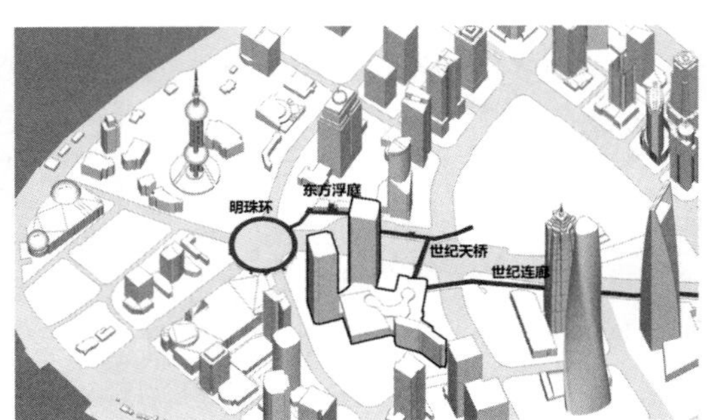

图 4-10　香港国金中心是中环步行天桥系统的重要节点（左）
来源：程锦绘制

图 4-11　上海国金中心与周边城市步行系统联系生硬（右）
来源：程锦绘制

4.3.2　城市公共交通联系

虽然 2 个国金中心都最大限度地和城市公共交通进行联系，但是香港国金中心在整合城市公共交通的同时，还将它们更为高效地组织在了一起。

香港国金中心地下四层为地铁车站，地下二层为机场快线车站，地面层为公交车站及出租车站，二层联系了中环步行系统和轮渡码头（图 4-12）。所有这些公共交通系统之间秩序清晰，与建筑整体关系合理，并通过建筑内部公共空间获得顺畅的转换。这与项目建设之前的合理规划是分不开的。

上海国金中心地下二层为地铁车站，地面层为联系陆家嘴中心区的主要出入口并包含出租车站，二层联系了陆家嘴步行天桥系统（图 4-13）。由于地铁建设、步行天桥系统、公交换乘系统与建筑建设并不同步，使得公

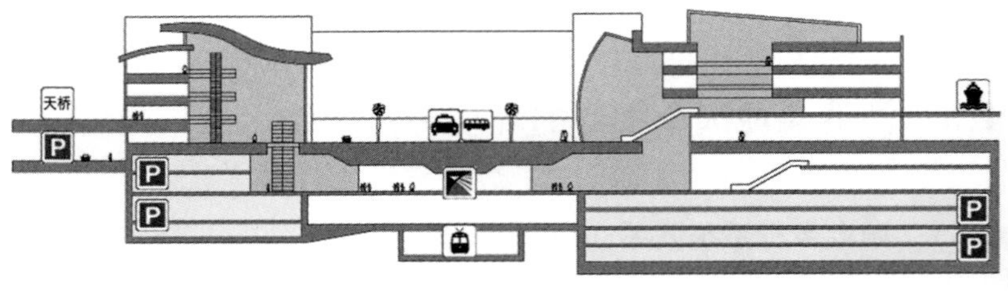

图 4-12　香港国金中心剖面图
来源：陈剑端绘制

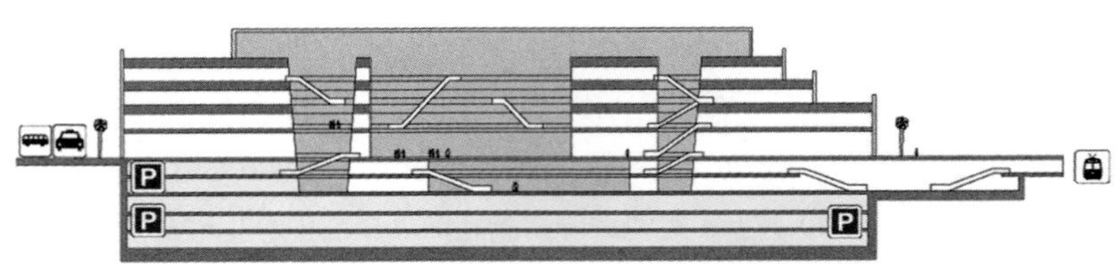

图 4-13　上海国金中心剖面图
来源：陈剑端绘制

共交通系统的转换在建筑内部产生大量交叉流线。如从建筑内部进入地铁车站需要先下到地下二层，再上到地下一层；而地铁 14 号线车站规划方向和建筑主要空间方向不一致，导致未来地铁换乘人流无法顺畅进入商场内部公共空间。

4.3.3　建筑内部空间结构

通过比较可以发现，虽然两者功能配比类似，但是内部空间结构的组织方式是完全不同的。

香港国金中心裙房采用了“口”字形布局方式，内部由环形公共空间组织，2 座塔楼分别布置在了建筑的西南角和东北角，使用者在内部公共空间可以通过中庭透明屋顶时刻看见两座塔楼（图 4-14）。由于 2 座不同高度的塔楼形成了鲜明的识别性，设计者利用这一点来帮助使用者在建筑内部清晰定位。同时，“口”字形的整体布局，也可以很好地与周边城市结构相契合。

而上海国金中心则采用了弧线形内部空间组织形式，其各功能子系统均串联在主动线上（图 4-15）。虽然整体结构清晰，但是却为使用者在建筑内部定位造成了麻烦；同时，建筑内部空间结构和周边城市的关系也较为生硬，线形空间并没有起到城市主要空间节点的串联作用，使得使用者在这一方向上的活动缺乏支撑。

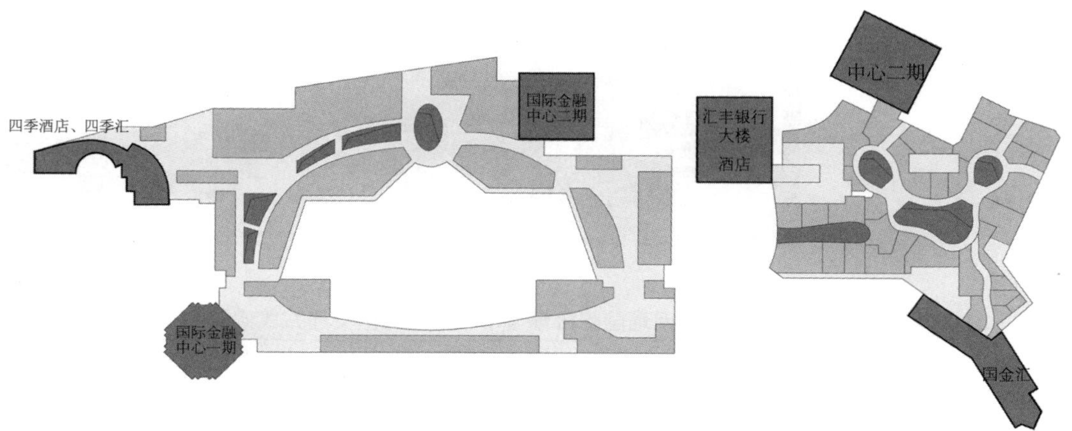

图 4-14　香港国金中心主要楼层平面图（左）
来源：程锦绘制

图 4-15　上海国金中心主要楼层平面图（右）
来源：程锦绘制

4.4　沪港两地国金中心的社会价值比较

4.4.1　城市整体背景情况

将 2 个国金中心放到所在城市整体背景下，研究团队发现，虽然二者都处于城市商业中心区核心位置，与国际机场距离相近[1]，但是其与机场的联系紧密度是不同的。

[1] 上海浦东国际机场距离陆家嘴为 42km，香港国际机场距离中环为 35.3km。

1998 年建成的香港国际机场，通过同期建设的机场快线可直达中环，其起点直接连接机场出口，终点则设在香港国金中心地下[1]。机场快线每 12 分钟一班，24 分钟可抵达中环（图 4-16）。更为方便的是，在机场快线中环站可以直接办理登机手续并托运行李，离港旅客可办完手续在中环游玩购物后再乘坐机场快线抵达机场直接登机。这样的设计真正意义上将机场与城市中心相联系。

而反观上海浦东国际机场虽然有磁悬浮列车连接机场与龙阳路地铁站，除去换乘时间也是约 24 分钟可抵达陆家嘴（图 4-17）。但是由于购票换乘非常麻烦（尤其是有大件行李时），最终大量乘客选择更为便宜或者舒适的其他交通方式。在调研中，研究团队也发现磁悬浮的实际使用效率远低于机场快线（表 4-2）。

[1] 20 世纪 90 年代，港英政府宣布香港机场核心计划，计划包括兴建机场快线连接香港国际机场与中环，并在港岛中环维多利亚港进行填海工程，以兴建地铁香港站。香港站上盖则计划兴建多座商业大厦、酒店及商场，即现在的国际金融中心。

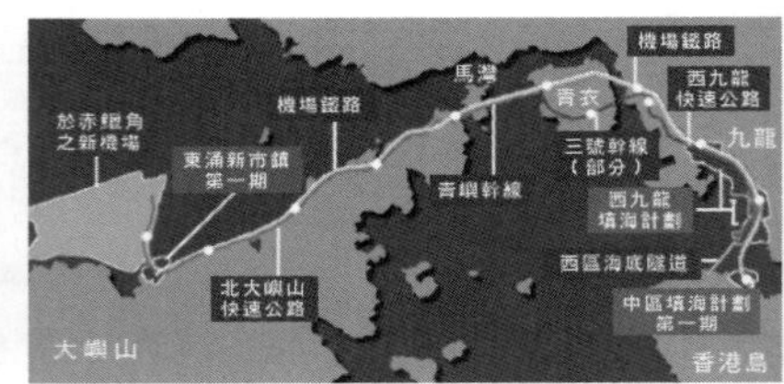

图 4-16 香港机场快线广告语及香港机场基础设施规划图
来源：作者自摄（左），www.info.gov.hk（右）

上海磁悬浮列车示范运营线通过国家验收

图 4-17 上海磁悬浮列车及磁悬浮线路规划图
来源：www.srimvct.co m（左），www.cctv.com（右）

沪港两地国际机场至市中心金融区交通方式比较表 表4-2

交通方式		使用时间 1	换乘 + 等候时间	使用时间 2	总使用时间	花费	方便度	利用率
香港	机场快线	24 分钟	0	0	24 分钟	100 港元	★★★	★★★
	班车 + 地铁	10 分钟	约 20 分钟	45 分钟	约 75 分钟	23.6 港元	★	★
	出租车	约 60 分钟	0	0	约 60 分钟	300 港元	★★	★
上海	磁悬浮 + 地铁	8 分钟	约 12 分钟	15 分钟	约 35 分钟	44 元	★	★
	地 铁	51 分钟	0	0	51 分钟	7 元	★★	★★
	出租车	约 60 分钟	0	0	约 60 分钟	180 元	★★	★★★

来源：作者根据 2011 年实际调研数据整理后绘制。

4.4.2　内部商业面向人群

通过调研，研究团队发现两个国金中心内部商业面向人群是有所区别的。香港国金中心商业面向人群涵盖了国内外旅客、中环工作人群及本地高端消费者，而上海国金中心商业则主要面向国内高端消费者。

香港国金中心商场云集名店近200间，商户组合多样化，当中包括多个国际知名的时尚服饰、潮流配饰、美容护肤、精致礼品及餐饮食肆等，同时引入多间具备“第一”概念的特色品牌，当中不乏首次来港的品牌或首设的专门店。香港国金中心商场已跻身国际级商场之列，为香港旅游协会每年主办的除夕烟火倒数活动的指定地点，亦定期举办不同形式的国际级文化活动，成为吸引游客的城市观光亮点（图4-18）。

上海国金中心商场则以打造国际高端品牌入驻数量最高的国内商场为目标[1]，2011年9月，商场首层已汇聚了25家世界级品牌旗舰店。其在商户组合的策略上尽显心思，紧贴国内高端消费者需求，力求为顾客带来尊贵的购物体验。除了汇集国际顶级服饰品牌外，在餐饮、娱乐及生活方面皆引进新模式，让顾客享受多姿多彩的购物体验（图4-19）。

[1] 据新鸿基地产租务总经理冯秀炎介绍，国金中心商场共有180多间店铺，其目标就是打造成国际高端品牌入驻数量最多的国内商场。

图4-18　香港国金中心商场内景（左）
来源：作者自摄

图4-19　上海国金中心商场内景（右）
来源：作者自摄

4.4.3　辐射周边实现程度

作为香港中环步行系统的核心部分，香港国金中心的建成不仅将城市公共交通同原有的中环步行系统有机串联，还为整个中环地区带来了更多的可能性。自2002年裙房部分竣工交付使用以来，至2007年，伴随着国金中心2期（即主塔楼）、四季酒店、屋顶公园（图4-20）等部分的陆续完工，香港国金中心逐步巩固了其在中环金融区的核心地位，弥补了中环地区城市缺乏公共绿地的缺陷，并有效带动了周边区域的整体提升，成为中环地区的城市名片。

反观上海国金中心，由于最初定位没有明确其对于陆家嘴地区的整体作用，致使其与周边环境缺乏全局考虑。根据调研结果，唯一的亮点是面对陆家嘴明珠环步行天桥的苹果旗舰店，其品牌效应及下沉广场的设置吸

图 4-20 香港国金中心 24 小时开放屋顶公园（左）
来源：作者自摄

图 4-21 上海国金中心苹果旗舰店（右）
来源：作者自摄

引了大量人流，但遗憾的是，由于和国金中心建筑内部主体空间联系较为隐蔽，使其无法为商场内部主体空间吸引人流（图 4-21）。整体来看，上海国金中心也没有能够和小陆家嘴地区产生积极互动。

从实地调研和发放问卷获得的数据统计结果来看，无论从客观的建筑内部平均人流量（图 4-22）、访客平均逗留时间（图 4-23），还是从主观的访客交通满意度（图 4-24）、访客环境满意度（图 4-25），以及公众认可度（图 4-26）等方面，香港国金中心都有明显的优势。

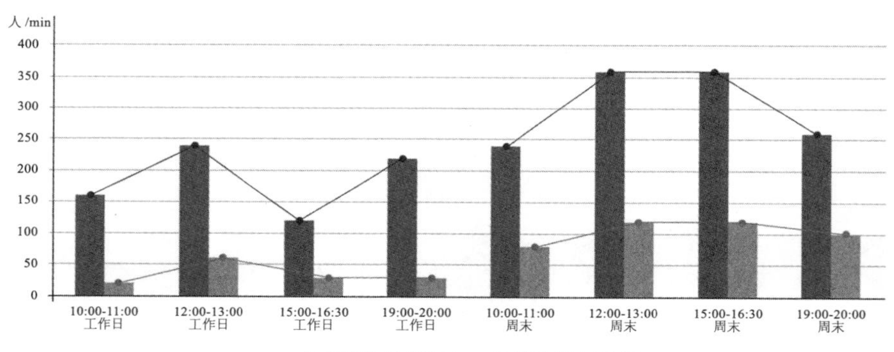

图 4-22 沪港两地国金中心内部人流量比较
来源：陈剑端和程锦绘制

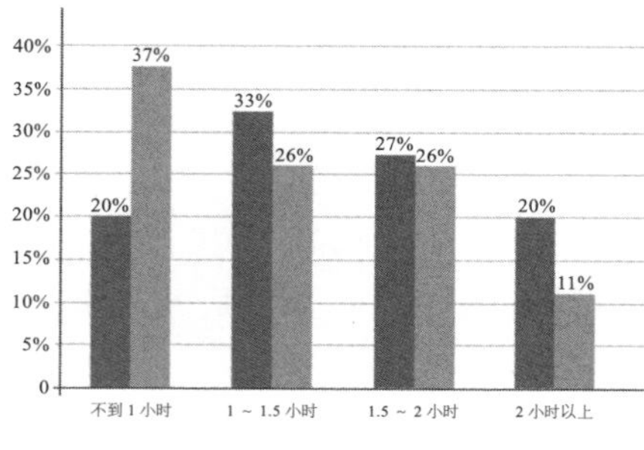

图 4-23 沪港两地国金中心访客平均逗留时间比较
来源：陈剑端和程锦绘制

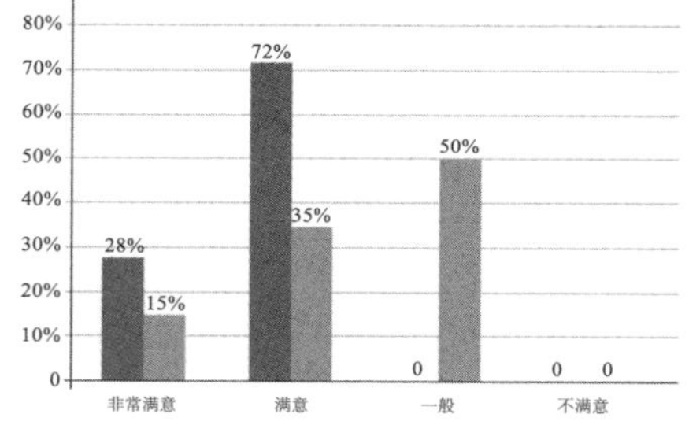

图 4-24 沪港两地国金中心访客交通满意度比较
来源：陈剑端和程锦绘制

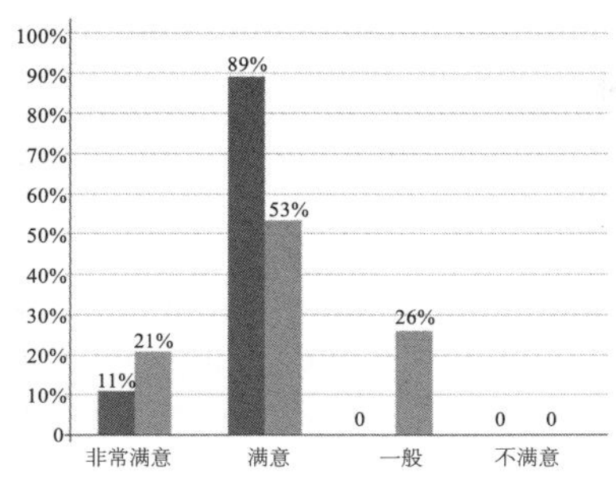

图 4-25　沪港两地国金中心访客环境满意度比较
来源：陈剑端和程锦绘制

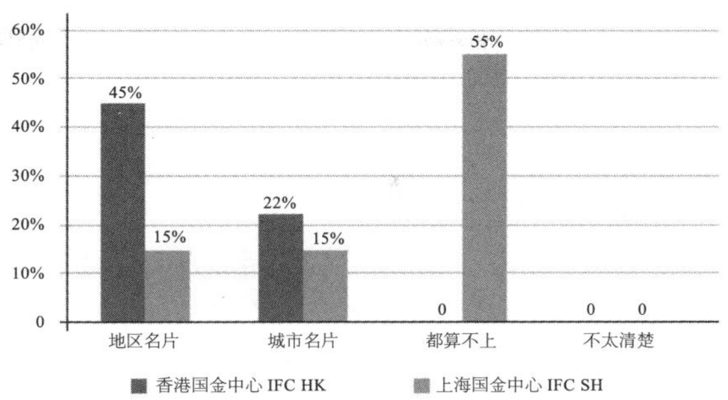

图 4-26　沪港两地国金中心公众认可度比较
来源：陈剑端和程锦绘制

4.5　沪港两地城市综合体比较研究总结

综上所述，正是由于 2 个国金中心在商业定位方面的相似，使笔者发现，造成它们在环境价值和社会价值两方面存在巨大差异的原因，更多是由于沪港两地城市建设政策和规划思路的不同。正是这一原因，使得它们在定位初期就已走上不同道路。如果说香港国金中心在城市中起到的是“乘积效应”的话，那么上海国金中心只能起到“叠加效应”。

基于城市全局视角的审视，可以得出：相比香港对城市综合体的环境和社会价值的偏重，上海显然更关心其能够带来的经济价值。香港对于城市综合体的规划，是和城市整体基础设施的规划通盘考虑的，其建设需经过充分论证和反复推敲；而上海的建设则相对草率，多数项目局限于所在区域和地块内部所能创造的经济价值，致使城市综合体无法发挥更大的协同效应。

另外，不同于香港在城市综合体建设过程中，政府、建筑师和开发商相互制衡的合作模式（图 4-27），上海乃至我国大陆地区普遍存在的政府到开发商再到建筑师的单线合作模式（图 4-28），无疑会使得合作本身难以产

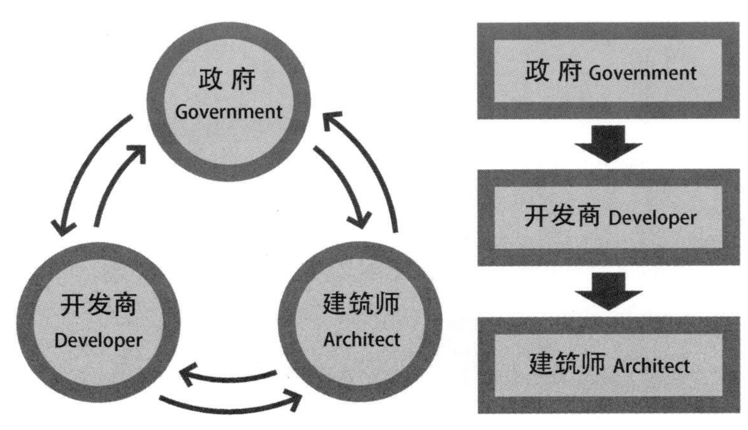

图 4-27　香港政府、开发商和建筑师的环形合作模式（左）
来源：作者自绘

图 4-28　内地政府、开发商和建筑师的线形合作模式（右）
来源：作者自绘

生协同合作。体现到具体项目中，就是难以协调城市综合体在经济、环境和社会价值之间的平衡并最终产生顾此失彼的结果。

香港在过去的几十年中，在集中型混合土地使用（Multiple Intensive Land Use）的整体政策指导下[1]，成功地在有限的土地上创造了充满活力而丰富的城市生活。香港的土地政策主要以自由式的经济（政府不干涉经济），动态的公私合作关系以及强化公共设施中私人投资比重的战略为基础。在这一政策的背景下，香港城市综合体在获得协同效应创造的经济价值基础上，进一步通过整合城市公共空间和公共交通，获得协同效应所创造的环境价值，最终实现其他途径难以达到的“场所效应”，以辐射其所在区域乃至整个城市。

近 10 年来，上海经济发展的速度远高于香港，上海的硬件建设并不逊于香港，甚至在某些方面超过香港。根据“中国城市竞争力排行榜”[2] 2002—2017 年的数据显示，香港在 2002—2013 年稳居第一位，在 2014 年受到违法“占中”影响后退居第二位；上海在 2002—2008 年排名第三位，在 2009—2013 年升至第二位，而在 2014 年后则跃居第一位[3]。但是，上海在城市建设方面相较香港尚存在不小的差距。

像纽约一样，香港曾不止一次被宣布死亡。随着香港回归，许多人预测，这个昔日殖民地的辉煌将一去不回。然而十多年过去了，香港依然在金融、商业、城市竞争力上保持优势。对于一个国际大都市而言，支撑其发展的内涵不仅仅是硬件，更重要的是软件。可以说，这就是目前上海乃至我国其他特大城市发展较香港而言的薄弱环节，想要赶超香港，必须从根本上对城市建设的政策和规划思路进行调整。

[1] 有关集中型混合土地使用（MILU）请详见本书 2.3.3 节中的介绍。

[2] 中国城市竞争力排行榜，是由在香港注册成立、由内地和香港学者组成的“中国城市竞争力研究会”依据相关数据指标发布的榜单。评价指标体系包括经济、社会、环境和文化 4 个系统，由综合经济竞争力、产业竞争力、财政金融竞争力、商业贸易竞争力、基础设施竞争力、社会体制竞争力、环境资源区位竞争力、人力资本教育竞争力、科技竞争力和文化形象竞争力 10 项一级指标、50 项二级指标和 216 项三级指标等综合计算而成。

[3] 数据来源于百度百科“中国城市竞争力排行榜”词条，https://baike.baidu.com/item/中国城市竞争力排行榜/16448946。

第五章　城市综合体空间结构体系研究

城市综合体是现代城市组织系统中的重要部分，它的存在为城市立体化提供了一个很好的机会和理由。……城市综合体就是城市的局部，究其根本原因是城市综合体内部引入了城市公共活动空间，城市公共活动空间基面成了城市综合体组织结构的一部分。[1]

——董贺轩

[1] 董贺轩.城市立体化设计——基于多层次城市基面的空间结构[M].南京：东南大学出版社，2011：26，29。

在上一章的研究中发现，我国当前城市综合体开发建设往往忽略其对城市整体发展的深层次影响。鉴于上述原因，有必要探讨城市综合体如何作为城市整体的一部分与城市环境以及其他建筑相互作用。

在本章中，笔者选取“片区级”城市综合体为主要研究对象，基于协同效应理论，从城市视角的“城市组合空间”（下文简称“组合空间”）和建筑视角的“垂直空间结构”（下文简称“空间结构”）两个角度展开对城市综合体空间结构体系的研究。在“组合空间”的研究中，通过对其概念、类型及价值的讨论，结合对沪港两地3个典型案例的调研分析，借助建筑内部空间活力、对出行方式及外部出行率影响等方面的比较研究，深入探讨城市综合体如何与城市环境相互作用的问题。在“空间结构”的研究中，以上海的3个典型城市综合体为例，通过软件模拟分析与实地观测问卷调研相互印证的方式，对城市综合体的3类空间结构进行比较研究，并从环境价值入手讨论何种结构更利于协同效应的产生，最终总结以城市综合体为载体的城市垂直公共空间体系的发展趋势、价值体现和设计要点。

5.1　城市综合体城市组合空间概念分类

5.1.1　城市组合空间的定义

城市公共空间和城市交通系统与城市综合体相互交叠、相互作用，产生了“组合空间”（图5-1）。这种组合，从空间和功能上来看，不是在单一维度上的结合，而是在三维乃至四维时空上的拓展和功能上的灵活组合。“组合空间”是城市综合体协同效应在环境价值层面的重要体现，通过内部各元素从空间形态和功能组织等方面的多维度结合而激发出更高的整体效能。

“组合空间”是城市综合体与城市（包括城市公共空间和城市交通系统）间的位于各个城市基面[2]的接口空间所共同组成的空间集合与空间关系。

[2] 城市基面主要包括城市步道基面、城市街道基面、城市广场基面、城市中庭基面和特殊类型基面等。参见：董贺轩.城市立体化设计——基于多层次城市基面的空间结构[M].南京：东南大学出版社，2011：43-60。

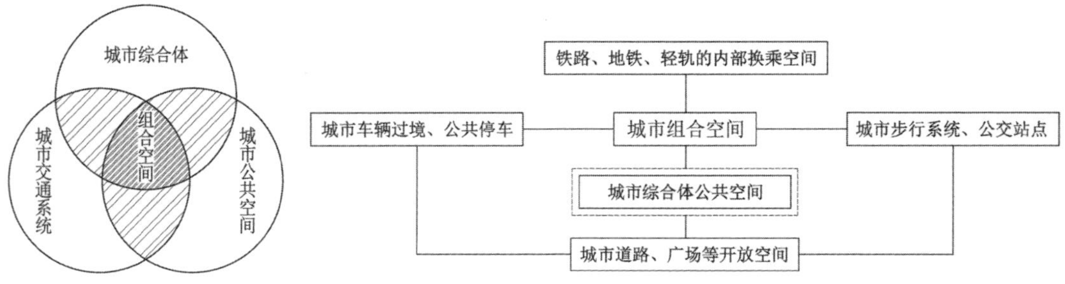

图 5-1 “组合空间”构成要素的空间关系（左）
来源：张昀绘制

图 5-2 “组合空间”与各城市节点空间关系示意图（右）
来源：张昀绘制

“组合空间”充当了多个城市功能空间的中间环节和衔接点，它是城市中各个功能空间和系统的交集（图 5-2）。

5.1.2 城市组合空间的类型

根据“组合空间”构成形式的差异，可以将其分为 2 种类型：

类型一是由位于不同城市基面的接口空间串联单个或多个城市综合体，以及这些接口空间与城市综合体内部的垂直联系所共同组成的三维空间关系（图 5-3）。这类组合空间，主要通过接口空间在竖向维度和水平维度的线性连接来组织人流在不同城市基面上的活动。其空间结构相对简单，方向性较为明确。

类型二是由位于城市综合体与城市不同基面的接口空间，以及这些接口空间与城市综合体内部的立体联系所共同组成的三维空间关系（图 5-4）。这类非线性结构组合空间，相较线性结构，更多地呈现出空间立体化和功能复合化的特征。非线性结构的组合空间按形态结构可细分为 2 种：一种整体构成较为封闭，接口空间以及城市访客的活动基本被包含在了综合体内部，可概括为封闭型；另一种整体构成较为开放，综合体内部空间与城市外部空间之间有很好的延伸，接口空间室内或室外的属性不明显，城市活动不断在综合体与城市外部空间之间交替进行，可概括为开放型（表 5-1）。

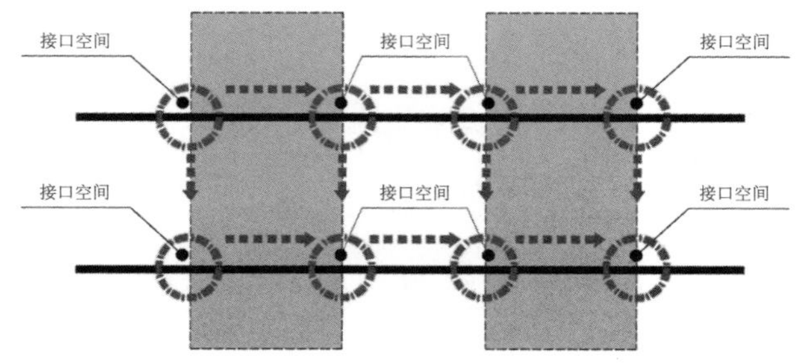

图 5-3 “组合空间”类型一
来源：张昀绘制

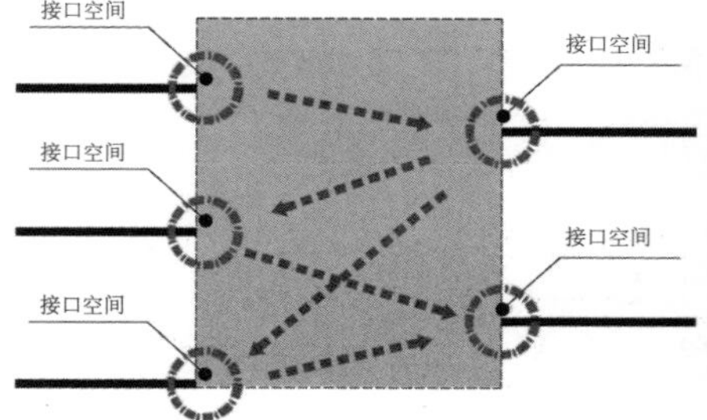

图 5-4 “组合空间”类型二
来源：张昀绘制

非线性结构的组合空间分类　　表5-1

类型	示意简图	说明
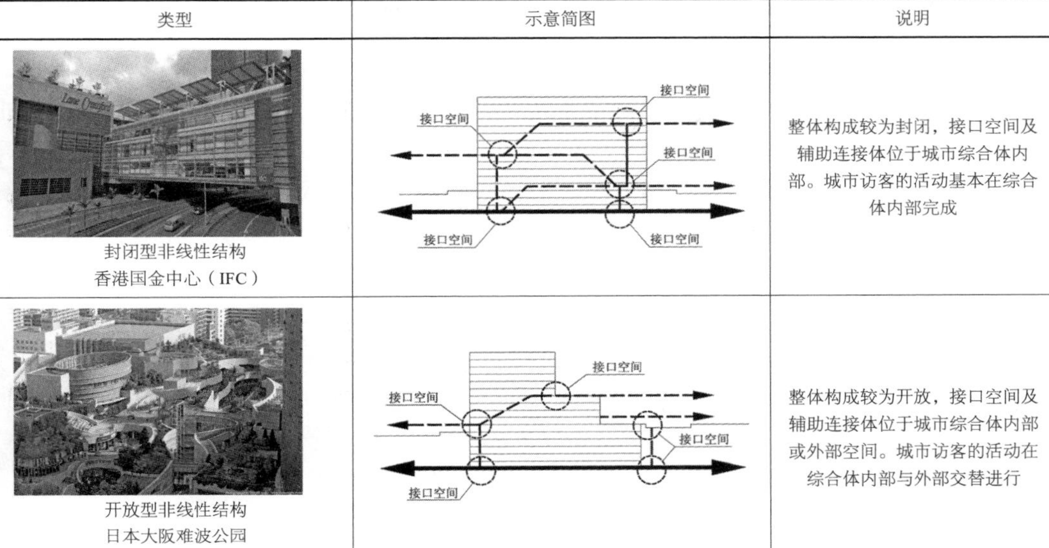封闭型非线性结构 香港国金中心（IFC）		整体构成较为封闭，接口空间及辅助连接体位于城市综合体内部。城市访客的活动基本在综合体内部完成
开放型非线性结构 日本大阪难波公园 （Namba Park）		整体构成较为开放，接口空间及辅助连接体位于城市综合体内部或外部空间。城市访客的活动在综合体内部与外部交替进行

（香港 IFC 照片来源：张昀，难波公园照片来源：TOSHI，　http: //www.osakanight.com）。

5.1.3　城市组合空间的价值

在城市土地集约化利用与城市交通系统复杂需求的“双重高压”下，城市外部空间、城市交通系统和城市综合体在形态和功能组织方面的相互渗透越来越明显。“组合空间”正是这样一个连接体、切入点和纽带。

1.“组合空间”对城市出行的影响

不同的功能使得不同地块具有不同的出行发生率。有学者认为，高强度的活动复合尤其是立体的功能复合开发会减少出行需求，具有较小的出行发生率[1]。立体开发能将原本水平面、长距离的交通换乘在城市综合体内部完成，从而减少外部出行发生量，降低外部出行率[2]并降低高峰时段城市地面交通压力。

必要性出行中对交通影响较大的为通勤出行。“组合空间”三维化、网络化发展，与城市公共交通紧密联系有助于人们选择使用公共交通结合步行的出行方式。而自发性出行和社会性出行[3]的方式选择原因较为复杂，主要与到达交通的便利性和城市综合体内部功能配置有关；但是“组合空间”无疑有助于鼓励人们利用公共交通出行，减少小汽车出行率，缓解城市地面交通系统和城市生态环境的压力。

2.“组合空间”对城市交通网络的影响

“组合空间”的立体化程度与周边城市交通网络的立体化程度相辅相成、互相促进。“组合空间”与普通城市公共空间相比，衔接了更多的城市交通功能。不同的城市基面通过“组合空间”发生联系，对其三维化产生必然影响。

[1] Hilberseimer L. Metropolis-architecture [M]. New York: GSAPP BOOKS，2012：133.

[2] 外部出行率，指的是在同一地块同一时间段内，没有借助公共交通系统出行而直接进入城市交通系统的人流量与离开总人流量的比值。

[3] 扬·盖尔在《交往与空间》一书中，从公共空间使用者活动的动因出发将其分为 3 类：即必要性活动、自发性活动和社会性活动。来源：扬·盖尔．交往与空间 [M]. 何人可译．北京：中国建筑工业出版社，2002：13。

另外，可在城市设计层面上通过对用地内建筑层高等指标的控制，由城市综合体为核心辐射周边，建立立体步行系统。这类步行系统又以城市综合体内部中庭为垂直连接点，与其他交通方式衔接，进一步完善城市步行网络。

另外，“组合空间”也能够提高城市步行空间与停车和落客空间连接的畅通性。停靠和过境车辆分层面分路径疏散，令综合体与城市外部空间互不干扰，衔接更为顺畅。多基面的三维组合空间令访客更可能选择换乘便利的公共交通而非小汽车出行，从根本上缓解城市公共停车紧张的局面。

3.“组合空间”对城市综合体活力的影响

“组合空间”可以为城市综合体带来目的性人群和过境人群两部分人群。目的性人群基于便利性而优先选择与城市交通结合更为紧密的场所，而城市综合体内部空间有可能激发过境人群潜在的停留活动和消费欲望，进而提升城市综合体内部的公共和商业活力。另外，“组合空间”中城市接口立体均匀分布有助于城市综合体整体活力的提升[1]。

[1] 这方面的详细研究请见本书第七章中的内容。

5.2 城市综合体城市组合空间案例研究

在案例研究部分，笔者选取位于上海和香港的三个城市综合体，分别是上海陆家嘴正大广场（下文简称“正大广场”）（图 5-5、图 5-6）、上海中山公园龙之梦（下文简称“龙之梦”）（图 5-7、图 5-8）和香港九龙塘又一

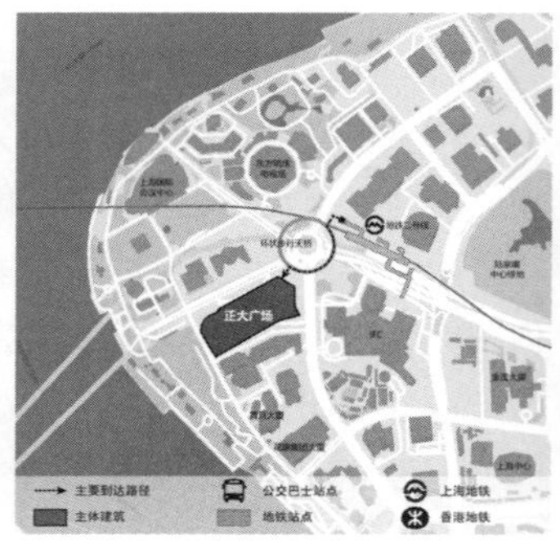

图 5-5 上海陆家嘴正大广场鸟瞰照片（左）
来源：正大广场官网（www.superbrandmall.com）

图 5-6 上海陆家嘴正大广场区位及与周边公共交通节点关系示意图（右）
来源：程锦绘制

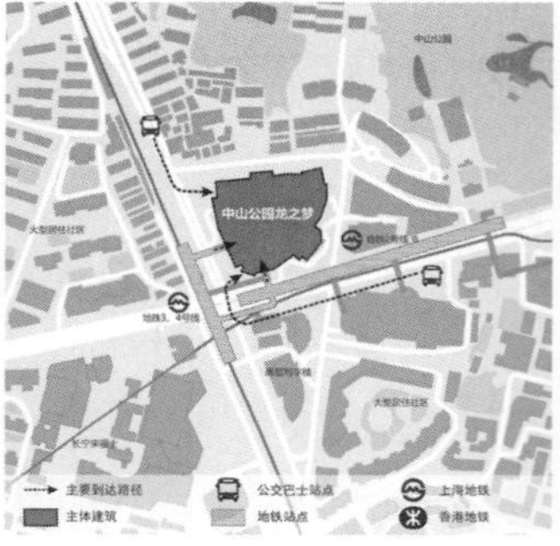

图 5-7 上海中山公园龙之梦鸟瞰照片（左）
来源：www.shanghaioffice.net

图 5-8 上海中山公园龙之梦区位及与周边公共交通节点关系示意图（右）
来源：程锦绘制

图 5-9　香港九龙塘又一城鸟瞰照片（左）
来源：香港又一城官网（www.festivalwalk.com.hk）

图 5-10　香港九龙塘又一城区位及与周边公共交通节点关系示意图（右）
来源：程锦绘制

城（下文简称“又一城”）（图 5-9、图 5-10）。它们都位于高密度城市环境中，并包含大量的零售、餐饮和娱乐等功能，面向年轻人为主的普通消费者，都有巨大的共享中庭。

但从“组合空间”的角度来看，三者之间有所区别：正大广场与城市公共交通没有直接联系；龙之梦与城市公共交通联系较为紧密；而又一城更彻底，它的大型中庭本身就充当了城市公共交通的换乘空间[1]（表 5-2）。

调研案例相似性与差异性比较　　表5-2

	上海正大广场	上海龙之梦	香港又一城
区位	上海浦东陆家嘴 CBD 黄金地段	上海长宁区中山公园区域中心	香港九龙塘高档住宅区中心地带
开业时间	2002 年（调整后于 2005 年重新开业）	2005 年	1998 年
建筑类型	商业综合体 / 城市综合体[2]	城市综合体	城市综合体
占地面积	$31000m^2$	$25899m^2$	$20660m^2$
总建筑面积	24.3 万 m^2	32 万 m^2（商业 22 万 m^2）	12.6 万 m^2（商业 9.25 万 m^2）
功能组成	零售商业、餐饮、娱乐、办公	零售商业、餐饮、娱乐、办公、酒店、交通	零售商业、餐饮、娱乐、办公、交通
消费人群结构	普通消费者	普通消费者	普通消费者
主要空间特征	2 个大型中庭，呈哑铃形布置	3 个大型中庭，呈三角形布置	4 个大型中庭，呈十字形交叉布置
与城市公共交通联系便捷度	无公共交通直接连接	有 2 种公共交通（公交、地铁）直接连接	有 4 种公共交通（公交、小巴、地铁、城铁）直接连接
城市组合空间类型	线性结构	非线性结构	非线性结构
城市接口空间特征	位于中庭空间	位于中庭空间	位于中庭空间

[1] 根据组合空间的定义，笔者将正大广场归类为线性结构组合空间，龙之梦归类为非线形结构，又一城则属于典型的非线形结构。

[2] 从 2005 年开始，运营管理团队多次改造内部之间结构和布局，持续调整业态布局，并先后连接了浦东滨江步道、陆家嘴明珠环步行天桥系统及陆家嘴地铁站，将正大广场从最初“城市孤岛”模式的消费目的型商业综合体，逐渐转变为串联小陆家嘴城市步行系统的“城市节点”型城市综合体。

续表

	上海正大广场	上海龙之梦	香港又一城
城市接口数量	4	7	10
公共交通直接连接接口个数	0	4	6
周边城市交通立体化程度	较差	一般	较好
组合空间立体化程度	较差	一般	较好
城市接口分布情况	极不均衡	不均衡	均衡
人流量分布	极不均衡	不均衡	均衡

来源：张昀绘制（数据截至2011年9月1日）。

5.2.1 城市组合空间对内部活力的影响

调查方法：选取2个工作日和1个休息日，通过在3个调研案例内部发放和回收的200份有效问卷并对结果进行统计和对比，研究组合空间对城市综合体及城市的具体影响。

问卷设置：

（1）您来 ××× 的主要原因是什么？

（2）若问题（1）回答乘车，那么您会在经过 ××× 的时候关注某些专卖店或进行消费吗？

表5-3、表5-4是关于上述2个问题的问卷结果统计。

问题（1）问卷结果统计（单位：%） 表5-3

	上海正大广场	上海龙之梦	香港又一城
购物	46	36	30
餐饮	44	36	32
娱乐	8	6	4
乘车（轨道交通或巴士）	0	12	20
乘车路过顺便逛逛	0	6	12
办事	2	4	2

来源：张昀绘制。

问题（2）问卷结果统计（单位：%） 表5-4

	上海正大广场	上海龙之梦	香港又一城
经常会	0	30	50
偶尔会	0	44	38
一般不会	0	16	8
不会	0	10	4

来源：张昀绘制。

小结："组合空间"有利于提升城市综合体内部商业活力，而非线性结构相较线性结构的效果更为明显；"组合空间"的城市主要公共交通接口均衡分布有利于内部商业价值均衡发展。

5.2.2　城市组合空间对出行方式的影响

调查方法：选取 2 个工作日和 1 个休息日，通过在 3 个调研项目内部发放和回收的 200 份有效问卷并对结果进行统计和对比，得出组合空间对使用者选择出行方式的具体影响。

问卷设置：

（1）您通常如何到达 ××× ?

（2）您对 ××× 与公共交通直接连接有什么看法?

（3）××× 与公共交通连接对您选择交通方式产生影响吗?

（4）您对 ××× 的交通便捷程度的满意度评价。

表 5-5 ~ 表 5-8 是对上述 4 个问题的问卷结果统计：

问题（1）问卷结果统计　（单位：%）　　表5-5

	上海正大广场	上海龙之梦	香港又一城
轨道交通	38	54	62
巴士	16	24	24
的士	8	4	4
开车	16	4	0
步行	22	14	10*

* 标注：又一城步行到达人群中有 60% 是香港城市大学学生大多通过连接通道进入商场，其余 40% 是附近居民。

来源：张昀绘制。

问题（2）问卷结果统计（单位：%）　　表5-6

	上海正大广场	上海龙之梦	香港又一城
很方便	0	24	62
方便	10	44	24
没有特别的感觉	58	24	14
不方便	32	8	0

来源：张昀绘制。

问题（3）问卷结果统计（单位：%）　　表5-7

	上海正大广场	上海龙之梦	香港又一城
会	62	74	70
不会	20	14	8
没想过	18	12	22

来源：张昀绘制。

问题（4）问卷结果统计（单位：%） 表5-8

	上海正大广场	上海龙之梦	香港又一城
非常满意	2	34	56
满意	6	42	32
一般	42	16	10
不太好	26	8	2
很差	24	0	0

来源：张昀绘制。

小结：接口空间是否与城市公共交通直接连接对城市访客选择交通方式有很大的影响。一般来说，“组合空间”非线性复合化发展，与城市公共交通立体化联系可以积极促进市民选择使用公共交通出行。

5.2.3 城市组合空间对外部出行的影响

调研方法：调查采用观察点计数法，旨在获取调研对象与城市公共空间以及城市公共交通相联系的出入口人流分布情况。再通过统计出行总人流量及其中的外部出行人流量来比较组合空间是否与城市公共交通系统直接联系对外部出行率的影响[1]。

本研究所采用的人流量取样分为 12：00—13：00（午饭时间）、18：00—19：00（下班高峰期和晚饭时间）和 20：00—21：00（购物休闲时间）。每个取样时间段采样 3 次，每次采样时间为 5 分钟，取平均值[2]。

需要说明的是，由于正大广场没有与城市公共交通系统直接联系，外部出行率 100%，故不作为考察对象。表 5-9 ～表 5-11 分别是 3 个时间段的人流取样，同一时间段取 3 天平均数。

[1] 调研时间挑选 2 个工作日和 1 个休息日，并避开国庆之类的游客高峰期或暴风雨等影响出行的恶劣天气。

[2] 采样时间考虑了两班地铁及公交的间隔时间，以确保涵盖地铁及公交抵达人流。

上海龙之梦及香港又一城外部出行率统计
（取样时间：12：00—13：00） 表5-9

	上海龙之梦	香港又一城
城市接口个数	7	10
与公共交通直接联系的接口个数（内部出行）	4	6
外部出行的接口个数比率	42%	40%
总出行人流量	1170	1210
外部出行人流量	495	340
外部出行率	42.3%	28.1%

来源：张昀绘制。

上海龙之梦及香港又一城外部出行率统计
（取样时间：18：00—19：00）　　表5-10

	上海龙之梦	香港又一城
城市接口个数	7	10
与公共交通直接联系的接口个数（内部出行）	4	6
外部出行的接口个数比率	42%	40%
总出行人流量	2820	2741
外部出行人流量	940	360
外部出行率	33.3%	13.1%

来源：张昀绘制。

上海龙之梦及香港又一城外部出行率统计
（取样时间：20：00—21：00）　　表5-11

	上海龙之梦	香港又一城
城市接口个数	7	10
与公共交通直接联系的接口个数（内部出行）	4	6
外部出行的接口个数比率	42%	40%
总出行人流量	1584	1830
外部出行人流量	639	289
外部出行率	40.3%	15.8%

来源：张昀绘制。

小结："组合空间"可以有效减少外部出行率，减缓高峰时段的城市地面交通压力。而非线性结构相较线性结构而言效果更为明显[1]。

通过对沪港两地3个典型城市综合体的组合空间比较研究，可发现非线性结构的组合空间相较线性结构，在对城市综合体内部公共和商业活力提升，促进使用者选择公共交通出行，以及减少外部出行率缓解城市地面交通压力方面都有较为明显的优势。

在研究中研究团队还发现，同为非线性结构组合空间的龙之梦和又一城在实际使用效果中存在着很大区别。相较于又一城在九龙塘区域起到的核心联系作用，龙之梦在中山公园区域起到的联系作用却不甚理想。在调研中研究团队发现，由于龙之梦的地铁换乘设置未结合建筑内部公共空间，公交车站所在位置很难让人在建筑内感受到，以及建筑内缺乏清晰的标识系统等多方面原因，在实际使用中，人流并没有在建筑公共空间中实现非

[1] 龙之梦虽为非线性结构，但是研究团队在调研中发现，在实际使用中龙之梦中的人流却没有非线性的活动流线，因此在此项研究中，笔者将龙之梦视为线性结构。

线性的活动流线，绝大部分情况下，其中庭仅作为周边城市交通及公共交通的目的地存在。

可见，为实现协同效应的环境价值，对于城市综合体的空间结构体系而言，不仅需要考虑在城市层面选取合适的组合空间类型，还需从建筑层面对其内部空间结构进行梳理，才能使得城市综合体更为高效地联系所在区域的各城市功能组成部分。在本章后半部分，笔者将基于建筑视角，对城市综合体垂直空间结构展开研究。

5.3 城市综合体垂直空间结构概念分类

5.3.1 垂直空间结构的理论背景和分类

克里斯托弗·亚历山大[1]在《城市并非树形》(A city is not a tree）一文中，通过数学集合论的两个重要概念“树形结构”（Tree Structure）和“半网络形结构”（Semi-lattice Structure）（图 5-11）来分析比较不同的城市结构[2]。基于这一经典研究，笔者将城市综合体与城市的接口（即人流来向）看作起点，建筑中向内部深入的公共空间和各层功能看作节点，将其垂直空间结构体系转译为树形和网络形结构。

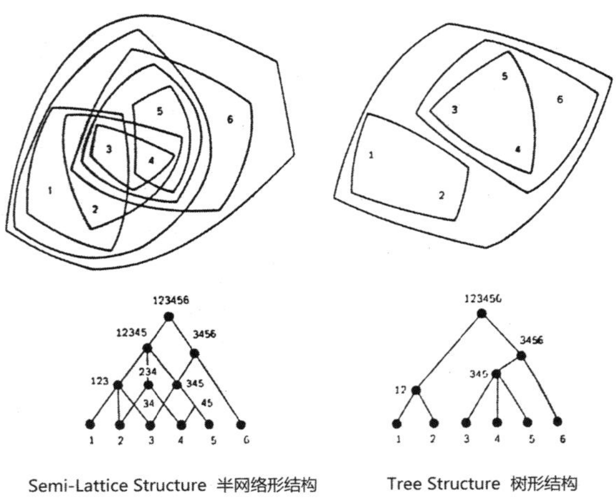

图 5-11 半网络形结构和树形结构
来源：克里斯托弗·亚历山大．城市并非树形[J]．严小婴译．汪坦校．建筑师，1985（24）：206-224

树形结构具有以下垂直空间结构体系特征：位于树枝端部的空间彼此不相连，若需从其中一个树枝端部到达另外一个端部，则必须经过联系彼此的“树杈”或“树干”空间（图 5-12（a））。此类结构各部分联系较弱，其端部空间的可达性也较差。

网络形结构各个端部之间存在联系，各节点之间的联系更加紧密。城市综合体仅通过地面及地下与城市相接，空间体系相对封闭，人流必须向上运动才能到达端部空间；而如果其与城市在更多层面相连，人流可在不同层面进入并选择不同方向运动，空间体系相对开放。笔者将前者定义为“封闭型网络形结构”（简称“封闭网络形”，图 5-12（b）），后者定义为“开放型网络形结构”（简称“开放网络形”，图 5-12（c））。

[1] 克里斯托弗·亚历山大是一位在奥地利出生，英国长大，并扎根于美国的建筑师和规划师。他在《城市并非树形》这篇论文中，清晰地指出了城市不应该被设计为像树干分支一样的将各个功能孤立划分的系统，而应该是复杂并具有重叠性的。

[2] 克里斯托弗·亚历山大．城市并非树形[J]．严小婴译．汪坦校．建筑师，1985（24）：206-224。

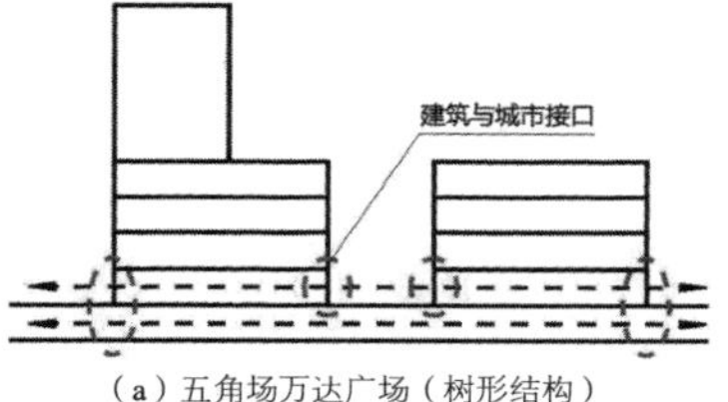

（a）五角场万达广场（树形结构）

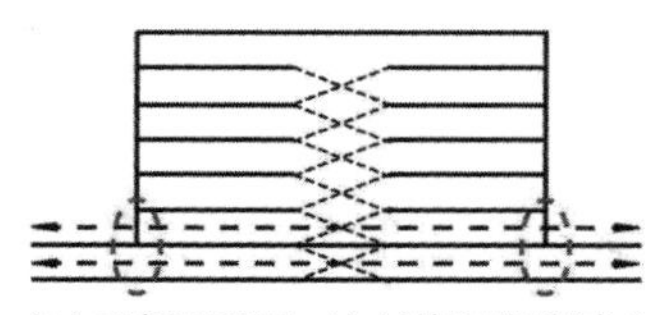
（b）五角场百联又一城（封闭网络形结构）

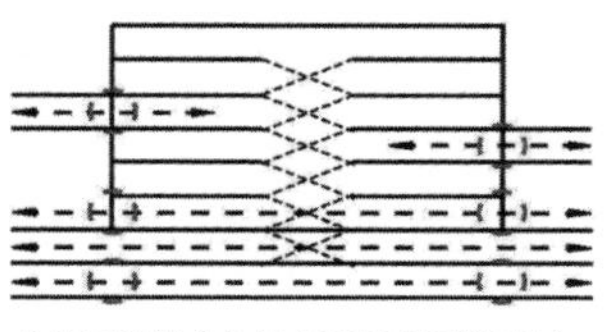
（c）虹口凯德龙之梦（开放网络形结构）

图 5-12 城市综合体 3 类典型垂直空间结构
来源：王寅璞绘制

基于上述思考，下文将通过软件模拟分析与实地观测问卷调研相互印证的方式，对城市综合体的 3 类空间结构（树形结构、封闭网络形结构和开放网络形结构）的代表性案例进行比较研究，并从空间效率入手讨论何种结构更利于促进协同效应，进而强化城市综合体的城市属性。

5.3.2 垂直空间结构研究案例情况介绍

笔者选取位于上海的 3 座城市综合体作为不同空间体系的研究案例，分别是树形的五角场万达广场（后简称“万达广场”）、封闭网络形的五角场百联又一城（后简称“又一城”）和开放网络形的虹口凯德龙之梦（后简称“龙之梦”）（表 5-12）。这 3 座城市综合体都属于“片区级”城市综合体（定位相似），辐射相似人群，包含相似功能，与地铁系统密切联系，交通便利，人流量大。所选案例相似的环境和定位增加了比较研究的合理性，而巨大的人流量则有利于减少实际观测中可能产生的误差。

研究案例基本情况对比 表5-12

项目名称	上海五角场万达广场	上海五角场百联又一城	上海虹口龙之梦
项目外观	来源：北京蔚蓝理想地产机构（www.viiland.com）	来源：维基百科	来源：www.minmetalscon-do.com
区位	五角场商业区中心地段	五角场商业区中心地段	虹口区核心地段
建成时间	2006 年 12 月	2007 年 1 月	2011 年 12 月
总建筑面积	334000m^2	126000m^2	280000m^2
商业面积	253000m^2	126000m^2	173000m^2
功能组成	零售、餐饮、娱乐、办公、公寓	零售、餐饮、娱乐、办公	零售、餐饮、娱乐、办公
城市接口	地面出入口，与地铁 10 号线和五角场中心广场在地下相接	地面出入口，与地铁 10 号线和五角场中心广场在地下相接	地面出入口，与地铁 8 号线地下相接，与 3 号线在三、四层相接

续表

项目名称	上海五角场万达广场	上海五角场百联又一城	上海虹口龙之梦
垂直空间结构			
结构类型	树形结构	封闭网络形结构	开放网络形结构

来源：王寅璞绘制（数据截至 2014 年 5 月 1 日）

5.4 城市综合体垂直空间结构案例研究

5.4.1 垂直空间结构可达性比较研究

通过软件模拟的定性分析结果和实地观测获得数据的定量分析结果相互印证的方式来对城市综合体 3 类不同垂直空间结构的空间可达性进行比较研究。

1. J-graph 软件模拟

首先，根据案例的功能和空间布局，对案例垂直空间结构进行提取和归纳，抽象成空间结构分析图（图 5-13）。图中主要关注的是空间的划分和连接关系，包含以下要点：①建筑整体空间布局和轮廓；②建筑与城市接口；③建筑各层平面；④各层主要流线组织方式；⑤中庭及扶梯等垂直交通联系。

随后，将图 5-13 作为底图，通过 J—graph 软件[❶]描点连线，生成空

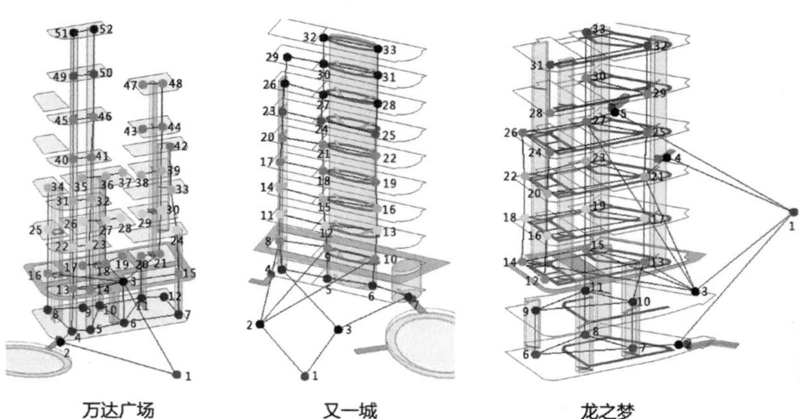

图 5-13 3 个案例的垂直空间结构图解
来源：王寅璞绘制

❶J-Graph 是一款基于 Java 编程语言的开放图形绘制软件；最早源于 2000 年瑞士苏黎世高等工业学院的 Gaudenz Alder 教授主持的学校科研项目。这款软件的原始设计目标即为将建筑空间构架抽象化。

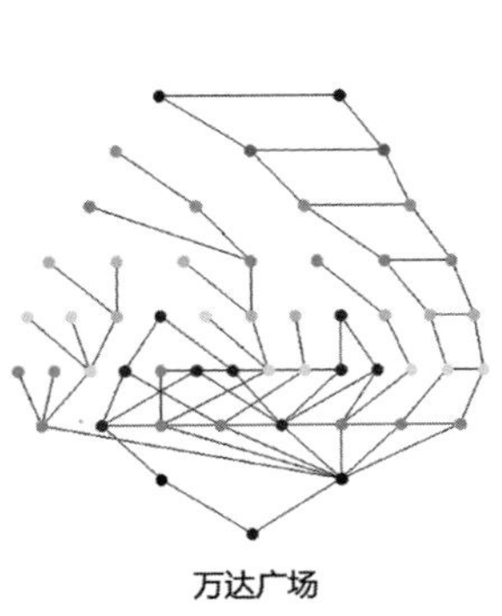

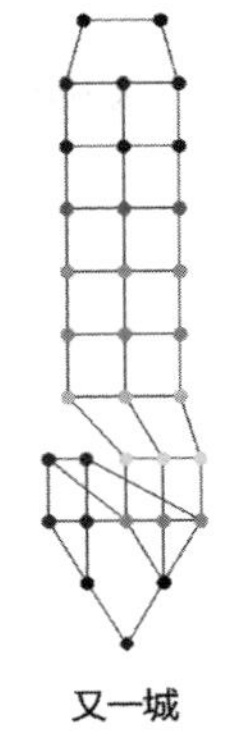

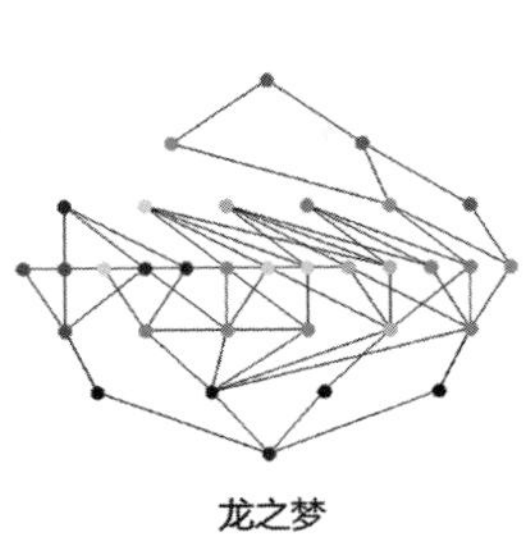

图 5-14 3个案例的垂直空间结构拓扑关系图解
来源：王寅璞绘制

间关系图（图 5-14）。由空间关系图可以看出，龙之梦的空间深度（Space Depth）等级明显低于其他2个案例，这说明从城市到达其离入口最远的空间，开放网络形结构所需步数（即空间转换次数）最少，初步反映其空间可达性更好。

最后，将分析数值可视化。结合之前绘制的案例结构分析图，将 *RN* 值[1]呈现在图示当中（设定随着 *RN* 值从低到高，灰度图由浅到深），可以得到每个案例的整合度图示。因为 *RN* 值不受系统大小影响，进一步统一标准，将 3 个案例作为一个整体，按照其整合度值，赋予相对应的灰度（图 5-15）。经过比较，整合度最高的区域出现在龙之梦中间层面，整合度最低的区域出现在万达广场的最高层面，整体看来，龙之梦空间整合度最高，即具有最好的空间可达性。

[1] *RN* 即整合度，每个部分的整合度值反映了它到系统中所有其他部分的平均线性拓扑步数。

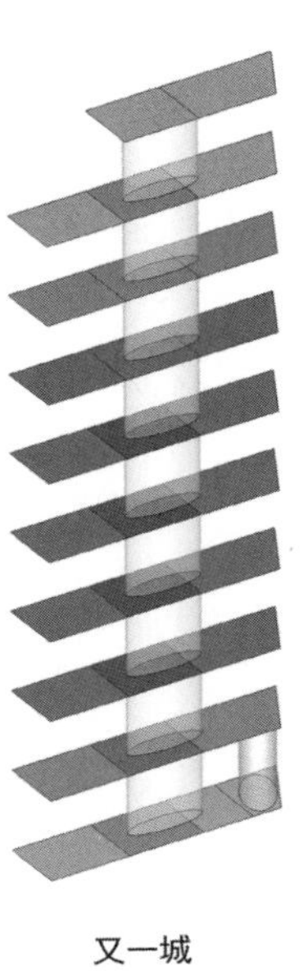

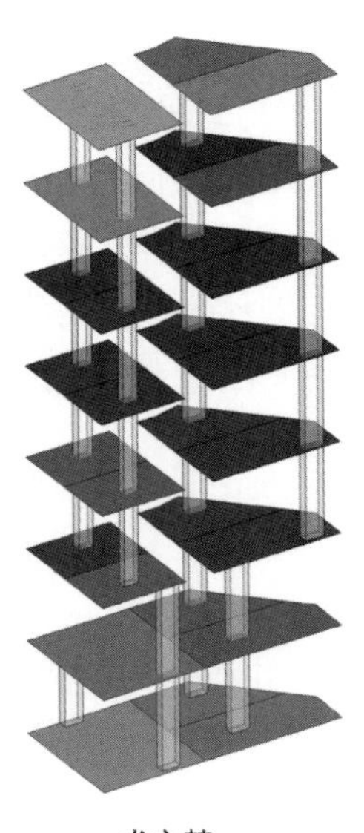

图 5-15 3个案例的空间整合度图解
来源：王寅璞和程锦绘制

2. 实地观测数据分析

通过对 3 个案例各层人流量的实地观测[1]获得人流量分布情况。为进一步减少误差，每个时段采样 3 次，每次采样时间为 5 分钟，取平均值。将 3 个案例建筑首层人流量计为 100%，计算各层人流量比例，通过人流量统计得到下表（图 5-16）。

[1] 采样地点选取垂直空间体系人流量较大的自动扶梯附近，每一部扶梯旁设置 1 个观察点，然后将建筑内每层多个观察点的人流相加得到数据。采样时段为节假日中午、下午及工作日下班后时间，此时人流量较大，所得数据误差较小。

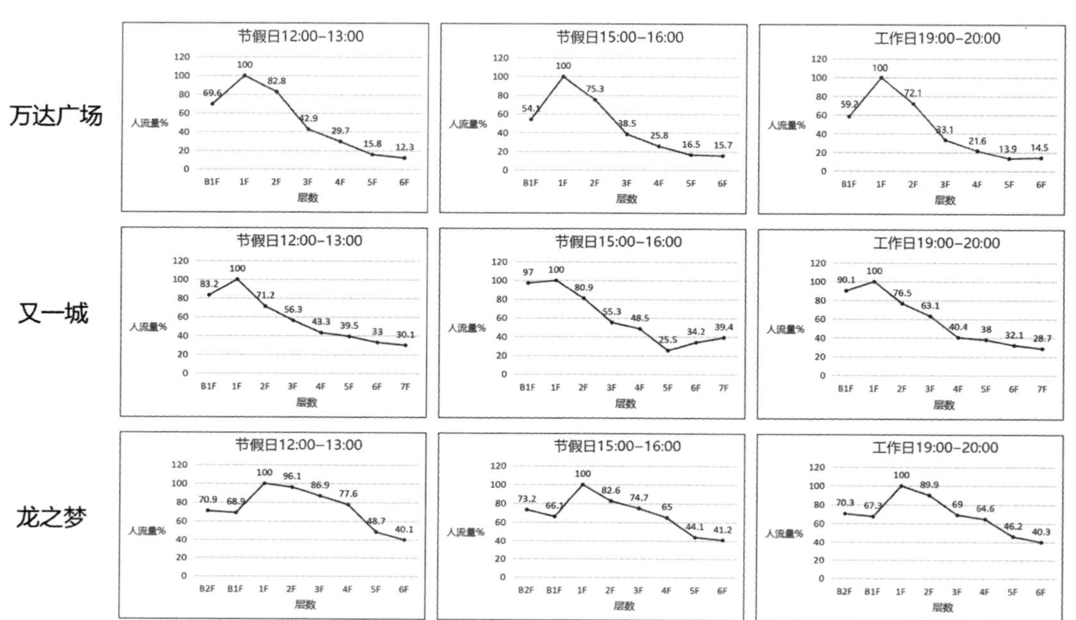

图 5-16 3 个案例的人流量统计
来源：王寅璞和程锦绘制

通过比较不同空间体系的人流量分布，反映出可达性的区别：从人流分布均匀度来看，开放网络形结构优势明显。值得一提的是，对不同案例中工作日夜间人流分布情况对比发现，龙之梦在此时段人流分布最均匀；另外，万达广场工作日夜间人流分布均匀程度与白天有明显区别，而龙之梦两个时段人流分布曲线相近。这从侧面说明了开放网络形结构更易融入城市居民的日常生活。

3. 小结

通过软件模拟与实地观测的相互印证，开放网络形结构的空间体系除了在理论上具有更好的空间整合度和可达性，在实际运营中，也具有更加均匀的人流分布。这为各层的商家带来更多的商机和均好性。另外，其作为城市居民便于到达的休闲、娱乐和消费场所，吸引大量人流，逐渐体现出越来越高的环境价值。

5.4.2 垂直空间结构吸引力比较研究

通过软件模拟的定性分析结果和问卷调研获得数据的定量分析结果相

互印证的方式，对城市综合体 3 类不同垂直空间结构的空间吸引力进行比较研究。

1. SPSS 相关性分析

基于前期调研获得的数据，使用 SPSS 软件[1]的相关性分析功能，以不同案例中测得的每层人流数量为因变量，楼层高低、规模大小等因素为自变量，分析人流分布情况与层面高低、入口关系、扶梯设置等因素之间的相关性，以此判断各变量对人流分布情况的影响，进而生成人流分布情况影响因子重要性序列（图 5-17）。

[1] SPSS 是统计产品与服务解决方案（Statistical Product and Service Solutions）的简称，为 IBM 公司推出的用于统计学分析运算、数据挖掘、预测分析和决策支持任务的软件产品。

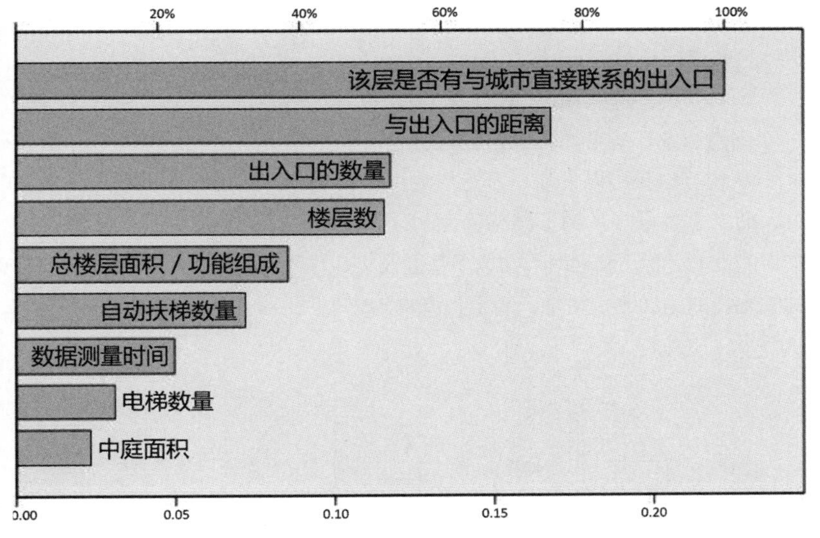

图 5-17　SPSS 软件分析结果
来源：王寅璞绘制

分析结果表明：该层“是否有与城市直接联系的出入口”是吸引人流最重要的因素，与出入口的距离对于人流分布影响较大，出入口数量和楼层数其次，另外面积、功能、扶梯数量和统计时段等因素也有一定影响，而电梯数量和中庭大小的影响程度很小。

2. 问卷调研数据分析

选取工作日和节假日 12：00—13：00、15：00—16：00、19：00—20：00 3 个时间段在 3 个案例内各发放 230 份问卷，选取其中有效问卷 200 份。通过分析，得出 3 个案例空间可达性的差异。

问题 1：您平时在万达广场（又一城、龙之梦）消费最高会逛到商场的几层？

从统计结果可以发现，在较高层面的可达性方面，网络形结构优于树形结构，而开放网络形结构的龙之梦可达性最强。再次证明开放网络形整体空间可达性最好，人流分布最均匀的结论。

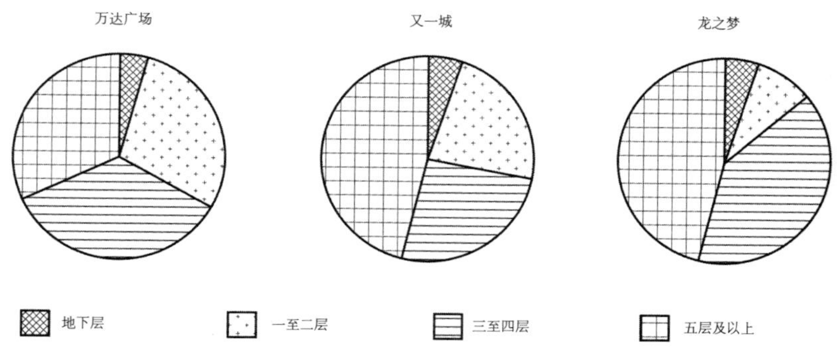

图 5-18 问题 1 统计结果
来源：王寅璞和程锦绘制

问题 2：在万达广场（又一城、龙之梦）消费时，您通常从地面层到二层以上的楼层是？

○有目的性的购物娱乐 ○ 无目的性的随便逛逛

问题 2 统计结果如图 5-19 所示

从统计结果可以发现，万达广场中无目的向高层运动的消费者比例最少，而龙之梦最多。树形结构较为封闭，消费者向高层空间运动多数是出于目的性的；而开放网络形结构多基面及可达性高的特点，消费者向高层空间的无目的运动比例增加，利于人流均匀分布。

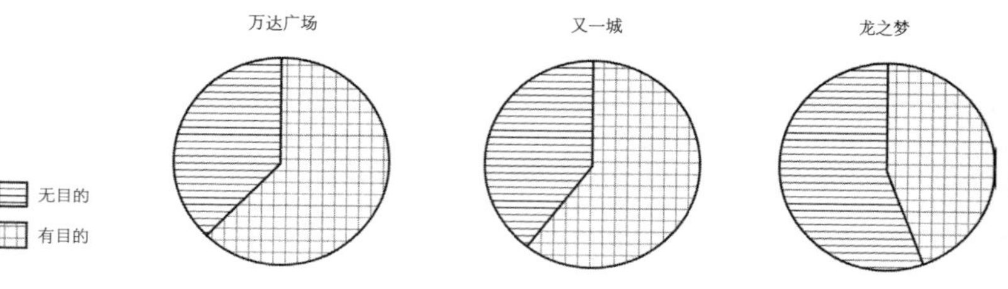

图 5-19 问题 2 统计结果
来源：王寅璞和程锦绘制

问题 3：您会被以下哪种功能所吸引，而从地面层走向二层以上的楼层？（可多选）

○购物 ○餐饮 ○娱乐（电影院、KTV 等） ○促销等活动 ○其他

问题 3 统计结果见表 5-13。

问题3统计结果 表5-13

	万达广场	又一城	龙之梦	总计
购物	79	84	78	238
餐饮	88	102	104	294
娱乐	88	100	100	288
促销	76	70	32	178

来源：王寅璞绘制

不同功能业态中，餐饮和娱乐对人流向高层有目的的运动影响力最大，

购物其次，促销活动的吸引力较弱。特殊业态可吸引消费者向建筑较高层面有目的性的运动，有利于整体空间人流均匀分布。

问题 4：您会被以下哪种因素所吸引，而从地面层走向二层以上的楼层（可多选）：

○受中庭上下贯通的开敞空间吸引　○受视线的影响（如楼上的店铺、招牌、广告等）

○受自动扶梯影响　　○受电梯影响

问题 4 统计结果如表 5-14 所示。

问题4统计结果　　　　**表5-14**

	万达广场	又一城	龙之梦	总计
贯穿中庭	69	78	84	231
视线吸引	60	69	66	195
自动扶梯	102	114	129	345
电梯	54	24	6	84

来源：王寅璞绘制

从统计结果可以看出，在城市综合体的设计中，应重点考虑自动扶梯的设置；另外，通过设置中庭，在联系各层空间的同时建立视线交流，为吸引消费者向更高层面的运动创造可能性。

3. 小结

通过软件模拟与问卷调研相互印证，开放网络形垂直空间结构的主要特征，即建筑内部与外界城市环境的接口（即出入口）对人流的吸引具有决定性作用，而开放网络形结构最有利于引导访客向更高层面空间运动。功能因素中，餐饮娱乐功能的吸引力最大；空间因素中，自动扶梯的引导性最强。

5.5　城市综合体空间结构体系研究总结

城市综合体的产生是城市功能日益集约化的一种表现，城市立体化是城市运作追求高效的一种途径，二者之间互为促进。城市综合体的公共空间基面立体化可以完善城市立体化系统，也可以带动城市公共空间体系的立体化，而城市立体化系统可以协助综合体完善自身的立体系统和城市功能的充分发挥[1]。

5.5.1　城市综合体城市组合空间的发展趋势

概况下来，城市综合体的城市组合空间发展表现出以下趋势：

[1] 董贺轩.城市立体化设计——基于多层次城市基面的空间结构[M].南京：东南大学出版社，2011：32。

1. 功能复合化

“组合空间”复合各种功能的可能性，促使其成为一个多要素、多层次、多感受的动态开放系统。功能的复合化使得“组合空间”比以往的城市中介空间或者交通节点空间具有更多的活力与生机，功能的多元重叠促进了各功能间的优化互补和相互激发。

2. 空间立体化

城市外部空间立体化促进了城市综合体各接口空间组合关系的立体化。因此，空间立体化是“组合空间”发展的另一重要趋势。“组合空间”的立体化旨在通过为功能、交通、信息流动提供物质和非物质的交换平台，从而激发协同效应。

3. 边界模糊化

边界模糊化是“组合空间”发展的又一重要趋势。一方面，体现在各类空间边界的模糊化，即城市综合体空间城市化和城市公共空间室内化的渗透发展；另一方面，还体现在功能组织的边界模糊化，即以往限定于城市或建筑空间中的功能彼此渗透，而“组合空间”所激发的新功能将有效促进这一过程。

5.5.2 城市综合体垂直空间结构的设计要点

通过研究发现：垂直空间结构对于城市综合体的协同效应发生具有重要作用，网络形结构（尤其是开放型）相较树形结构往往具有更好的整体可达性和更高的空间效率，从而能够为整体带来更大的人流量和形成更为均匀的人流分布，在为整体创造更多盈利机遇的同时，进而促生场所效应。可以说，开放网络形结构能为城市综合体创造更多价值。根据研究成果，总结出可有效促进协同效应的垂直空间结构设计要点：

1. 创造外部立体接口

从城市规划角度，加强城市立体化建设，为建设开放网络形结构城市综合体创造条件。从城市设计角度，城市综合体应与周边城市环境建立紧密的立体联系，设置更加均匀的外部接口；充分利用地形，与周边地下空间和空中公共空间建立联系，形成开放网络形结构。

2. 建立内部多重联系

从城市设计角度，将城市公共空间（如公交、地铁换乘空间等）融入城市综合体，增加其内部的人气与活力。而从建筑设计角度，建筑内部宜通过中庭、单层及多层扶梯，加强上下层视线和交通联系，提升空间整合度和可达性。对于群体型城市综合体，在保持各功能相互独立的同时，尽可能在空中创造联系，提升端部空间的可达性。

3. 组织整体复合业态

在城市综合体的流线设计中，应尽可能考虑将酒店、办公、居住等功能流线组织到整体空间结构之中，利用内部通勤增加商业空间人气，激发协同效应。而对商业部分的功能设置，可将零售、餐饮、娱乐等业态复合布置，在较高楼层及尽端空间设置高吸引力功能（电影院、主力店、知名餐饮等）和非盈利性功能（如文化艺术设施、屋顶绿化公园等），提升高层空间的吸引力。

在城市综合体实际建设中，政府有关部门应注重城市基础设施的规划设计和配套先行，这样才能促进非线性复合结构的城市组合空间的产生；对于城市综合体自身而言，则应对内部垂直空间结构进行合理设计，尽可能采用开放网络形结构，并与城市基础设施积极联系，进而促进协同效应的发生，最大限度地激发城市综合体的环境价值。

第六章　城市综合体非盈利性功能研究

公共部门及私人投资者都已经认识到对于建立一个成功的混合使用开发项目而言，包含多样混合的功能是非常有必要的。此种交融使得开发项目将对城市生活的各个时段有所贡献，而非仅仅局限于上班时间。进而，它创造了令人满意的“市场协同”，项目各个组成部分之间相互作用，因而互相受益，并创造鲜明个性，从而为使用者带来任何一种单一功能都无法实现的认同感和兴奋感[1]。

——哈罗德·R·斯内德科夫（Harold R. Snedcof）

基于混合使用开发思想，城市综合体可以使原本在基地内不能或难以生存的功能获得生机[2]。也就是说，除了能够产生收益的功能，城市综合体还能够支撑一些产生收益较少，甚至不能够产生收益的功能。而反过来，这些产生收益较少或不能够产生收益的功能则对城市综合体多元化发展，面向互联网时代的转型，以及创造高密度人居环境下低碳城市生活等需要提供有效支撑。在上述背景下，无论在开发建设还是在持续更新中对非盈利性功能的日益重视，已成为城市综合体功能组合的发展新趋势。

在本章中，笔者首先基于“混合使用开发”思想，根据是否以盈利为主要目的，将城市综合体的功能子系统划分为盈利性和非盈利性两大类。随后，通过对城市综合体功能组合特征的讨论，依照不同的空间组合关系，将非盈利性功能与盈利性功能的组合模式归纳为并置型、联系型和整合型 3 类，并从经济、环境和社会 3 个维度逐一讨论不同组合模式对城市综合体整体价值创造的贡献。之后，笔者选取“社区级”城市综合体为研究对象，基于 SP 调查的方法，对非盈利性功能及其功能组合类型展开研究，以探究各类非盈利性功能和不同组合类型对消费者选择行为的影响以及对整体经济、环境和社会价值提升的作用，并讨论更利于城市综合体整体价值创造的功能组合方式。最后，笔者结合实际工程应用对城市综合体非盈利性功能的研究进行总结和展望。

6.1　城市综合体的功能分类及组合概述

6.1.1　城市综合体的功能分类

基于混合使用开发思想，可以把城市综合体的功能分为 2 种类型：一类是以商业、餐饮、娱乐、办公、酒店、居住等功能为代表的，以盈利为主要

[1] 英文原文：“Boththe public and private sectors have recognized the need for a successful MXD to include a complex mixture of diverse uses. This blend enables a project to contribute to a city's life at all hours, not just during the business day. Furthermore, it creates a desirable level of ‘market synergy’ —the interplay among a project's components that benefits each and creates a sense of identity and excitement greater than any single use could achieve alone.” Snedcof H R. Cultural Facilities in Mixed-use Development [M]. Washington DC: Urban Land Institute, 1985: 14.

[2] ULI. Mixed-Use Development Handbook[M].2nd edition. Washington DC: Urban Land Institute, 2003: 5.

目的的盈利性功能；另一类是城市生活、文化艺术、运动休闲、社区服务、公园绿化、城市交通等不以盈利为主要目的的非盈利性功能。其中，盈利性功能构成了城市综合体的基本骨架，是其存在的前提和保障；而盈利性功能带来的收益也为非盈利性功能创造了生存条件。

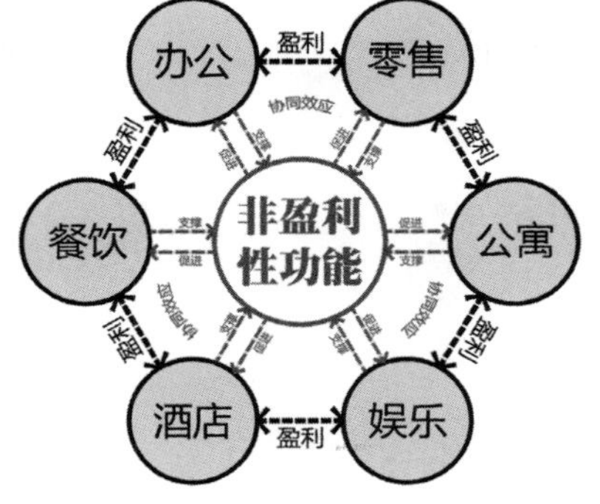

图 6-1　城市综合体中非盈利性功能与盈利性功能的关系示意图
来源：作者自绘

通常情况下，盈利性功能支撑着城市综合体正常运营，而非盈利性功能则有助于建筑综合体与城市之间产生良性互动。笔者在前期研究中发现，非盈利性功能不仅是城市综合体“城市属性”的实现手段，还对其协同效应[1]的产生具有极大的推动作用（图 6-1）。

[1] 城市综合体协同效应的价值体现主要包括经济、环境和社会 3 个层面。非盈利性功能是其环境价值和社会价值实现的重要途径。

6.1.2　城市综合体的功能组合

城市综合体的功能组合是指在 3 种或 3 种以上盈利性功能建构的基础上[2]，通过非盈利性功能的组织，使各功能间建立联系，相互协同，形成具有城市属性的功能集合。其具体特征如下：

（1）至少含 3 种或 3 种以上的盈利性功能。盈利性功能相互促进，互为支持，能够为城市综合体带来充足的收益，保障其正常运营。

（2）通过非盈利性功能的组织，建立城市综合体各功能之间的联系。非盈利性功能由于不以盈利为主要目的，它的生存需要盈利性功能提供经济支持；同时，盈利性功能需要非盈利性功能为其创造良好的氛围，并提供完整的城市环境。

（3）城市综合体各功能通过不同的组合模式共同构成具有城市特性的功能集合。盈利性功能与非盈利性功能以不同的组合模式相组合，一方面能够发挥各功能的特性，形成彼此间的柔性韧带，并促进相互间的协同；另一方面能够通过不同组合模式的互补，与城市公共空间建立联系，实现城市综合体多样化的城市特性。

[2] 美国城市土地协会（ULI）将混合使用开发的特征概括为三点：①包含 3 种或 3 种以上能够产生税收的主要功能；②空间和功能上的整合；③按照一个有条理的计划进行开发。来源：ULI. Mixed-Use Development Handbook[M].2nd edition. Washington DC：Urban Land Institute，2003：4-6.

笔者的研究团队在以往研究中发现，相较盈利性功能之间的单一组合，与非盈利性功能组合能够为城市综合体创造更多的价值[3]。下面就盈利性功能与非盈利性功能的不同组合模式展开讨论。

[3] 李晓旭．城市建筑综合体盈利性功能与非盈利性功能组合的协同效应研究 [D]. 上海：同济大学，2014。

6.2　城市综合体非盈利性功能组合模式

城市综合体非盈利性功能的组合模式，依照其与其他功能结合的不同空间关系可划分为并置型、联系型、整合型 3 类（图 6-2）。

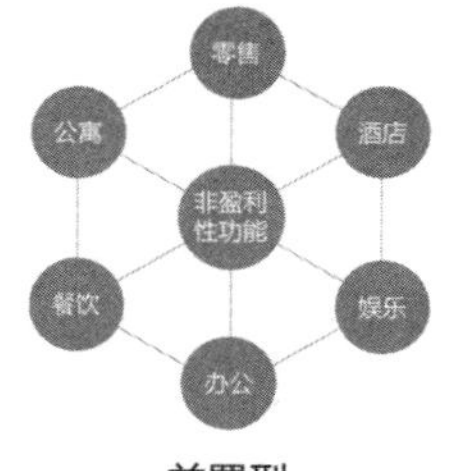

并置型

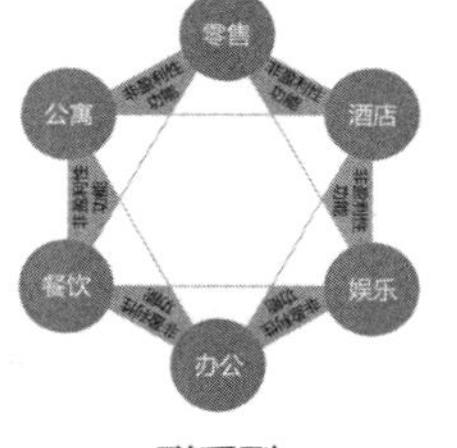

联系型

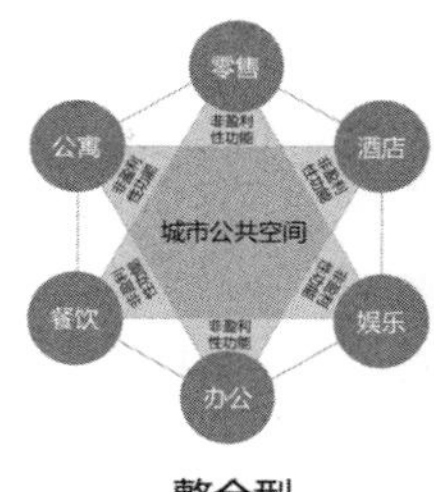

整合型

图 6-2 城市综合体非盈利性功能的 3 类组合模式
来源：李晓旭绘制

6.2.1 并置型

“并置型”是指非盈利性功能同盈利性功能在城市综合体中并置存在，是最常见的组合模式。在这种组合关系中，非盈利性功能能保持相对独立的运营状态，对整体产生影响也较小。

在盈利性功能中，办公、酒店、居住等功能具有较强的独立性，各功能的单独设立能够实现其自身系统的完整性并降低功能组合所带来的潜在矛盾。对于非盈利性功能而言，大型剧场、博物馆、文化艺术馆等由于占地规模较大，专业性要求较高，通常具有独立的出入口，且空间组织相对封闭，自成系统。并置型的非盈利性功能对其他功能的影响较小，其即便在城市综合体营业时间关闭也不会对整体产生不利影响。

日本东京武藏小杉地铁站上盖的东急广场综合体是由东急地产和日建设计联手打造的站前基础设施和复合型建筑一体化开发项目（图 6-3）。其通过建筑与车站在不同层面的连接，提高城市的回游性。建筑低层部分以商业设施为主，并引入公共文化服务设施——川崎市中原图书馆（图 6-4）。川崎市中原图书馆是神奈川县川崎市中原区的公立图书馆，由川崎市教育委员会负责管理运营，对市民免费开放[1]。从 1923 年至今，图书馆共进行了 5 次迁移。2013 年 2 月，东急广场竣工，同年 4 月，中原图书馆移至建筑的五层和六层，在空间上独立于商业和住宅两部分，并配备独立的电梯。2012 年，入馆人数总计 26441 人，移至东急广场后，入馆人数更有了大幅度提升[2]。图书馆与商业设施相结合，一方面，为使用图书馆的人群增加了便利性和选择性，另一方面，也提升了商业的潜在人群和活力。

[1] 图书馆独立运营，工作日开放时间为 9：30—21：00，休息日和节假日开放时间为 9：30—17：00。

[2] 数据来源于日建设计。

图 6-3 日本东京武藏小杉东急广场整体鸟瞰（左）
来源：谷歌地图 https://www.google.co.jp

图 6-4 日本东京武藏小杉东急广场内的图书馆（右）
来源：作者自摄

位于新加坡著名购物街乌节路核心地段的爱雍·乌节（ION Orchard）是著名城市综合体设计机构 Benoy 建筑事务所的代表作(图 6-5)。爱雍·乌节的功能布局独具一格，汇聚了 10 家双楼层的名牌旗舰店，包括不少新加坡市民最爱的国际时尚品牌，各类餐厅和咖啡厅遍布各个楼层，占总楼面面积逾两成。爱雍·乌节每层都有独特设计适合举办各类活动的空间。其中，最具代表性的是位于商场四层的新加坡最大的综合商场室内艺术展区 ION Art 画廊（图 6-6）。值得一提的是，该展区与 2010 年建成的 ION 空中走廊（新加坡仅有的几座观景台之一）连通，打造一条独特的展区通道，让游客领略激动人心的艺术与设计。

图 6-5　新加坡爱雍·乌节的地面入口广场（左）
来源：作者自摄

图 6-6　新加坡爱雍·乌节内的 ION Art 画廊（右）
来源：作者自摄

6.2.2　联系型

“联系型”是指非盈利性功能作为联系另外 2 种功能的媒介，建立这 2 种功能在空间上的关联。在这种模式下，非盈利性功能子系统既能自成体系，也能与整体交叉共享。非盈利性功能能够成为盈利性功能子系统之间“公共性”实现的“胶粘剂”。联系型的组合模式依据其向度不同可进一步分为水平联系型与垂直联系型。

水平联系型是指在水平向联系 2 种不同功能，形成连续而丰富的空间体验。一方面，非盈利性功能可以为盈利性功能提供空间引导和过渡；另一方面，非盈利性功能可以使盈利性功能在空间上形成关联和渗透。例如，城市综合体中的溜冰场往往和零售及餐饮功能共同设计，更多被作为视线中心，而不是盈利的创造者，它促进了人与人之间的互动，并成为周边功能的活力带动者。

香港九龙塘又一城的空中中庭内有一座真冰溜冰场，其两侧类似看台般错落布置了 3 层餐厅、茶座和咖啡馆（图 6-7）。即便身处九龙塘这一香港人口密度较低的地区，在上班时间段，这一围绕交互性休闲娱乐设施的空间仍能够吸引大量人流的来访和驻留。在这一空间里，无论是溜冰场上的游客，还是场边等候的家人，无论是为溜冰场上的各色活动吸引而驻足

图 6-7 香港九龙塘又一城的空中中庭（左）
来源：作者自摄

图 6-8 香港九龙塘又一城的溜冰场吸引了大量人流（右）
来源：作者自摄

的游客，还是围绕其周边就餐的人群，无一不露出欢快的神情（图 6-8）。这一空间不仅吸引了前来嬉戏的人群，也为前来就餐、休闲、交谈和购物的人群，提供了一个动态的舞台和视线的焦点。

垂直联系型是指在垂直方向通过非盈利性功能作为联系不同功能的中介，形成不同功能在垂直向度的空间延续。垂直联系型的功能组合模式，体现了高密度人居环境下城市综合体的发展趋势。这类中介功能往往需要具有城市属性，因此文化、艺术和休闲设施等非盈利性功能便成为建立垂直联系的重要媒介。

香港希慎广场（Hysan Place）是香港第一幢获得美国 LEED 白金级绿色建筑认证的建筑物（图 6-9）。其 17 层高的零售店铺通过垂直向的快速电梯系统高效联系。为减少建筑能耗，增加绿色元素及商场的独特性，在四层设置空中花园公共空间，亦于五层及六层削减部分楼面面积，营造大型通风口“城市绿窗”（图 6-10）。垂直联系型的空中花园，作为结合休闲设施的城市空中观景平台，在起到联系上下层不同功能作用的同时，也有效减低了大厦造成的屏风效应。

图 6-9 香港希慎广场整体鸟瞰（左）

图 6-10 香港希慎广场空中花园（右）
来源：作者自摄

6.2.3　整合型

“整合型”是指非盈利性功能除了能够在各功能子系统之间建立关联外，还能够有效联系各功能子系统与城市公共空间，甚至融入城市公共空间。公共绿地、屋顶花园等非盈利性功能是实现综合体与城市关联的常用方式，通过开放的公共场所，吸引不同类型人群。其相较于前两种组合模式具有更为立体的空间向度，并促进空间互渗。同时，“整合型”功能有助于加强其他模式的功能与城市公共空间的联系，使城市综合体承载丰富的城市生活。不论是盈利性功能的使用者，还是城市中的其他人群，都能够享受“整合型”的非盈利性功能所创造的充满活力的场所。整合型的空间组合模式可具体分为内向整合型和外向整合型两类。

内向整合型是指通过相对独立于城市公共空间体系（往往作为城市公共空间体系中的尽端）的中庭、内院、屋顶花园等非盈利性功能来联系各功能子系统，形成相对封闭而自成一体的场所。内向整合型的功能组合类型有便于管理和开发的优势，也较易形成整体场所效应，因而在我国近年城市综合体的开发建设中被大量运用。

成都新世纪环球中心是以游乐为主题的大型城市综合体项目，属于典型的内向整合型的组合模式（图 6-11）。其功能包括主题海洋公园、五星级酒店、会展中心、大型商场、商务及办公等。项目功能组合分为内、外两大功能圈，内圈功能以 8 万 m^2 的无柱大空间——主题海洋乐园为核心，四周围绕酒店及其配套功能（图 6-12）；外圈功能由商业和主体办公空间组成[1]。

[1] 忽然．城市综合体的设计与反思——“成都新世纪环球中心”设计思考 [J]. 建筑技艺，2014（11）：86-91。

图 6-11　成都新世纪环球中心外景（左）
来源：www.dea5.com

图 6-12　成都新世纪环球中心内景（右）

外向整合型是指通过和城市公共空间体系有机联系的公共绿地、广场、院落、中庭、屋顶花园等非盈利性功能来联系各功能，形成相对开放并与城市融为一体的场所空间。

上海长宁来福士广场是凯德集团历史上首次在同一座城市建造的第二座来福士广场项目，其整体采用绿色建筑理念，并已荣获美国绿色建筑委员会颁布的 LEED 金奖及银奖预认证。项目由 3 栋甲级写字楼、2 座大型商场及5栋在张爱玲母校——圣玛利亚女中原址上修复及修建而来的历史建筑组成（图6-13、图6-14）。该项目无论在总体平面布局、建筑平面布置，均按规划要求保护建筑历史文脉，为整个社区创造及提供一个既有城市历史记忆，亦有现代化、高智能、舒适性和配套完善的城市公共空间。

值得一提的是，长宁来福士广场以圣玛利亚女中原有的中心草坪为基础，在中心区域设置了大片开放景观，将自然景观变为整个项目的焦点（图6-15）。其绿化覆盖率超过40%，并全部向城市开放，供访客及租户使用[1]。这一做法虽然损失了相当的商业面积，甚至使得长宁来福士广场的商场被分割为了两部分，但是其充满传奇色彩的历史却得以延续，并将商业场所与城市空间有机融合，势必在未来形成独一无二的城市场所。

[1] 数据和资料来源于凯德地产（中国）。

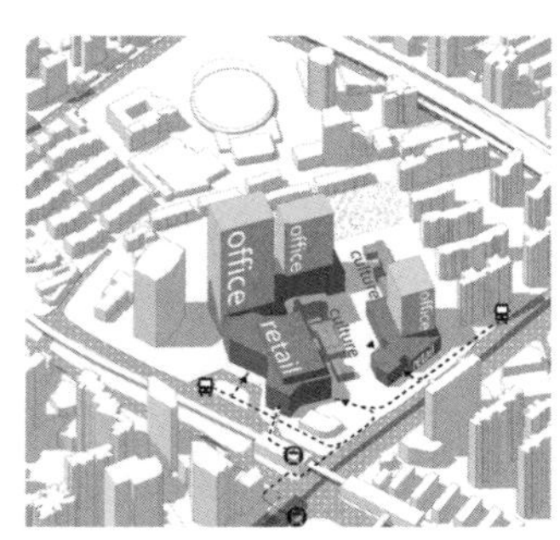

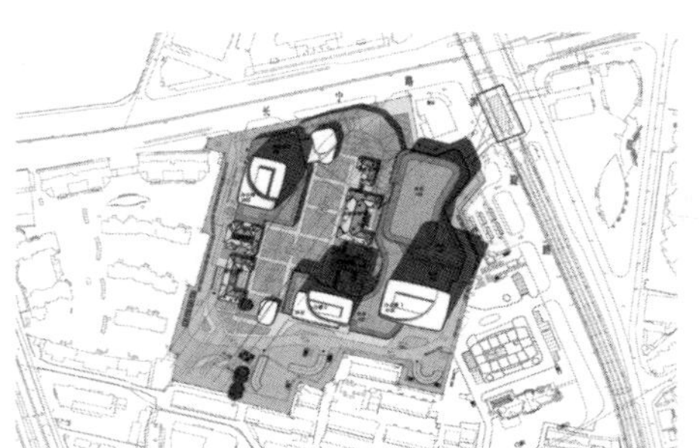

图6-13 长宁来福士广场整体轴测模型（左）
来源：程锦绘制

图6-14 长宁来福士广场总平面图（右）
来源：凯德地产（中国）

图6-15 长宁来福士广场中心花园
来源：作者自摄

"整合型"的非盈利性功能，与"并置型"的非盈利性功能中所提及的美术馆、博物馆、剧场等有所不同，它具有很强的开放性和包容度，并且能够在空间和时间上整合不同的功能，是市民进行城市生活的重要场所，并且往往能够在夜间和周末为城市综合体吸引大量客流。日本东京六本木Hills的露天演出广场位于六层商业设施Hill Side与朝日电视台大楼围合的内街中，由圆形舞台和巨大的玻璃屋顶限定而成，常年组织各种演唱会、综艺节目等，被称为六本木地区的"都市广场"（图6-16）。除此之外，六

图 6-16　日本东京六本木 Hills 的露天演出广场
来源：www.roppongihills.com

本木 Hills 还通过开敞的复合广场空间有效整合美术馆、博物馆等文化设施，形成了文化艺术设施齐全并且充满活力的场所氛围。

在一些大型城市综合体项目中，还会将“内向整合型”和“外向整合型”的非盈利性功能相互结合，形成丰富的公共空间系统，并以此为基础将城市综合体融入城市公共空间，成为承载多元城市生活的载体。日本京都车站通过半覆盖的复合广场空间，将城市空间引入建筑内部，并通过悬浮的空中走廊和平台，连接办公、酒店、餐饮、购物、博物馆、展览馆等功能空间（图 6-17）。建筑师通过大台阶与平台的组合，将公共空间从地面层扩展延续至建筑物顶部，从而形成不同标高的公共活动场地，为城市公共活动提供多层次的场所（图 6-18）。每当周末或节假日时，这里都会举办小型演唱会或发布会，十分热闹。在大台阶的制高点，有漂浮在屋顶的“空中花园”，在其中可以俯瞰京都全景，因而成为京都重要的旅游点。

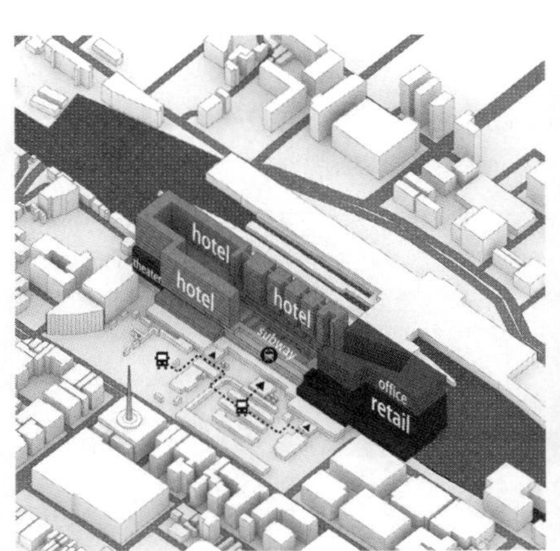

图 6-17　日本京都车站整体轴测模型（左）
来源：于越绘制

图 6-18　日本京都车站综合体通半覆盖的复合广场空间（右）
来源：作者自摄

相比于“并置型”和“联系型”的组合模式，“整合型”组合模式的非盈利性功能具有更大的弹性并能够容纳更多的城市活动，对整体价值提升具有决定性作用。

6.3 城市综合体非盈利性功能价值创造

基于协同效应理论，非盈利性功能对于城市综合体的价值创造同样可分为经济、环境和社会 3 个维度。

6.3.1 经济价值

非盈利性功能对城市综合体整体的经济价值，主要体现在吸引不同人群和鼓励访客多重目的访问两个方面。在城市综合体中加入“并置型”非盈利性功能，可以增加对不同人群的吸引力，为盈利性功能创造商机；而“联系型”和“整合型”的非盈利性功能，还可以促成人群的交叠，催生访客的多重目的访问，进一步促进协同效应的产生，引发更多的潜在消费可能。

以成都来福士广场为例，整座建筑被喻为“切开的泡沫块”，全方位环抱自然光，同时也是一座内外空间相互交融的“立体城市”。其基地为原四川历史博物馆旧址，位于成都市主干道人民南路与一环路交会点，虽然坐拥蓉城最负盛名的商业、零售、餐饮、娱乐中心，但是由于人民南路由隔离带阻碍，车辆与行人均无法直接通过，人流可达性较差。建筑师斯蒂文·霍尔（Steoen Holl）一方面积极连通地铁中转站主动吸纳人流，使用大台阶和自动扶梯将人流从街道上直接吸引到建筑屋顶花园中来（图 6-19）；另一方面则积极打造开阔的以“三峡”为主题的室内和室外公共空间以吸引年轻人为主的目标客群。中央广场的水景设计源自唐代诗人杜甫的诗句“三峡楼台淹日月”，由光影描绘时间在三峡水景中的驻足（图 6-20）。在商业裙房高区，室内商业动线与室外屋顶广场连成了整体，牺牲了一部分商业收益，却换取了休闲生活的概念。通过别具匠心的主题公共空间营造，结合针对客群定位“小而精”的商业打造，成都来福士广场已经成为成都年轻人休闲、购物和娱乐的重要目的地，其室内和室外的公共空间吸引了大量的人群逗留，并进而发生积极的活动，从而为其商业空间创造了巨大的商机。

图 6-19 成都来福士广场的屋顶花园与街道通过大台阶直接相连（左）
来源：作者自摄

图 6-20 成都来福士广场屋顶的城市公共空间（右）
来源：作者自摄

6.3.2　环境价值

非盈利性功能可以有效提高城市综合体的空间使用效率，具体体现在空间使用复合化和全时化两方面。相比“并置型”对整体空间效率的间接提升作用,“联系型”对综合体的公共空间营造具有更为直接的影响:一方面，能够通过复合使用提升公共空间效率；另一方面，能够创造空间活力，增加城市综合体内访客逗留时间。

“整合型”非盈利性功能能够促进城市综合体公共空间的全时化，为各功能提供 24 小时的生命力。其能够把各种盈利性功能有效组织在一起，满足访客不同时段的需求，创造不同时段的活力。公共空间的全时化也是城市综合体“城市属性”的重要体现。

上海静安嘉里中心的户外广场空间位于整个项目的核心地带，与周边道路及建筑内部的公共空间相连，是静安寺地区最具吸引力的城市公共空间之一（图 6-21）。广场中心原址保留了作为纪念馆向公众开放的历史建筑“毛泽东故居”，并围绕其打造了尺度宜人的景观空间。这个 24 小时开放的空间成为周边市民和工作白领日常经过和逗留的场所，其喷泉广场则吸引了很多家长带着孩子专程来访（图 6-22）。

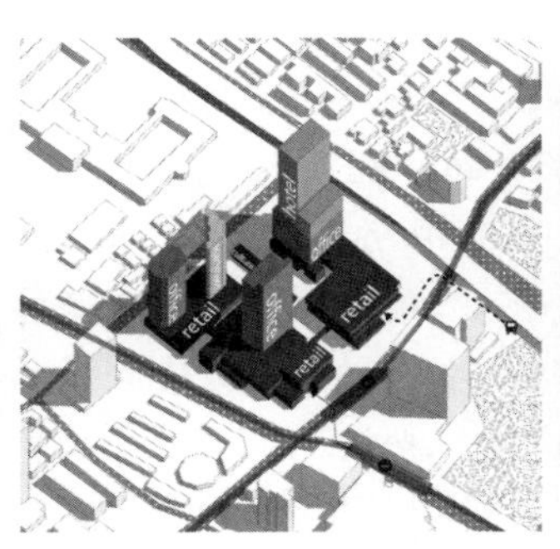

图 6-21　上海静安嘉里中心总体轴测模型（左）
来源：程锦绘制

图 6-22　位于上海静安嘉里中心核心位置的户外城市广场（右）
来源：作者自摄

6.3.3　社会价值

非盈利性功能是城市综合体社会价值创造的重要媒介，有助于营造场所氛围，进而带动周边社区乃至辐射整个城市。非盈利性功能的组合能够为城市综合体营造社区归属感，实现社区中心的职能，成为周边居民城市生活的场所；同时，非盈利性功能还能够为城市综合体塑造富有个性的场所，形成独特的识别性，实现其社会价值。

场所营造是城市综合体在城市核心地段提升竞争力的有效方式。上海 K11 购物

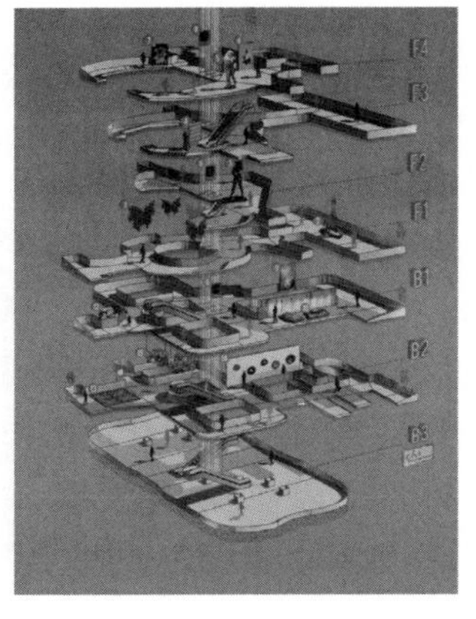

图 6-23　上海 K11 的文化艺术地图
来源：柯凯建筑设计

艺术中心是原香港新世界大厦的改建项目，它将艺术雕塑、创意集市、都市农场、垂直绿化、屋顶花园等非盈利性功能，与零售、娱乐、餐饮等盈利性功能相互融合（图 6-23），塑造出个性十足的场所氛围。例如将许多艺术创意商品通过“街边摊”的形式在商业空间中展开，串联形成具有传统城市商业街意象的创意产品集市，并在餐饮功能子系统中置入“都市农场”，通过倡导健康饮食促进餐饮功能的文化意义（图 6-24）。

图 6-24 上海 K11 内与公共空间结合的文化艺术设施
来源：作者自摄

“整合型”的非盈利性功能对城市综合体的辐射作用意义重大，尤其是对于环境比较混乱的地区，可有效提升周边城市活力和环境质量。广州太古汇围绕多层密集型绿化屋顶和广场形成了公园绿地、商场餐饮区和公共聚集区（图 6-25）。第三层的屋顶花园通过坡道与城市道路直接联系，在功能上和视觉上与办公楼、酒店 / 住宅楼、商场、餐饮区及文化中心连为一体，同时形成了可饱览周围城市景观的绿色高地（图 6-26）。屋顶花园成为整个设计宁静而富有生机的组成部分。第四层的屋顶花园服务于酒店 / 住宅单元，延续了整个绿色屋顶系统的美学性和生态性。密集型的屋顶花园土壤深度达 6.5 英尺（约 2m），栽种了不同种类的大树、密集的本地植物和部分其他物种，与传统的绿色屋顶系统相比具有更好的环境功能：大树强大的空气净化及吸收二氧化碳的功能可保留温室效应，蒸发作用和树荫可产生更佳的降温效果。绿化屋顶、高反射率及混凝土路面帮助下方的商场阻隔热量，从而达到延长建筑使用寿命，降低建筑能耗及减少建筑对城市热岛效应贡献的效果[1]。

[1] 太古汇绿化屋顶和广场数据来源于gooood设计网：http://www.gooood.hk/taikoohui-green-roof-plazas.htm。

虽然现阶段城市综合体在我国仍处于快速发展阶段，但是其开发模式单一，过于注重经济价值，对城市贡献有限的问题不容忽视。在这样的背景下，对城市综合体非盈利性功能的组合模式展开研究是适时和必要的。

图 6-25 广州太古汇鸟瞰（左）
来源：architizer.com

图 6-26 广州太古汇屋顶花园（右）
来源：作者自摄

（1）适应我国城市综合体多样化发展的需要。我国城市综合体建设的趋同性，以及随之带来的形式单一、缺乏市场定位和全程规划运营等问题都将进一步增加行业的风险。非盈利性功能的多样组合模式能为城市综合体未来发展提供一系列基于协同效应理论的更为丰富的建设策略。

（2）面向互联网时代传统产业结构转型的需要。近年来，在电子商务迅速发展的冲击下，政府部门和开发商开始逐渐意识到非盈利性功能对于城市综合体全局的价值，而开始在实际项目中引入或加强这部分功能，但整体而言较为盲目。对非盈利性功能的研究将会成为中国城市传统产业结构面对互联网时代冲击转型需要的有力支撑。

（3）构建我国城市综合体全生命周期开发的需要。中国城市综合体已呈现越建越多、越建越大、越建越窄、越建越空置的倾向。有关非盈利性功能的研究将会涉及国外城市综合体在全生命周期内持续开发的成功经验，并进一步为我国早期盲目建设项目的未来发展提供参考。

（4）创造我国高密度人居环境下低碳城市生活的需要。关于非盈利性功能的研究将进一步揭示城市综合体在高密度人居环境下，高效利用空间、整合有限能源、吸引步行出行、创造低碳城市生活的潜力。

下面，笔者将选取“社区级”城市综合体为研究对象，通过 2 个上海案例的比较研究来深入讨论城市综合体非盈利性功能的价值创造。

6.4　城市综合体非盈利性功能比较研究

6.4.1　案例选择

笔者选取上海浦东大拇指广场和联洋广场作为对象，来研究非盈利性功能对城市综合体吸引力的影响。选取案例同属社区级城市综合体，被成熟社区环绕，面向相同人群，因而研究不仅能直观反映人们对于城市公共生活的需求，也符合选取研究方法对案例的要求（表 6-1）。

研究案例情况比较　　表6-1

项目名称	上海浦东大拇指广场	上海浦东联洋广场
建筑区位	上海浦东联洋社区内芳甸路（东侧） 地址：浦东新区丁香路 1188 号	上海浦东联洋社区内芳甸路（西侧） 地址：浦东新区芳甸路 226 号

续表

项目名称	上海浦东大拇指广场	上海浦东联洋广场
开业时间	2005 年 3 月	2008 年底
建筑类型	社区级城市综合体	社区级城市综合体
建筑面积	11 万 m^2	7 万 m^2
营业面积	8 万 m^2	6 万 m^2
盈利性功能	零售 40%、餐饮 15%、娱乐 8%、服务 5%、酒店 32%	零售 56%、餐饮 20%、娱乐 5%、服务 4%、酒店 15%
非盈利性功能	绿化设施、休闲设施、儿童活动设施、文化艺术设施、复合广场空间	休闲设施、儿童活动设施、入口广场及内街
公共空间特征	整合型 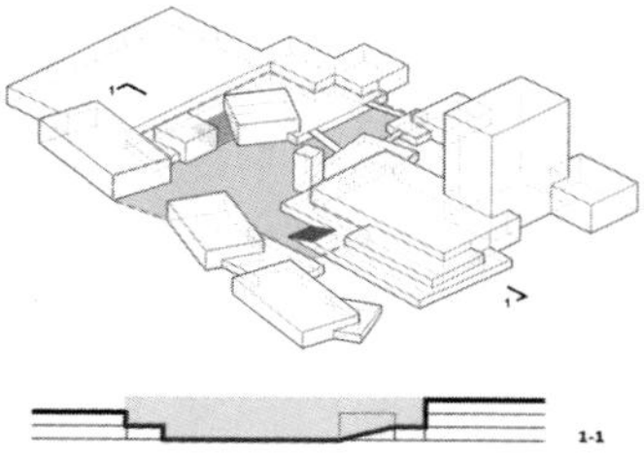	联系型 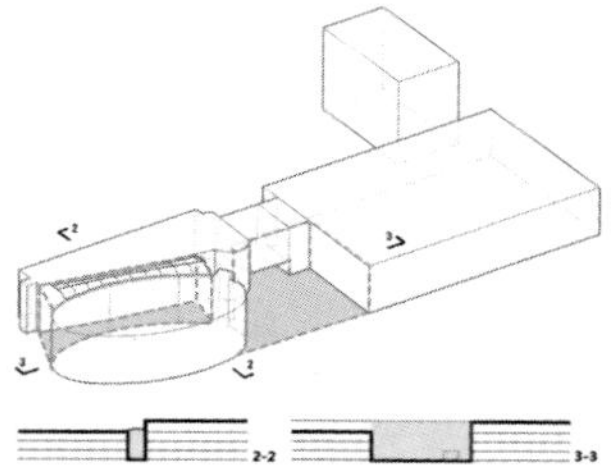

来源：李晓旭绘制（数据截至 2013 年 12 月）

6.4.2 研究方法

笔者通过离散选择模型、SP 调查法与问卷调研相结合的方法对案例展开分析。

1. 离散选择模型

商业空间中消费者行为研究分为集合模型和个体模型。离散选择模型是随机效用理论（Random Utility Theory）为基础的个体模型。在经济学中，效用是个人进行目的选择时的判断依据，是度量人们于正在或者即将发生的消费过程中所获得或期望的满足感。该理论假定人们的效用和偏好是随机的。

离散选择模型描述了决策者在不同备选项之间做出的选择，备选项包含两个性质：①互斥性，备选项之间相互独立。也就是说，人们选择了其中的一个选项，就不能再选择其他项；②有限性，备选项的数量必须是有限的。

2. SP 调查法

离散选择模型的调查分为行为调查和意向调查。SP 调查（Preference Survey）属于意向性调查，是对假定条件下的多个方案所表现出来的主观偏好调查，又称“虚拟调查”。SP 调查具有两个特性：①调查的内容是尚未发生的事情，通过 SP 调查可以得出人们对某些虚拟策略的偏好数据，确定人们对某些新策略的接受程度；② SP 调查法可以权衡多个影响因素，并且判断不同影响因素对被调查对象的影响程度。

SP 调查的过程是以事先确定的影响因素及其水平组成各种情景，再由这些情景构成备选方案，供受访者以评分、等级排序，并以离散选择的方式评估其对各选项的整体偏好。

3. 问卷设计与发放

问卷问题主要包括两部分：①背景性问题，主要针对被调查者的个人资料。②主题性问题，包含现实型问题和虚拟型问题。现实型问题是用于对已经存在的现实环境提出问题；虚拟型问题是依照 SP 调查法，在假设条件下提出问题。

笔者的研究团队分别选取 2013 年 6 月 15 日至 2013 年 7 月 12 日中，工作日和节假日的 9：00—10：00，12：00—13：00，15：00—16：00，19：00—20：00，共 4 个时间段共发放 240 份问卷，选取其中有效问卷 200 份作为研究样本。

6.4.3　研究过程

研究过程分为 3 个主要环节：首先，寻找大拇指广场与联洋广场中盈利性功能与非盈利性功能的组合类型；其次，通过对组合类型的分析，确定出离散选择模型的影响因子及影响水平；再次，通过问卷设计与问卷发放，统计数据，最后，录入 Nlogit 模型，得出模型拟合结果（图 6-27）。

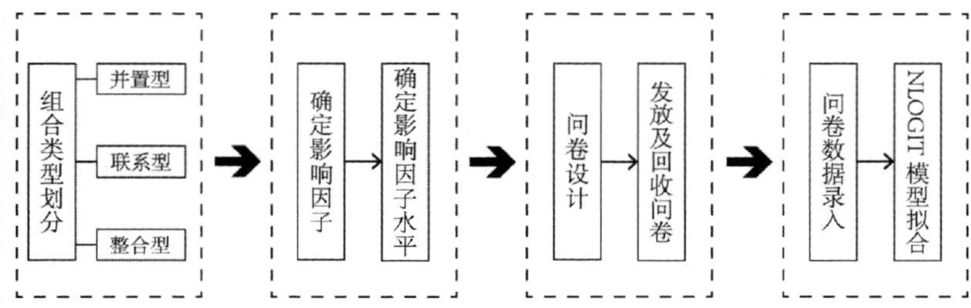

图 6-27　研究过程示意图
来源：李晓旭绘制

1. 影响因子与度量水平

将影响因子分为五种类型[1]（表 6-2）：

（1）绿化设施。大拇指广场有充足的绿化设施，其中包含：露台及广场上与座椅结合的绿化（B），人工草皮、绿篱、灌木等（C）（图 6-28），联洋广场则缺乏绿化（图 6-29）。

（2）休闲设施。大拇指广场和联洋广场都具有与餐饮结合的露天座椅（一般需消费才能使用），此外，大拇指广场还有与广场空间相结合的公共休闲座椅（C），联洋广场没有配备此类设施。

（3）儿童活动设施。大拇指广场拥有露天儿童活动设施，包含轮滑、可进入的人工草皮（B、C）（图 6-30），联洋广场在商场三层设置室内儿童活动场（A）。

（4）文化艺术设施。大拇指广场入口处设置有标志性的“大拇指”雕塑（C）（图 6-31），联洋广场缺乏文化艺术设施。

[1] 每种类型中 A 为并置型，B 为联系型，C 为整合型；度量水平为 2 种：1 表示选择，0 表示不选择。

（5）复合广场空间。大拇指广场拥有复合多种功能和活动的广场空间、错层的建筑布局（C）（图 6-32）。联洋广场的公共空间主要包括入口广场与内街，仅起到交通和联系各功能作用（图 6-33）。

自变量取值及度量方法 **表6-2**

变量类型	变量名	系数	效用方程取值	假设符号 *	度量方法
	绿化设施	ß1	1（是）/0（否）	+	所选项目是否有绿化设施
	休闲设施	ß2	1（是）/0（否）	+	所选项目是否有休闲设施
影响因子	儿童活动设施	ß3	1（是）/0（否）	+	所选项目是否有儿童活动设施
	文化艺术设施	ß4	1（是）/0（否）	+	所选项目是否有文化艺术设施
	复合广场空间	ß5	1（是）/0（否）	+	所选项目是否有复合广场空间

* 假设符号表示对影响因子效用正负判断。
来源：李晓旭绘制

图 6-28 大拇指广场的绿化设施
来源：作者自摄

图 6-29 联洋广场缺乏绿化
来源：作者自摄

图 6-30 大拇指广场的露天儿童活动设施
来源：李晓旭拍摄

图 6-31 大拇指广场入口的雕塑
来源：作者自摄

图 6-32 大拇指广场的复合广场空间
来源：作者自摄

图 6-33 联洋广场功能单一的内街空间
来源：作者自摄

2. 模型拟合结果

通过 NLogit 软件，录入 200 份样本，拟合结果见表 6-3、图 6-34。

模型拟合结果　　　　　**表6-3**

影响因子	β 值	T 值	P 值
绿化设施	0.75035	3.597	0.0003
休闲设施	1.13722	4.678	<0.0001
儿童娱乐设施	0.55492	2.263	0.0236
文化艺术设施	0.62162	2.541	0.0110
复合广场空间	1.39242	6.642	<0.0001
β_0 大拇指广场 *	-3.44714	-4.647	<0.0001

*β_0 大拇指广场表示大拇指广场可观察效用中，除去已选影响因子外其他可能的产生影响的因子所产生的效用（假设联洋广场此效用为 0）。

来源：李晓旭绘制

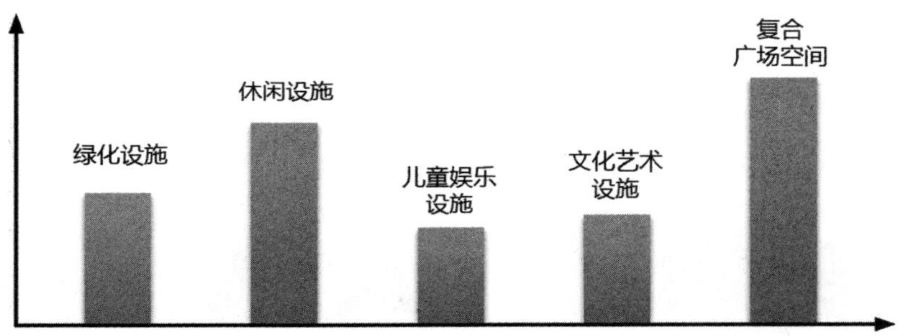

图 6-34　影响因子的 β 值柱状图
来源：李晓旭绘制

依据模型拟合结果可知：

（1）显著性水平（P 值）均低于 5%，说明 5 项影响因子均对消费者的空间选择具有显著影响，同时，系数符合假设均为正值，结果令人满意。

（2）影响因子的要素中，复合广场空间的系数 β_5 最大，表示在消费者的选择过程中，其为最重要的影响因子。休闲设施的系数 β_2 也较大，说明其对消费者空间选择同样具有重要的影响。绿化设施对于吸引力的影响虽然小于前二者，但相对儿童活动设施和文化艺术设施，它的影响力较强。儿童活动设施和文化艺术设施由于其系数相差较小，且显著性水平相对于前三项较低，无法通过参数值大小判断。通过深入观察和访谈，我们发现儿童活动设施的使用人群数量相当可观，分析原因为：通常家长出于孩子安全问题，不会选择填写问卷，导致样本量较少，模型拟合结果与实际情况有偏差。

（3）由大拇指广场的不可观察效用 $\varepsilon_{大拇指广场}$ 为负值可知：若大拇指广场没有以上 5 项要素，效用将不及联洋广场，即其吸引力很大程度上来自这 5 项非盈利性功能。

6.4.4　研究小结

基于上述研究结合问卷调研，笔者发现：

从经济价值层面，非盈利性功能可吸引大量人群。从问卷数据统计可知：在大拇指广场和联洋广场中，83% 的人选择前者。另外，70% 的人在前者逗留时间较长，其中 43% 以消费为目的，21% 在完成购物、餐饮、娱乐活动后逗留并使用非盈利性功能；其中 23% 以休闲（散步、带孩子游戏等）为目的，13% 也会选择"顺便逛逛"商铺，或在广场周边的餐馆吃饭，从而提升整体经济价值。

从环境价值层面，复合广场空间是影响人群选择最重要的影响因子。其既可作为盈利性或非盈利性功能的空间载体，还可成为城市公共空间的组成部分。正如大拇指广场的复合广场空间，既可作为周边餐饮的室外延伸，还可容纳儿童活动设施和文化艺术设施。

从社会价值层面，非盈利性功能能够创造良好的场所感。根据问卷统计，86% 的人认为：相较联洋广场，大拇指广场更能成为联洋地区的社区中心或社区名片，它已经成为周边居民公共活动的场所。研究团队发现来访者组成非常丰富，这与前期预测的"社区级别城市综合体使用者多为周边居民"并不一致（图 6-35）。而关于到达方式的统计则进一步说明其辐射范围不仅包含联洋社区，还对浦东其他地区，甚至浦西地区都具有吸引力（图 6-36）。

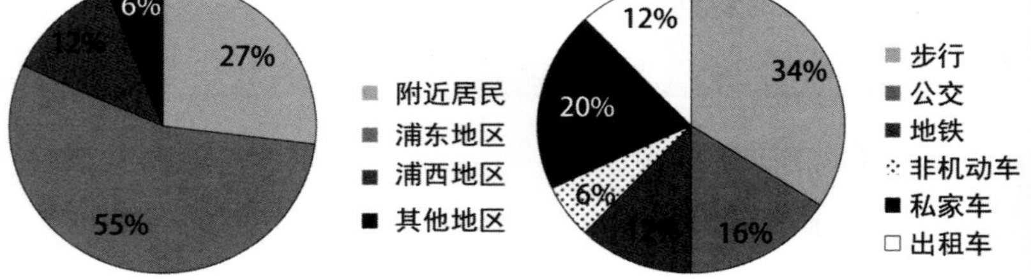

图 6-35 大拇指广场来访者构成（左）
来源：李晓旭绘制

图 6-36 大拇指广场来访者到达方式（右）
来源：李晓旭绘制

接下来，笔者将尝试把上述研究成果应用到实际工程中，并通过虚拟调研的方法，为实际项目提出建议。

6.5 城市综合体非盈利性功能工程应用

6.5.1 项目背景

"城开中心"位于上海莲花路地铁站对面、沪闵路北边、南方商城西侧，是一个在建项目，预计 2015 年年底完工，它是闵行区最大的城市综合体[1]（图 6-37、图 6-38）。在非盈利性功能的选择中，开发团队面临以下困惑：他们希望引入非盈利性功能促进协同效应，但其策划开发较难通过经济学理论进行测算，并且在其种类选择方面缺乏经验。因此，研究团队试图基于前期研究成果，针对"城开中心"的具体问题，寻找解决方案，并为其非盈利性功能的选择和建设提供建议。

[1] 此部分为对研究进行时的说明，"城开中心"项目已于 2016 年 5 月结构封顶，至 2017 年年底尚未全部开业。更多有关"城开中心"的信息资料请参考官方网站：www.udcncenter.com。

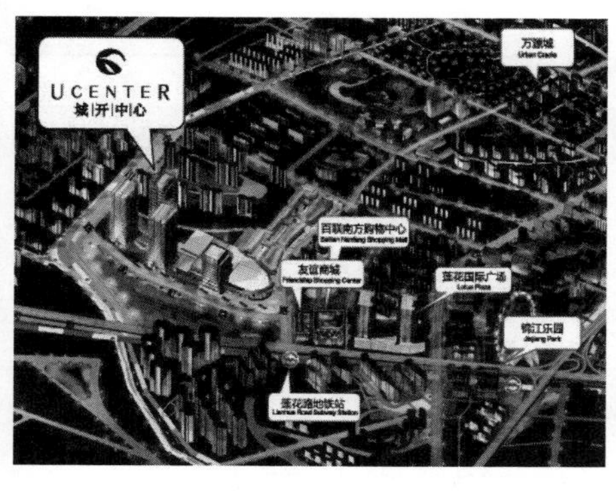

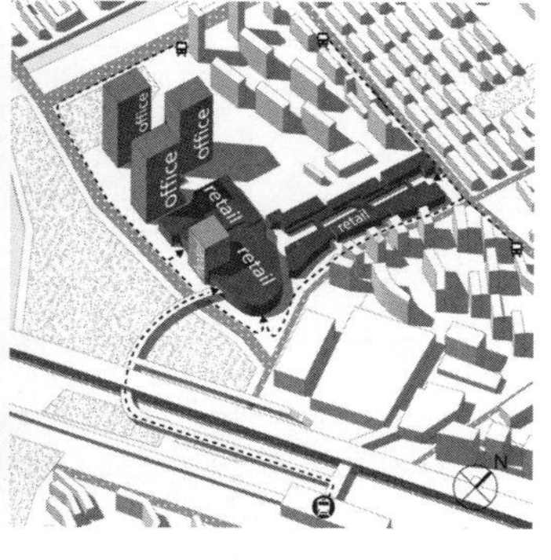

图 6-37 “城开中心”区位图（左）
来源：城开集团

图 6-38 “城开中心”整体轴测模型（右）
来源：程锦绘制

6.5.2　研究内容

研究团队对以“城开中心”为中心半径 1km 范围内的周边社区进行虚拟调查❶，验证绿地公园，休闲设施，文化艺术设施，儿童娱乐设施，开敞广场空间及真冰溜冰场六种开发商拟考虑在项目中设置的影响因子，是否对人群吸引产生正向影响。度量水平分为三种：是、否、不一定❷。

在确定影响因子及其度量水平的基础上，研究团队将影响因子在问卷中通过示意图的形式形象化以便于受访者理解：一方面，将单一种类的非盈利性功能按照“并置型”“联系型”及“整合型”进行细化（表 6-4）；另一方面对“整合型”的“开敞广场空间”因子细化为“由单一非盈利性功能构成的广场空间”和“由多种非盈利性功能构成的复合广场空间”（表 6-5）。

❶ 发放问卷 230 份，选取其中有效问卷 200 份作为样本。

❷ “不一定”这一中立选择的引入，是考虑到人们在选择过程中有可能产生的微妙变化，细化度量水平，以期得出更加准确的结果。

单一种类的非盈利性功能细化　　表6-4

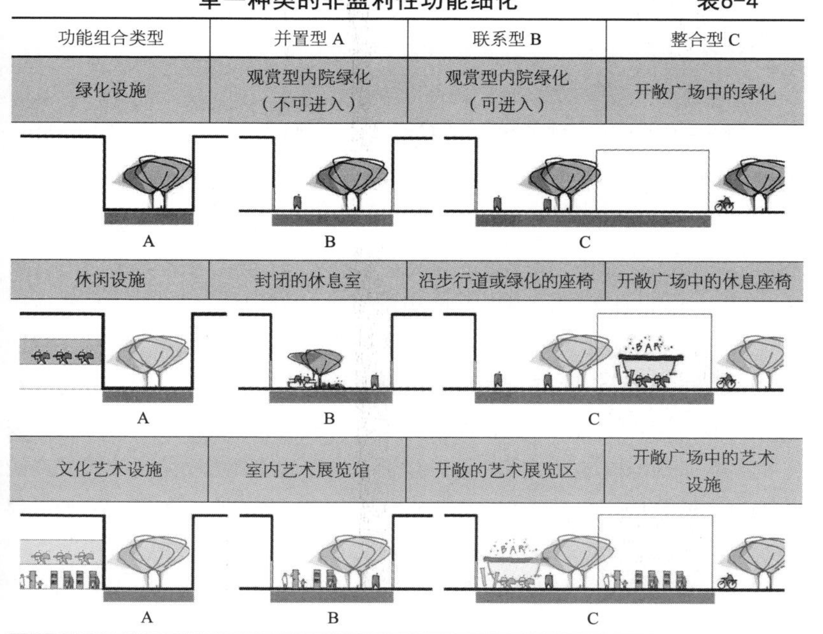

功能组合类型	并置型 A	联系型 B	整合型 C
绿化设施	观赏型内院绿化（不可进入）	观赏型内院绿化（可进入）	开敞广场中的绿化
	A	B	C
休闲设施	封闭的休息室	沿步行道或绿化的座椅	开敞广场中的休息座椅
	A	B	C
文化艺术设施	室内艺术展览馆	开敞的艺术展览区	开敞广场中的艺术设施
	A	B	C

续表

功能组合类型	并置型 A	联系型 B	整合型 C
儿童娱乐设施	封闭运动训练营	儿童娱乐场所	开敞广场的轮滑、游戏场地
真冰溜冰场	室内封闭溜冰场	有看台的溜冰场（看台开放）	

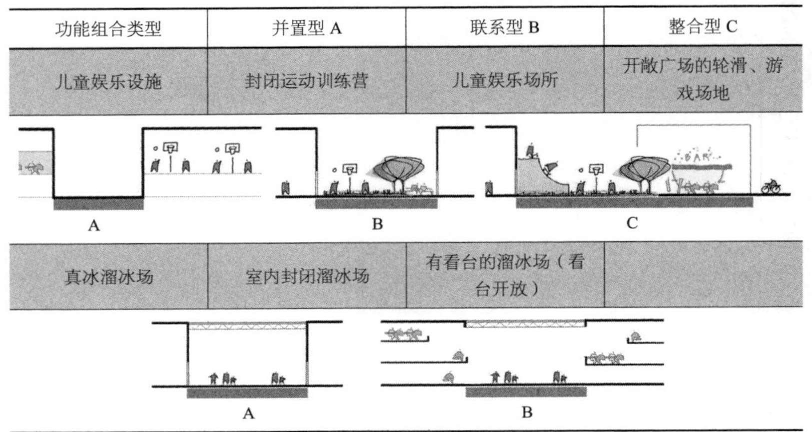

来源：李晓旭绘制

开敞广场空间细化 **表6-5**

整合型	非盈利性功能相对单一	非盈利性功能复合
开敞广场空间	硬质铺地的广场（可用作大型活动使用）	多种功能组合的市民广场

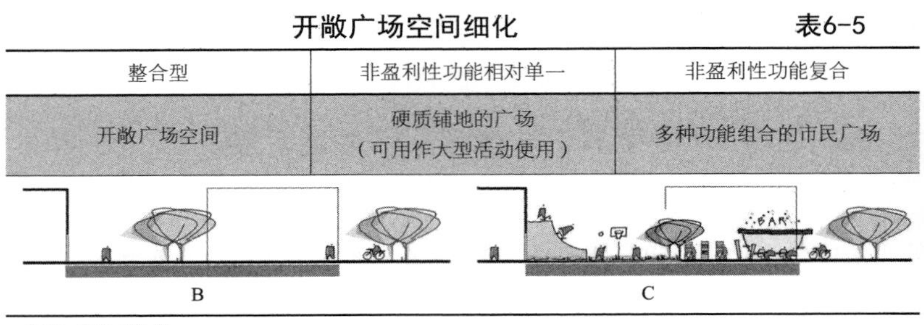

来源：李晓旭绘制

6.5.3 设计建议

针对“城开中心”项目问卷中关于非盈利性功能吸引力的统计和分析结果（图 6-39），研究团队提出以下 3 点建议：

（1）依据以下顺序选择非盈利性功能的种类：绿化设施、休闲设施、开敞广场空间、文化艺术设施和儿童娱乐设施。开发团队可以依据项目资金的多少，对其种类依次进行选择，并优先采用整合型和联系型的组合模式。

（2）保留项目内真冰溜冰场的引进计划。真冰溜冰场虽然在问卷调研中排序并不靠前，但是其主要原因是因为在调研过程中的青少年（主要使用群体）样本过少。在与问卷发放同时进行的访谈中，研究团队发现其对于大多数青少年吸引力很大，而绝大多数家长也表示这一运动方式将会吸引他们在未来陪同子女前来活动。基于上述情况，研究团队建议开发商能够通过“联系型”的组合方式引入真冰溜冰场，充分联系餐饮、零售、娱乐功能，形成开敞而丰富的场所。

（3）重点开发“城开中心”南侧与城市道路之间的城市公共空间，将多种非盈利性功能与其整合。在“城开中心”的设计策划过程中，对其南

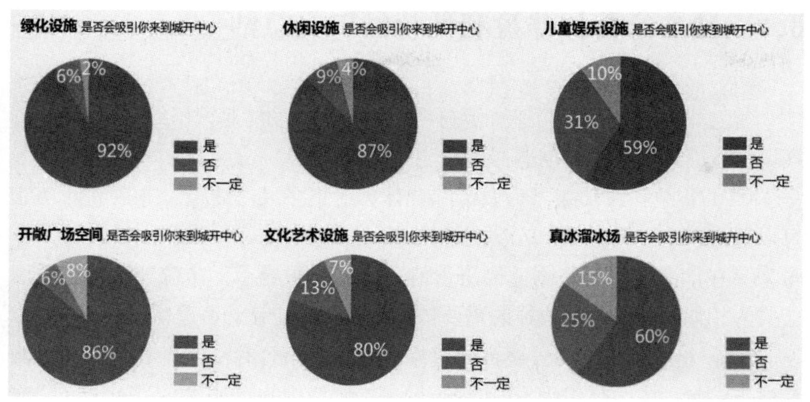

图 6-39　问卷中关于非盈利性功能吸引力的统计结果
来源：李晓旭绘制

侧的空间（这片三角形的城市空地未来将会成为地铁换乘和当地重要的城市公共空间）开发目标一直不明确。考虑到在调研中发现周边绿化设施匮乏，研究团队建议开发团队考虑将其开发为企业冠名的绿地广场，并结合休闲体育设施与文化艺术设施等周边社区人群最需要的功能，创造出开敞而丰富的场所氛围，吸引周边人流经过和聚集以实现城市综合体的城市价值。

另一方面，研究团队针对“城开中心”问卷中关于非盈利性功能的不同组合类型选择的统计结果（图 6-40），提出以下 3 点建议：

（1）从经济价值层面，通过休闲设施和文化艺术设施联系其他功能子系统，使盈利性功能彼此相连，有利于人群从一种功能向另一种功能流动，实现其经济效益。

（2）从环境价值层面，通过儿童娱乐设施和真冰溜冰场联系商业功能，创造丰富的空间类型和良好的活动气氛，实现购物、餐饮、娱乐在空间上所形成“看”与“被看”的关系，并提高空间的使用效率。

（3）从社会价值层面，通过开敞的广场空间，设置绿化设施，并结合多种类的非盈利性功能，形成复合的广场空间；在吸引人流的同时有效整合盈利性功能，为项目打造具有良好场所感和社区归属感的城市公共空间。

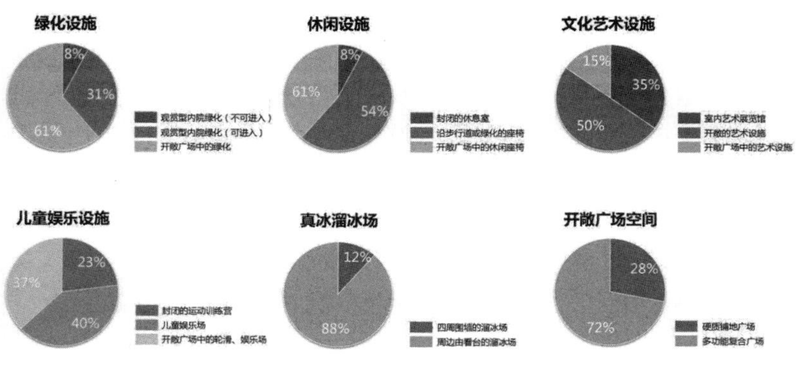

图 6-40　问卷中关于非盈利性功能的不同组合类型选择的统计结果
来源：李晓旭绘制

6.6 城市综合体非盈利性功能研究总结

通过本章的研究，可进一步总结出非盈利性功能对城市综合体在经济、环境和社会维度的价值创造：

（1）非盈利性功能可为城市综合体创造更多经济效益。非盈利性功能可以通过其自身开放性和公共性的特征，为城市综合体吸引大量人流，并带来潜在消费者，为其创造经济价值。研究结果显示，非盈利性功能不仅会成为相似背景下人群选择的重要依据，同时也能让访客逗留更长时间。

（2）非盈利性功能可整合城市综合体与城市公共空间。非盈利性功能在城市综合体内立体组织，在实现土地集约化使用的同时，塑造多维度的“公共活动基面”，有利于人群在城市综合体内部均匀分布。而城市综合体的公共空间，也可以通过非盈利性功能的复合，创造出充满活力的城市场所。

（3）非盈利性功能是城市综合体社会价值的重要体现。非盈利性功能融入城市综合体，是人们对城市生活多样性需求的反映，绿化休闲设施、文化艺术设施、儿童活动设施等都是城市公共生活不可缺少的组成部分。笔者通过研究发现，整合型和联系型非盈利性功能的融入，能更好地实现其社会价值，并产生场所效应。

综上所述，从注重盈利性功能转向注重非盈利性功能的城市综合体建设，不仅是对电商冲击下实体商业向体验性和复合型方向发展的必然回应，也是改善城市生活空间和提高生活质量的现实应对，还是我国城市建设和社会发展从量变转为质变的显著特征和重要契机。

通过第四章、第五章和第六章分别对城市、片区和社区 3 个尺度的城市综合体案例展开的基于协同效应理论的研究，可以认识到我国现阶段城市综合体建设中存在的不足，以及我国当前城市发展中存在的问题。

首先，在实际开发中孤立建设，将城市综合体摆在城市的某一坐标上，而非将其融入城市的肌理中；其次，过于注重经济回报，而忽略其对城市发展的影响；最后，对于建筑的城市标志性理解过于片面，过于注重表面形象而忽略了更为深层次的内涵。以上问题使得我国现阶段城市综合体建成后很难实现其应有价值。

那么，如何才能够让城市综合体成为所在区域的核心呢？如何才能够让人们更高效率的使用城市综合体呢？如何才能够让人们愿意在城市综合体内停留更长的时间呢？或者说，如何才能够有效激发城市综合体的协同效应，从而让其在城市中创造更大的价值呢？

在本书的下一部分，将会就城市综合体“城市属性”的重要体现“公共空间”展开研究，并再次聚焦沪港两地的城市综合体，通过比较研究，来尝试归纳总结城市综合体公共空间的增效设计策略。

第三部分：策略研究

第七章 城市综合体公共空间增效策略

城市的紧凑化、立体化、有机化、绿色化和枢纽化等，都是当代的发展趋势，它们自觉或不自觉地影响着城市的特征。城市交通发展中的公共交通导向型发展（Transit Oriented Development，简称 TOD）理念将改变城市的形态结构，城市地下空间的发展也是 21 世纪的趋势，它将把城市公共空间引入地下，促进多层化城市活动基面的形成，从而一定程度地改变传统城市设计的领域和方法。[1]

——卢济威

❶ 高山．城市综合体：思想理念·设计策略·实现机制 [M]. 南京：东南大学出版社，2015：总序 002。

在本章中，笔者首先探讨城市综合体与城市公共生活的关系日趋紧密的城市和社会发展背景，并进一步对城市综合体“城市属性”的理论背景和具体特性进行系统梳理。随后，笔者通过对香港和上海两地典型案例的统计分析，总结归纳出城市综合体公共空间增效策略：即作为城市立体节点、采用开放网络型结构和在公共空间容纳各类城市公共活动。最后，笔者选取沪港两地的国金中心、又一城和 K11 三组姊妹案例进行实地调研并采集使用者的时空间分布及行为数据，通过统计分析和数字建模等方法进行空间绩效比较研究，对三项增效策略逐一验证。

7.1 城市综合体与城市公共生活

近年来，城市综合体的建设在一线城市持续升温，并向二、三线城市加速蔓延。与此同时，随着环境气候的恶化以及市民生活模式的转变，城市公共生活逐渐呈现出向室内和半室内空间转移的趋势[2]；而随着政府建立和完善公共服务社会化体系的需求日益迫切，以往的公私边界也日益模糊[3]。因此，作为城市空间的重要组成部分，城市综合体理应抓住这一契机，复合更多的城市功能，提供更好的公共服务，成为承载城市公共生活的重要城市节点。

❷ 扬·盖尔，杨滨章，赵春丽．适应公共生活变化的公共空间 [J]. 中国园林，2010（8）：44-48。

❸ 敬乂嘉．从购买服务到合作治理——政社合作的形态与发展 [J]. 中国行政管理，2014（7）：54-59。

在本书前几章的研究中，笔者已经发现我国在推进城市化的进程中，产生的重物轻人、重商轻文、功能割裂、缺乏活力等问题已经开始在城市综合体开发建设中集中凸显：即对经济价值过于关注，忽略其应有的“城市属性”，使得规划建设较为盲目和草率，建成后使用率低下，难以发挥其应有的协同效应。因此，强化城市综合体的“城市属性”，是发挥其协同效应和提升其自身活力的重要渠道，也是优化城市公共空间，促进城市立体化发展，提升城市整体活力的有效途径。[1]只有这样，城市综合体才能成为我国城市发展从“量变”到“质变”的重要契机。

[1] 更多有关城市综合体空间结构体系的研究内容，请见本书第五章。

7.2　城市综合体的城市属性分析

20世纪80年代以来，城市综合体在东亚高密度城市蓬勃发展，在我国香港地区和日本广获成功并积累了大量经验：一方面，高度集中的垂直建筑需要三维的、全方位的连接，具有既可渗透又清晰可辨的空间容积[2]；另一方面，通过城市节点规划将城市基础设施与房地产协同开发才能实现价值最大化[3]。随着我国经济持续快速增长，城市化程度不断加深，城市密度环境同日本及香港日趋接近，这些经验的借鉴价值日益凸显。[4]

城市设计与建筑设计不仅在空间形态上有连续性，而且在社会、文化和心理上的联系同样重要。[5]城市综合体作为“城市·建筑一体化”的重要表现形式，显现了城市设计的立体化和室内化倾向，以及建筑设计的社会化和巨型化倾向。[6]在综合密集型城市中，为了实现人性化理念和城市空间综合开发与土地集约利用等方面的有机结合，同时体现建筑功能群组与城市空间的时空组织，需要采取以城市公共空间、建筑公共空间以及城市主要交通要素等相结合的有机组合体来联系开放的建筑功能单元，在城市交通规划的共同作用下加强建筑组群与城市功能一体化。[7]

在上述视野下，城市综合体的“城市属性”核心特质可概括为“公共性”和“自治性”，并可被进一步细化为可达性、多样性、复合性、体验性、开放性、自由性、识别性、标志性等等特性。通过增强城市综合体的城市属性，可有效提升使用者的到访率，及其对使用者的吸引力和凝聚力，而公共空间正是体现城市综合体城市属性的重要交集和载体。下文将聚焦于城市综合体公共空间，讨论强化城市属性的增效策略，为其设计提供依据，以期改善开发中重视经济价值而轻视环境和社会价值的问题，从而更好地发挥城市综合体的协同效应（图7-1）。

[2] 谢尔顿，卡拉奇威茨，柯万．香港造城记：从垂直之城到立体之城［M］．胡大平，吴静译．北京：电子工业出版社，2013：159。

[3] 日建设计站城一体开发研究会．站城一体开发：新一代公共交通指向型城市建设[M]．北京：中国建筑工业出版社，2014：3。

[4] 高山．城市综合体：思想理念·设计策略·实现机制[M]．南京：东南大学出版社，2015：2。

[5] 王建国．城市设计[M]．第3版．南京：东南大学出版社，2011：41。

[6] 韩冬青，冯金龙．城市·建筑一体化设计[M]．南京：东南大学出版社，1999：12-20。

[7] 钱才云，周扬．空间链接——复合型的城市公共空间与城市交通[M]．北京：中国建筑工业出版社，2010：4；董贺轩．城市立体化设计——基于多层次城市基面的空间结构[M]．南京：东南大学出版社，2011：29-32。刘皆谊．城市立体化视角——地下街设计及其理论[M]．南京：东南大学出版社，2009：158。

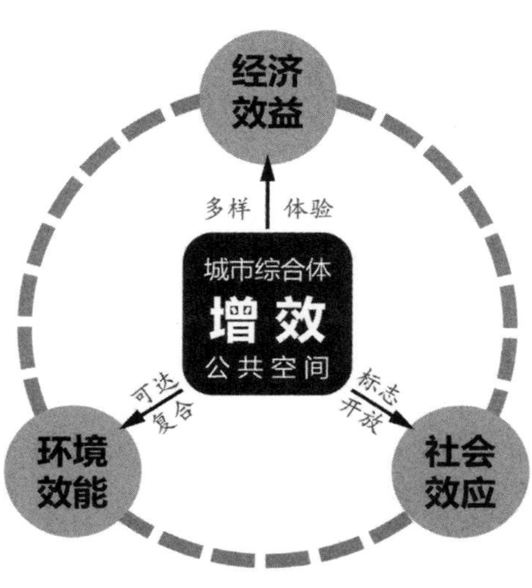

图7-1　城市综合体公共空间增效的3个维度
来源：作者自绘

7.3 城市综合体公共空间增效策略归纳

笔者选取沪港两地有相同或相似开发背景，且具有相似环境和地理位置，但所创造的价值却存在明显差异的相关城市综合体项目。通过对4组典型案例公共空间属性的统计比较（表7-1），结合成功案例特征归纳，总结出城市综合体公共空间增效策略：即宏观上作为城市立体节点、中观上采用开放的网络型结构和微观上在公共空间中容纳城市公共活动三方面策略（图7-2）。随后，对典型案例进行实地调研，通过对使用者时空间分布及行为数据的量化分析，验证增效策略的有效性（图7-3）。

沪港两地典型城市综合体比较　　表7-1

	建筑轴测示意图	与地铁连接口数量	是否与天桥连接	是否是交通换乘枢纽	是否有直接通过人流	与城市接口分布层数	举办公共活动数量	休憩设施数量
香港国金中心		4个	是	是 地铁、机场快线、巴士、的士、轮渡	有	4	较多 小型爵士乐音乐会等	较少 除屋顶公园外，几乎没有
九龙塘又一城		4个	是	是 地铁、巴士、的士	有	5	较多 车展、滑冰比赛、文艺会演等	一般 分布在内部广场和出入口处
APM		1个	是	是 地铁、巴士、的士	有	2	多 见面会、签售会、演唱会等	较少 餐饮设施附带
香港K11		2个	否	否	有	3	多 艺术展览等	较多 顶层和入口广场
香港总体情况		累计11个	3/4有连接	3/4是换乘枢纽	均有	累计14层	总体较多	总体较少
上海国金中心		1个	是	否	有	3	一般 展览、表演等	较少 中庭附近
百联又一城		2个	否	否	无	2	较少 车展、促销等	较少 走廊北端

续表

	建筑轴测示意图	与地铁连接口数量	是否与天桥连接	是否是交通换乘枢纽	是否有直接通过人流	与城市接口分布层数	举办公共活动数量	休憩设施数量
IAPM		2个	否	否	无	3	较多 展览、表演等	较少 室外公共空间
上海K11		1个	否	否	无	2	较多 展览、演出等	较多 结合展览及艺术品
上海总体情况		累计6个	1/4有连接	无	很少	累计10层	总体较少	总体较少
两地情况比较		香港多于上海	香港多于上海	香港远优于上海	香港优于上海	香港优于上海	香港略优于上海	两地情况相似

来源：胡强绘制（数据截至2016年5月）

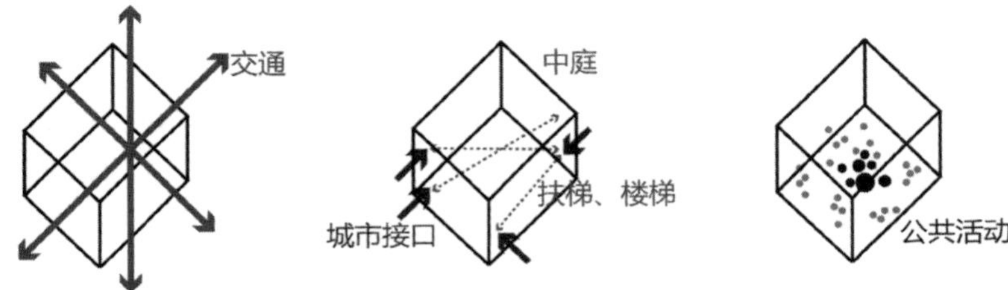

图7-2　城市综合体公共空间的增效策略示意图
来源：胡强绘制

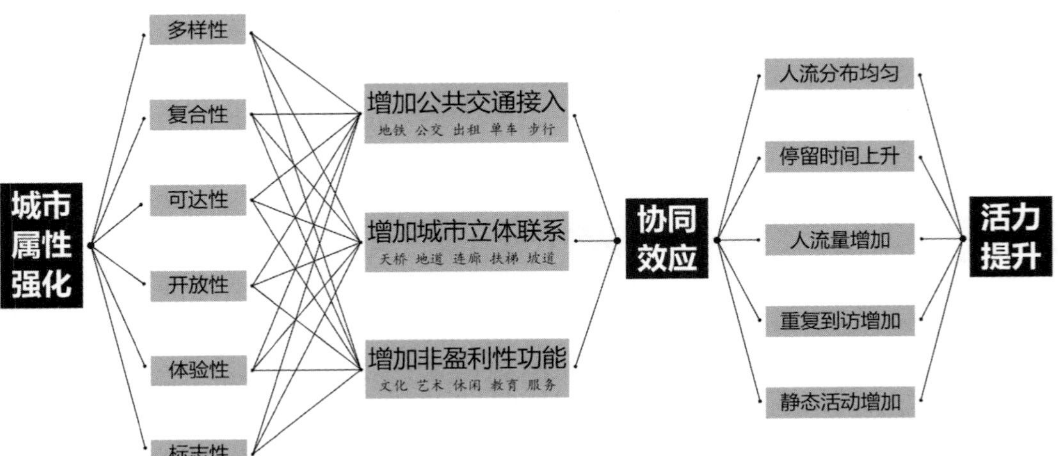

图7-3　城市综合体公共空间的增效实现路线图
来源：作者自绘

7.4 城市综合体公共空间增效策略研究

经济绩效很难涵盖协同效应理论中的环境和社会两个维度，笔者研究团队以实地采集的使用者时空分布及行为等空间绩效数据作为研究基础[1]，进一步建立数字模型进行量化分析和比较来验证增效策略的效果。下文就3个增效策略逐一讨论：

[1] 例如公共空间中的人流量、人流分布均匀度、从公共交通进入使用者比例、使用者直接通过公共空间的比例、使用者的行为类型等。

7.4.1 作为城市立体节点

城市节点与终点是一组对应的概念，城市终点是指仅作为出行目的地的城市综合体，而城市节点还起到了城市交通的作用；城市立体节点则能够在水平和垂直维度上整合城市交通，从而成为区域换乘枢纽（图7-4）。

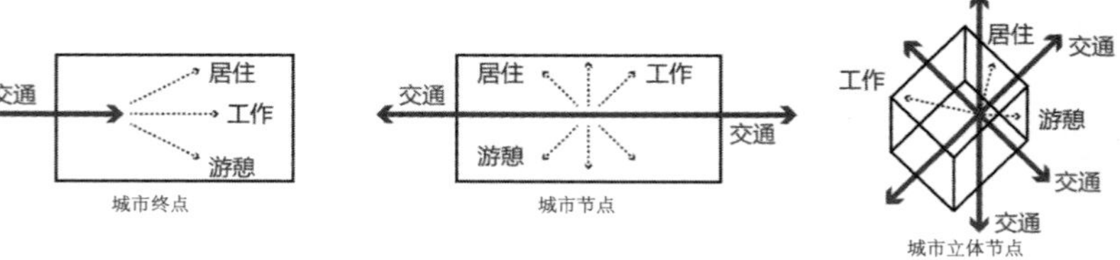

图7-4 城市终点、城市节点和城市立体节点示意图
来源：胡强绘制

城市综合体作为城市立体节点，能够吸引更多人流进入，从而实现增效。其效果表现在4个方面：①城市综合体内人流量更高；②对公共交通人流的吸引力更强；③直接通过性人流比例更高；④在区域步行系统内的重要性更高。

选取沪港两地国金中心作为研究案例，二者都与地铁和步行天桥相接，由于连接方式的差异使得二者分别成为城市终点和立体节点的代表（图7-5）。

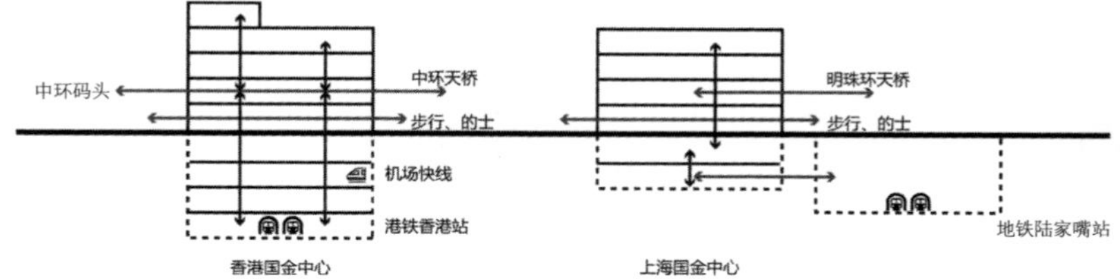

图7-5 沪港两地国金中心与城市空间的关系示意图
来源：胡强绘制

1. 内部人流量比较

比较二者各层人流量[2]可发现，香港国金中心内部人流量更高，尤其是与步行天桥系统连接层以及与地下系统的连接层的人流量巨大，这说明香港国金中心作为城市交通节点优势明显（图7-6）。

2. 对公共交通人流的吸引

在对地铁出站人流吸引的比较中，香港国金中心从地铁站直接吸引的人流比例平均为70.9%，远高于上海国金中心的15.2%（表7-2、表7-3）；在与步行天桥人流量的比较中，香港国金中心与天桥连接的L1层（二层）

[2] 调研选在工作日的上午10:00—12:00、傍晚17:00—19:00和节假日的中午12:00—14:00、傍晚17:00—19:00四个人流高峰时段。每个采集点记录5分钟通过人流量（采集点包括综合体出入口、内部空间截面和自动扶梯三种：出入口包括进出人流，截面包括向左向右通过截面的人流，在自动扶梯包括所有上下扶梯的人流）。各层人流量为每层所有截面人流量的平均值。

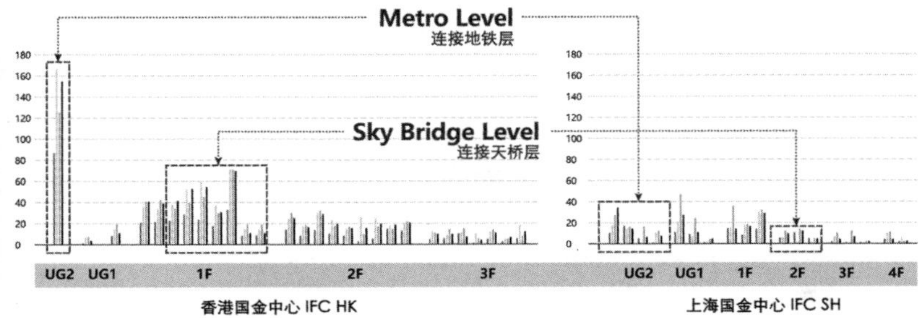

图 7-6　沪港两地国金中心各层人流量比较图
来源：胡强和潘逸瀚绘制

平均人流量[1]稍高于天桥平均人流量，占天桥的 104.2%；上海国金中心与天桥连接的 L2 层和地面 L1 层平均人流量均远小于天桥平均人流量，仅占天桥的 25.3% 和 32.7%（图 7-7）。上述比较说明香港国金中心对公共交通人流有更强的吸引力。

[1] 平均人流量取四个调研时段各层人流量数据计算平均值，后同。

地铁香港站出入口人流量统计表　　表7-2

地铁站出入口	工作日上午	工作日傍晚	节假日中午	节假日傍晚
G 层西南角	5.8	22	12.6	5.8
G 层东南角	8.2	26.2	12.4	18.2
G 层市区预办登机对面	8.4	19.8	16.6	18.4
G 层主入口	9	14.6	10.4	15.4
国金中心正门入口	8.2	32	27	21.2
西南角地铁入口	50	85	53	52.2
东南角地铁入口	37.4	82.2	37.2	50.6
总计	127.0	281.8	169.2	181.8
进入国金中心的比例	75.3%	70.7%	69.3%	68.2%

来源：胡强和潘逸瀚绘制

地铁陆家嘴站出入口人流量统计表　　表7-3

地铁站出入口	工作日上午	工作日傍晚	节假日中午	节假日傍晚
1 号口	43.4	118.2	31.4	52.2
2 号口	1.2	3.8	1	7
3 号口	9	40.4	12.8	56.2
4 号口	0	11.6	1.8	1.2
5 号口	0	5.2	2.6	5.2
6 号口	52.6	121	35.6	42.8
连接上海国金中心（紧邻 6 号口）	20.2	29.2	23.4	28
总计	126.4	329.4	108.6	192.6
进入国金中心的比例	16.0%	8.9%	21.5%	14.5%

来源：胡强和潘逸瀚绘制

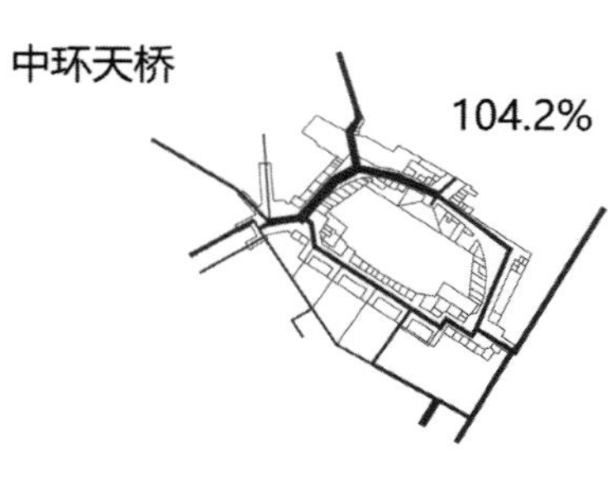

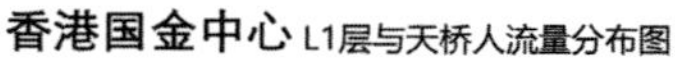

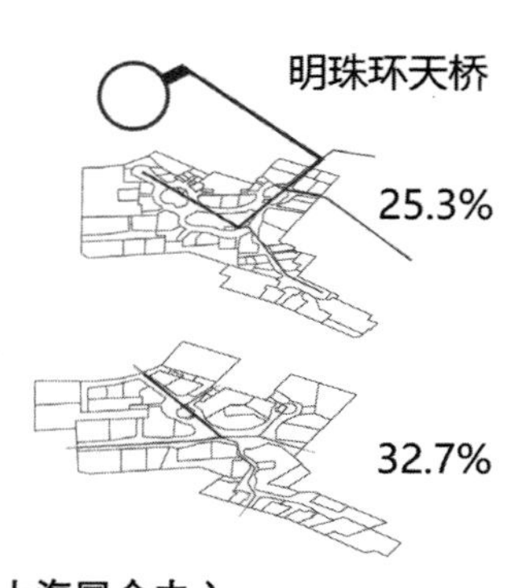

图 7-7 沪港两地国金中心内部与城市步行天桥人流量分布图
来源：胡强和潘逸瀚绘制

3. 直接通过性人流比例

通过比较跟踪数据❶可发现，香港国金中心中直接通过性人流，也就是换乘人流比例高达 61.4%（地铁与天桥间换乘的人流占 43.2%），远高于上海国金中心的 32.5%（地铁与天桥间换乘的人流仅占 2.5%），这体现出香港国金中心作为换乘枢纽的作用（表 7-4、表 7-5）。

香港国金中心跟踪情况汇总表 表7-4

类型	从天桥到地铁	从地铁到天桥	从天桥到天桥	去购物、吃饭、工作	去厕所	总计
人次	10	9	6	17	2	44
百分比	22.7%	20.5%	13.6%	38.6%	4.5%	100%

来源：胡强和潘逸瀚绘制

上海国金中心跟踪情况汇总表 表7-5

类型	从地铁到天桥或地面	从地面到地铁	从地面到天桥	从地面到地面其他出入口	从天桥到地铁	从天桥到天桥	去购物、吃饭	总计
人次	0	3	1	3	1	5	27	40
百分比	0	7.5%	2.5%	7.5%	2.5%	12.5%	67.5%	10

来源：胡强和潘逸瀚绘制

4. 在区域步行系统中的重要性

建立香港中环地区及上海陆家嘴地区的步行系统 SDNA 模型❷，比较去掉 2 个国金中心后对模型整合度的影响，可以发现香港中环地区的整合度值下降明显，而上海陆家嘴地区几乎没有变化，这说明了香港国金中心在区域步行系统中更为重要❸（图 7-8）。

7.4.2 采用开放网络结构

城市综合体的空间结构可分为树形和网络形，树形结构存在大量尽端

❶ 调研者从综合体某入口处开始跟踪选定的调研样本，记录其进入综合体后的路径和进入的商铺，直到最终离开综合体为止。由于跟踪目的在于分辨被调研者进入综合体的目的是直接通过还是购物、工作，为节约时间，若样本在一个商铺停留超过 5 分钟，则调研记录即到此为止。调研选在工作日和节假日下午 15:00—17:00 时段，要求调研者在跟踪起点、样本年龄段、性别和结伴模式的选择上均衡考虑。

❷SDNA 是一款通过线段模型分析空间网络结构的软件。线段模型是由轴线模型发展而来，利用交点将轴线打断，以交点之间的路径作为空间基本单元。轴线模型计算可达性时使用的方式是计算拓扑距离，即路径方向变化的次数。而线段模型计算可达性时可加入转弯角度以及距离作为权重，因此更符合现实中人的出行选择。研究团队以国金中心为中心，以主要交通干道即行人无法便捷穿越的道路作为边界，以步行路径，包括公共可达建筑内部的路径为线段单元，建立了香港中环以及陆家嘴的步行线段模型。在分析中，对人流突变点，即地铁站与码头赋予权重，模拟真实出行情况。在比较时，通过除以线段数平方的方式，去除线段数变化本身造成的影响。

❸ 线段模型分析以 800m 为半径，赋予了人流量在区域内的突变点，即地铁站及码头的权重，模拟了现实中的人流分布情况。上海陆家嘴线段模型共有线段 936 条，其中上海国金中心含线段 66 条。香港中环线段模型共有线段 943 条，其中香港国金中心含线段 49 条。去掉国金中心之后，上海陆家嘴其他线段整体穿行度下降了 5.22%。香港中环其他线段整体穿行度下降了 24.85%。

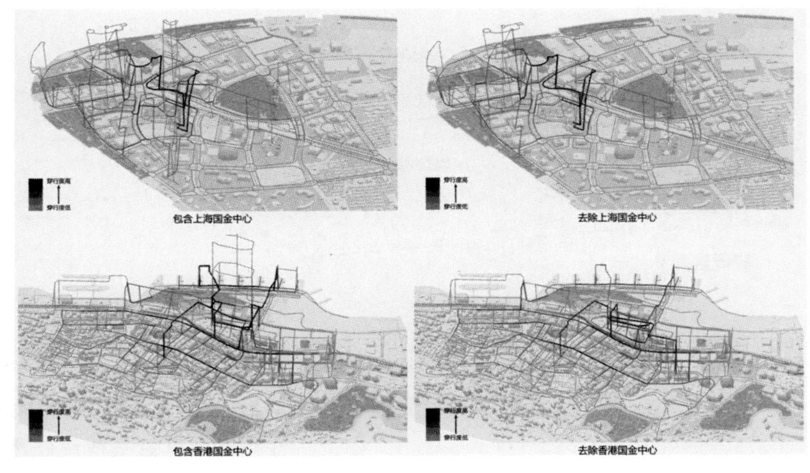

图 7-8　沪港两地国金中心对所在区域步行系统整合度影响比较
来源：潘逸瀚绘制

空间，网络形结构的空间系统各端部则存在联系，如通过中庭组织垂直空间。[1] 网络形结构可进一步细分为开放与封闭两类，其区别在于开放网络形结构不仅在综合体下部[2]，在中部和上部等多个层面都有城市接口（图 7-9）。

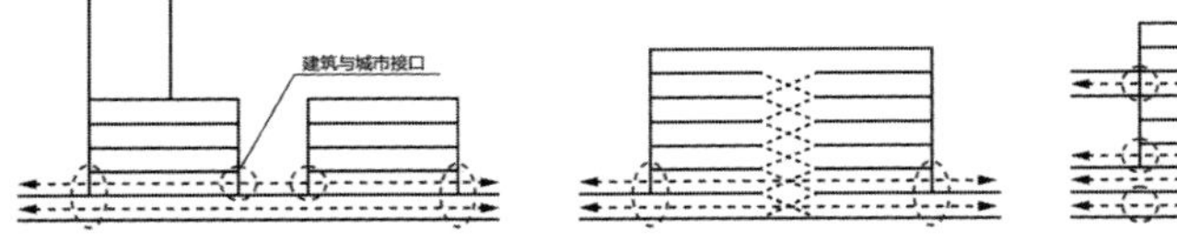

图 7-9　树形（左）、封闭网络形（中）和开放网络形（右）空间结构示意图
来源：王寅璞绘制

城市综合体采用开放网络形结构能够促使人流分布更为均匀，从而实现增效。其效果表现在 3 个方面：①空间深度等级更低；②空间整合度更高、可达性更好；③人流分布均匀度更好。

选取沪港两地又一城作为研究案例，二者均为由中庭空间组织的网络形结构，而由于与城市连接方式的不同，使得二者成为封闭网络形结构和开放网络形结构[3]（图 7-10）。

（1）空间深度比较：对比二者的空间拓扑结构图[4]可以发现，香港又一城的空间深度等级更低，最高层面和最低层面的端头空间基本处于同一

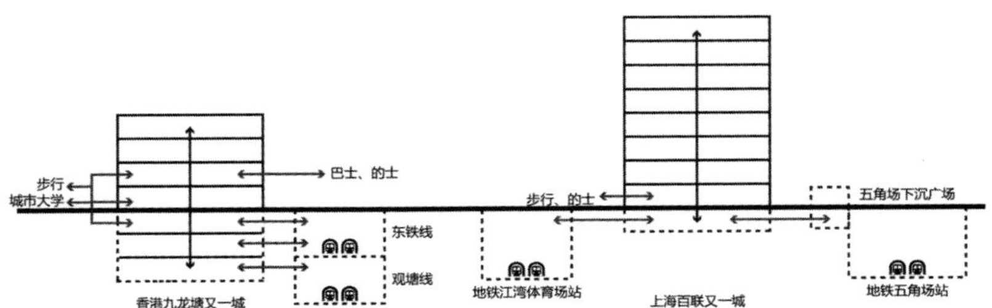

图 7-10　沪港两地又一城与城市空间的关系示意图
来源：胡强绘制

[1] 关于城市综合体空间结构的定义，详细内容请见本书第五章。

[2] 这里的下部，指的是地面和地下层。

[3] 香港又一城在 7 个层面中有 5 层都有城市接口，而上海又一城仅在地面和地下与周边相连。

[4] 以案例轴测图为底图，在 J-Graph 软件中描点连线。节点确定方法为：将城市外部环境（人流来向）归纳为根节点；将综合体内各层空间综合考虑营业面积和自动扶梯服务面积因素划分为若干节点，上海又一城每层有 3 组扶梯，每组扶梯的服务面积约 3500m^2，每层划分为 3 个节点；而香港又一城每层 2 ~ 4 组扶梯，每组扶梯的服务面积约 3400m^2，每层划分为 4 个节点（UG 层和 MTR 层由于停车库和巴士的士停车场占用部分面积，分别划分为 2 个和 1 个节点，从而与服务面积保持一致）。

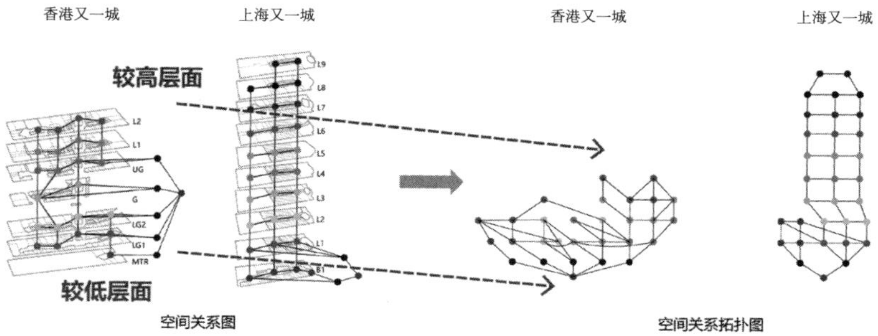

图 7-11 沪港两地又一城空间关系拓扑图
来源：胡强绘制

深度等级，而上海又一城最高层面的空间深度等级非常高（图 7-11）。

（2）空间整合度比较：将两个又一城的空间拓扑结构图置入 J-Graph 软件进行计算，结果显示整合度[1]最高的区域出现在香港又一城中下部，而整合度最低的空间为上海又一城最高处，香港又一城的空间整合度更高可达性更好（图 7-12）。

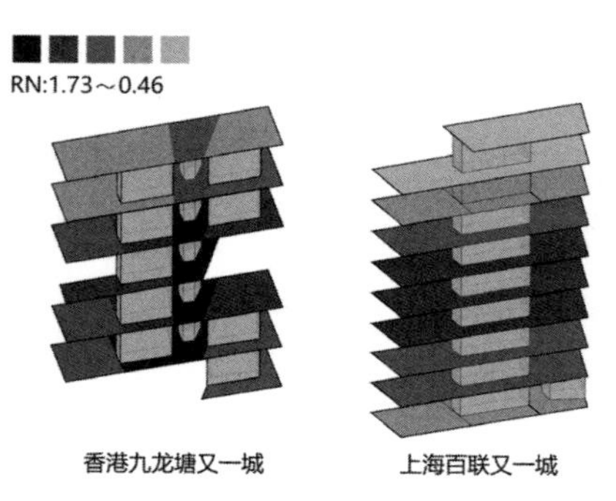

图 7-12 沪港两地又一城空间整合度计算结果
来源：胡强和潘逸瀚绘制

（3）人流分布均匀度比较：通过对实测人流的比较发现，香港又一城的空间均匀度[2]更低，均匀性更好；尤其是不受上下班通勤人流影响的节假日下午，均匀度数值达到最低值 0.48，说明香港又一城人流分布均匀性非常好（表 7-6、表 7-7）。

香港又一城人流分布数据汇总表 **表7-6**

层数	节假日下午	工作日上午	工作日傍晚
各层人流量平均值	52.1	20.3	45.2
各层人流量标准差	24.9	17.3	33.1
层间均匀度	0.48	0.85	0.73

来源：胡强和潘逸瀚绘制

上海又一城人流分布数据汇总表 **表7-7**

层数	节假日下午	工作日上午	工作日傍晚
各层人流量平均值	18.7	7.0	18.5
各层人流量标准差	14.2	7.63	14.8
层间均匀度	0.76	1.09	0.80

来源：胡强和潘逸瀚绘制

最后，笔者以香港又一城各层人流量为自变量，各层业态内聚集人流量、楼层数、公共空间截面宽度、自动扶梯数量、所在层城市接口人流量、

[1] 通过 J-Graph 软件将 2 个综合体的各空间节点一起计算，获得各空间节点整合度数值，每个部分的整合度值反映了它到系统中所有其他部分的平均线性拓扑步数。在图示当中，随着整合度值从低到高，灰度图由浅到深。

[2] 空间均匀度 = 各空间截面人流量标准差 / 各空间截面人流量平均值，均匀度值越低，均匀性越好。

空间整合度值和所在层商业功能面积为因变量进行多元线性回归分析（表7-8），最终得出整合度值、城市接口、业态和楼层4个因素能够显著影响人流分布[1]，进一步证明通过多层面的城市接口和中庭组成的开放网络形结构、合理配置业态能够促使人流分布更均匀。

[1] 最终的模型为：Y=22.128+0.215a+0.131b+2.065c-2.781d，决定系数 R^2 为0.719，Y 为各空间人流量，a 为空间内业态聚集的人流量，b 为空间内城市接口人流量，c 为整合度值，d 为楼层数。

香港又一城各层人流量及相关因素多元线性回归分析　　表7-8

各因素与人流量的相关性

人流量	Pearson 相关性	1
	显著性（双侧）	
	N	23
空间内业态聚集的人流量	Pearson 相关性	0.443*
	显著性（双侧）	0.034
	N	23
楼层	Pearson 相关性	−0.554**
	显著性（双侧）	0.006
	N	23
截面宽度	Pearson 相关性	0.306
	显著性（双侧）	0.156
	N	23
扶梯数量	Pearson 相关性	0.174
	显著性（双侧）	0.427
	N	23
空间内城市接口人流量	Pearson 相关性	0.649**
	显著性（双侧）	0.001
	N	23
整合度值	Pearson 相关性	0.606**
	显著性（双侧）	0.002
	N	23
空间内业态面积	Pearson 相关性	−0.242
	显著性（双侧）	0.266
	N	23

来源：胡强和潘逸瀚绘制

模型汇总

模型	R	R^2	调整 R^2	标准估计的误差
1	0.848	0.719	0.656	12.22514

a. 预测变量：（常量），楼层，空间内业态聚集的人流量，整合度值，空间内城市接口人流量。

方差分析

模型		平方和	df	均方	F	Sig.
1	回归	6875.852	4	1718.963	11.502	0.000
	残差	2690.175	18	149.454		
	总计	9566.027	22			

a. 因变量：人流量

b. 预测变量：（常量），楼层，空间内业态聚集的人流量，整合度值，空间内城市接口人流量。

df 是自由度，代表样本中独立或能自由变化的自变量的个数；

F 值是方差检验量。F 值越大而显著度 Sig. 越小时，模型越可信；

Sig. 值是显著度，当其 <0.01 时，说明模型成立。

系数 a

模型		非标准化系数		标准系数	t	Sig.
		B	标准误差	Beta		
1	（常量）	22.128	10.927		2.025	0.001
	空间内业态聚集的人流量	0.215	0.102	0.366	2.106	0.044
	空间内城市接口人流量	0.131	0.168	0.155	0.781	0.001
	整合度值	2.065	0.561	0.518	3.683	0.002
	楼层	−2.781	0.164	−0.257	−1.694	0.009

a. 因变量：人流量；B 值仅表回归系数的实际数值；t 值是对每个自变量逐一检验后的数值，与自由度 df、显著度 Sig. 一同查表后，可判断其 Beta 值（回归系数标准化度的数值）是否有意义。

7.4.3　容纳城市公共活动

城市综合体公共空间的公共活动可分为2种：一种是有组织的活动，例如展览、演出等；另一种则是由空间环境引发的活动，比如停留、休息等。这两种活动都能够鼓励使用者逗留更长时间，并与空间发生互动产生积极的社会性活动，从而实现增效。

选取沪港两地K11作为研究案例。通过对二者各层空间内停留活动的数量和积极停留活动[1]占比统计可以发现，上海K11内积极停留活动比例更高，且大部分层面使用者停留比例也更高，这与上海K11在各层公共空间中融入了一定的展示内容和演出活动，激发了使用者与空间的互动有关（图7-13）。香港K11在顶层及室外广场有更高的停留比例，这是因为在这两部分空间设置了集中的座椅和免费WIFI吸引了人群休息，但经过实地观察，社会性活动所占比例不高（图7-14）。

[1] 积极停留活动是与接电话、系鞋带、等人、坐着休息等与空间没有互动的消极停留活动相对的概念，包括拍照、看展品、观望空间、交流等活动，是公共空间激发的自发性活动，并往往与空间有积极互动。

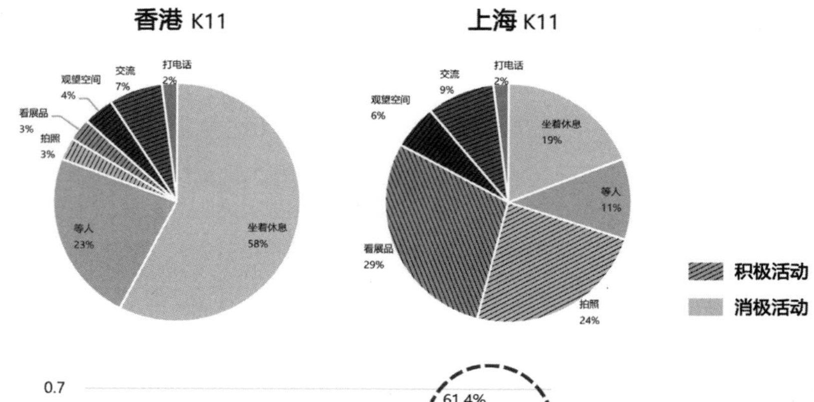

图7-13 沪港两地K11内停留行为类型与占比统计
来源：胡强和潘逸瀚绘制

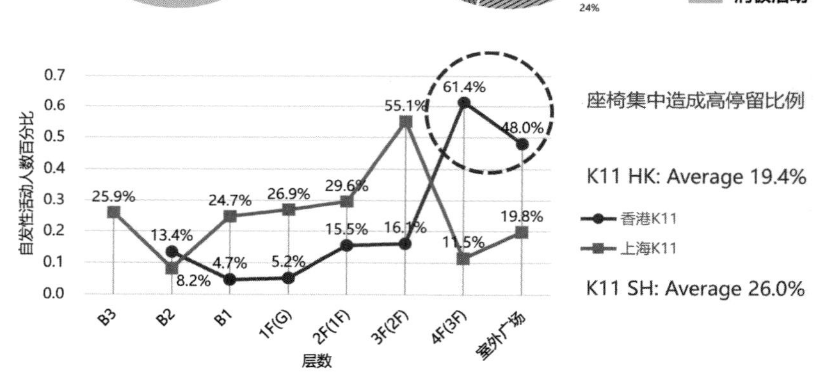

图7-14 沪港两地K11内各层停留人数百分比统计
来源：胡强和潘逸瀚绘制

另外，笔者研究团队在调研香港APM时，对中庭内举办韩国BTOB组合见面会前后的人流量和停留数据比较后发现，活动进行中各层的人流量均高于活动结束后，尤其接近活动的下部各层人流量提高显著，见面会过程中各层人群停留观望和交流的比例也提高显著（图7-15、图7-16），这说明有组织的公共活动，能够有效激发使用者的偶发性和社会性活动。

7.4.4 城市综合体公共空间增效策略体系

上述3个层面的策略相辅相成，共同构成城市综合体公共空间增效策略：宏观城市区域层面，城市综合体作为立体节点与城市公共系统紧密融合，从而引入更多人流；中观空间结构层面，城市综合体采用开放网络形结构，能够有效提高空间可达性，促进人流分布更加均匀；微观公共空间层面，通过容纳和激发城市公共活动，提升城市综合体的场所效应和活力，延长人

图 7-15 香港 APM 中庭内举行韩国 BTOB 组合见面会
来源：作者自摄

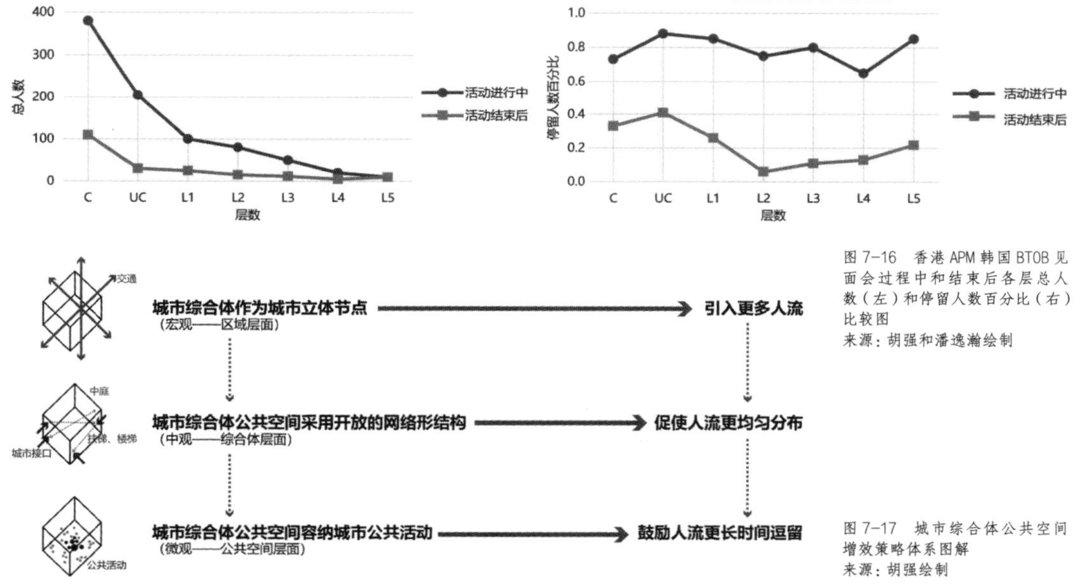

图 7-16 香港 APM 韩国 BTOB 见面会过程中和结束后各层总人数（左）和停留人数百分比（右）比较图
来源：胡强和潘逸瀚绘制

图 7-17 城市综合体公共空间增效策略体系图解
来源：胡强绘制

群的逗留时间并鼓励再次来访（图 7-17）。这一增效体系能有效改善城市综合体在城市中的积极作用，提升其协同效应，实现利用有限的空间吸引更多人，容纳更多人和留住更多人的目的。

7.5 面向公交导向开发的城市综合体

在研究过程中，笔者的研究团队发现了一个有趣的现象，在香港国金中心与中环步行系统连接的一个节点上，出现了人流突变，更多的人转向

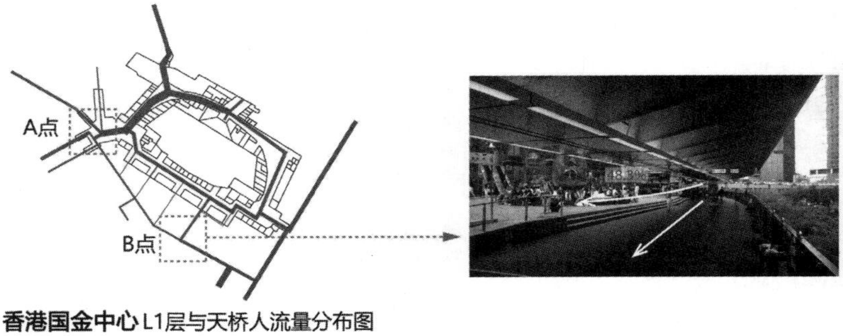

A点
B点

图 7-18 香港国金中心与中环步行系统连接节点出现人流突变
来源：胡强和潘逸瀚绘制

香港国金中心L1层与天桥人流量分布图

去往国金中心而没有向穿行度更高的空间方向移动（图 7-18）。经过跟踪，研究团队发现这条路径是中环步行系统通往地铁的捷径，这部分人流绝大多数都利用综合体内部的公共空间和垂直交通去往地铁站。

基于这个发现，研究团队尝试在先前建立的上海小陆家嘴地区步行系统 SDNA 模型上创造一条连接天桥步行系统与国金中心中庭空间的通道，形成天桥通往地铁的捷径，使上海国金中心成为城市立体节点。比较模型数据，通道连通后，上海国金中心内部的整合度提高了 36.9%，而陆家嘴地区整体的空间整合度提高了 9.6%（图 7-19）。

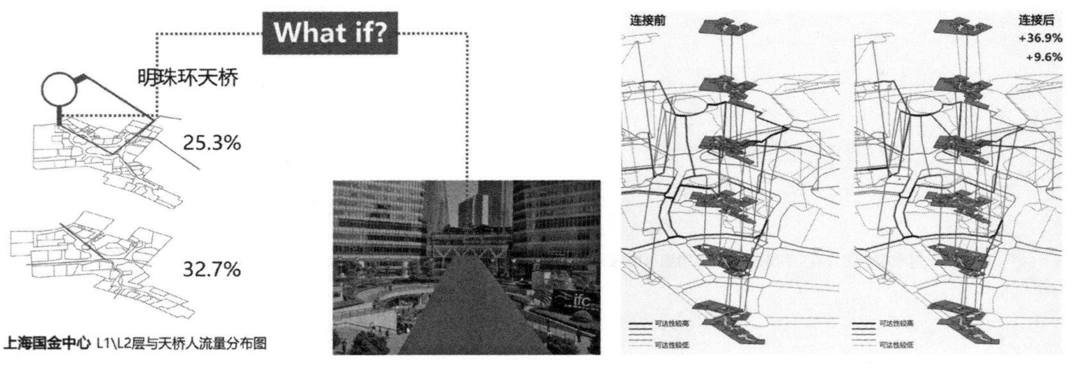

图 7-19 上海国金中心与明珠步行系统增加天桥前后变化
来源：胡强和潘逸瀚绘制

图 7-20 陆家嘴地区的地下通道系统
来源：张泽红制图，东方早报（www.dfdaily.com）

2016 年 7 月，陆家嘴地区的地下通道系统投入使用，这一系统将正大广场、陆家嘴绿地、金茂大厦、环球金融中心和上海大厦与国金中心地下层连接（图 7-20）。经过实地观测，研究团队在下班高峰期收集的数据显示，国金中心地下层的人流量剧增，通过国金中心进入地铁站的人流占到了地铁人流量的 75%，已经达到了研究团队先前在香港国金中心采集到数据的峰值水平。[1]

上述 3 个发现均揭示了城市综合体在公交导向开发中所存在的巨大潜力。然而，根据笔者研究团队在 2017 年初全国范围内的抽样问卷结果显示[2]，现阶段我国城市综合体与公共交通的结合度并不理想：受访者中回答能通过公共交通直接抵达的仅占 27.16%[3]，虽然受访者抵达城市综合体的交通方式偏好中，私家车排倒数第二，而在实际生活中，使用私家车抵达城市综合体的却排名第二占到了近 3 成的比例。[4]

在城市基础设施建设中，公共交通是实现城市可持续发展的一项重要手段。公共交通不仅保障了土地利用产生的既存交通需要，同时也促进了沿线的土地开发，从而产生新的交通需求。城市人口集聚于公共交通的车站附近，通过绿色交通（步行、自行车、公共交通）的移动方式，展开居住、工作、购物、休闲等活动，有利于减少空气污染和温室气体排放。进一步还可以通过高效及多用途的土地利用、保护绿地、增加公园和文体设施等手段来创造出适宜居住的环境和公共空间。公交导向开发使得紧凑城市空间成为可能，使公用设施的投资以面状而非线形的形式展开，此举不仅有利于提高投资效益，也有利于降低维持运营的费用。[5]

我国高速发展的城镇化时期所造成的人本尺度缺失、交通堵塞、环境污染以及越来越长时间的通勤正在困扰着城市。公交导向开发的理念可以创建出更好的适于人们交流的环境，让人们不仅是生活在一种快节奏的城市生活，还可以更好地生活、交流。[6]公交导向开发视野下的城市综合体将会作为城市基础设施的有机延续，为市民提供更丰富的公共空间和更自由的出行选择。

通过本章研究，明确了如何通过宏观、中观和微观层面逐层递进的公共空间增效策略来使得城市综合体在城市中创造更大的价值。而上述讨论则可以预见，公交导向开发是高密度人居环境发展的必然趋势。

公交导向开发首先通过人口和社会经济活动空间集中，产生有利于公交载客优化和最大化的机遇，随后将会激发车站周边土地升值和商业机会的增加，其后将会促进城市土地集约式重建，最后则进一步强化人口和社会经济活动空间的集中，这一进程将形成一个闭环，能够有效解决高密度城市的通勤压力，并进一步在城市中创造极具发展潜力的节点空间。

在上述进程中，城市综合体在车站周边土地升值和增加商业机会，以及城市土地集约式重建两个环节上都能够获得很好的发展机遇，有机会成为城市立体化发展的推动力量从而创造更大价值。

那么，在经历了 20 多年的高速发展和大量建设后，从更为宏观的全国

[1] 香港国金中心的数据请参见表 7-2。

[2] 本次问卷通过同济大学与城市规划学院参与城市综合体课题设计的建筑学及历史建筑保护专业本科三年级全体学生利用春节期间发放，由于同济的学生基本涵盖全国各个省份，以此为基础的抽样调研可以获得有一定代表性和参考性的结果。为了保证抽样涉及各类样本，我们采用滚雪球抽样法，要求每位学生在自己完成除自己填写外，需对家乡的亲友展开调研（10 ~ 18 岁，19 ~ 35 岁，36 ~ 55 岁，55 岁以上 4 个年龄段每个年龄段需各完成 2 份问卷，鼓励多发），最终回收有效问卷 2552 份，样本分布除青海和西藏外的所有省份。

[3] 步行 3 分钟以内占 33.94%，3 ~ 10 分钟占 31.74%，10 分钟以上占 7.16%。

[4] 从高到低排序为：地铁、步行、公交车、自行车（含助动车）、私家车、出租车。

[5] 前世界银行主席城市专员铃木博明为《站城一体开发：新一代公共交通指向型城市建设》一书所做序言。来源：日建设计站城一体开发研究会．站城一体开发：新一代公共交通指向型城市建设 [M]. 北京：中国建筑工业出版社，2014：3。

[6] 彼得·卡尔索普，杨保军，张泉，等 .TOD 在中国：面向低碳城市的土地使用与交通规划设计指南 [M]. 北京：中国建筑工业出版社，2014：108-117。

范围视角来看，我国城市综合体现阶段发展的总体情况如何呢？城市综合体是否改变了城市空间和市民的生活呢？市民如何看待和在生活中使用这些城市综合体呢？面向公交导向开发，我国的城市综合体现阶段存在的主要问题有哪些呢？

在本书的最后部分，笔者将会基于研究团队在2017年年初全国范围内的问卷调研结果，来就我国城市综合体的发展现状和问题进行分析，对本书的研究做系统总结，并围绕我国城市综合体的未来发展趋势展开讨论。

第四部分：趋势研究

第八章　我国城市综合体发展趋势刍议

经过各方面的不懈努力，中国城市设计在走过了二十多年的蹒跚曲折的道路后，今天终于在城市建设中取得了重要的地位，并逐步成为人们的关注热点。一方面，城市建设的决策者和管理者在地方经济腾飞和长足发展之时，开始认识到一个品质高雅、良好健康和使用方便的城市环境及其形象塑造对于城市的和谐发展和两个文明建设的极端重要性。另一方面，改革开放以来，随着生活水平和社会开放程度的提高，以及双休假日制度的实施，人们对自身所处的城市空间环境和景观质量有了更高的要求。[1]

——王建国

[1] 王建国．城市设计 [M]. 第 3 版．南京：东南大学出版社，2011：2。

在未来，人类的最大挑战存在于如何在更高的高度和更大的密度下完整地延续社会可持续性，而非仅限于环境可持续性。[2] 因此，需要考虑城市综合体是如何在和谐的城市整体中与城市环境和其他建筑相互作用——最大化利用城市的基础设施、共享资源、协同工作以及探索全新的方式来提升其在物质、环境、文化与社会等各方面为城市做出的贡献。本章基于笔者研究团队在 2017 年年初全国范围内的问卷调研结果，结合笔者研究团队近年的研究成果，从环境、社会和治理 3 个维度切入，来探讨我国城市综合体发展趋势。

[2] Wood A. Rethinking the skyscraper in the ecological Age: Design Principles for a New High-Rise Vernacular[C]// Proceedings of the CTBUH 2014 Shanghai Conference. Chicago: CTBUH, 2014: 6-38.

8.1　我国当前城市综合体发展情况概述

城市综合体是适应现代城市复合高效趋向的产物，位于城市核心地段，与城市公共交通便利衔接，是市民出行的重要节点，并日益成为市民日常生活的重要组成部分。

近年来，在国家宏观政策支持下，作为综合密集型城市的发展重点，城市综合体建设持续升温。笔者研究团队 2017 年年初全国范围内的问卷调研统计结果进一步支撑了上述结论：①近 60% 受访者住所离最近的城市综合体在 2km 以内，其中距离 500m 以内的达到 15.36%，并可以发现这一现象在超大城市到小城市范围均普遍存在（图 8-1）；②有近 80% 的受访者认为城市综合体和自己的生活关联紧密或比较紧密，并可以发现这一现象随城市规模的减小，以及距离城市中心区的距离而逐渐减弱（图 8-2）；③与此同时，有近 80% 的受访者会通常在城市综合体里逗留 1 小时以上，而在排除占总受访人数 3.76% 的在城市综合体内工作的人群后，尚有近 17.36% 的人逗留时间超过 3 小时（图 8-3），参照传统商业模式认为消费者停留 1 小时以上有极大可能会产生消费的经验而言[1]，这一结果无疑显示这类商业模式是相当成功的（随城市规模递增而更趋明显）；④城市综合体已经对我国传统的城市空间和城市功能产生了一定的影响，统计结果也显示出城市综合体对城市空间的影响随城市规模的递减而增加，对城市功能的影响随城市规模的递增而增加的趋势（图 8-4）。

[1] Zhu W. Pedestrians' Decision of Shopping Duration with the Influence of Walking Direction Choice[J]. Journal of Urban Planning & Development, 2011 (137): 305-310.

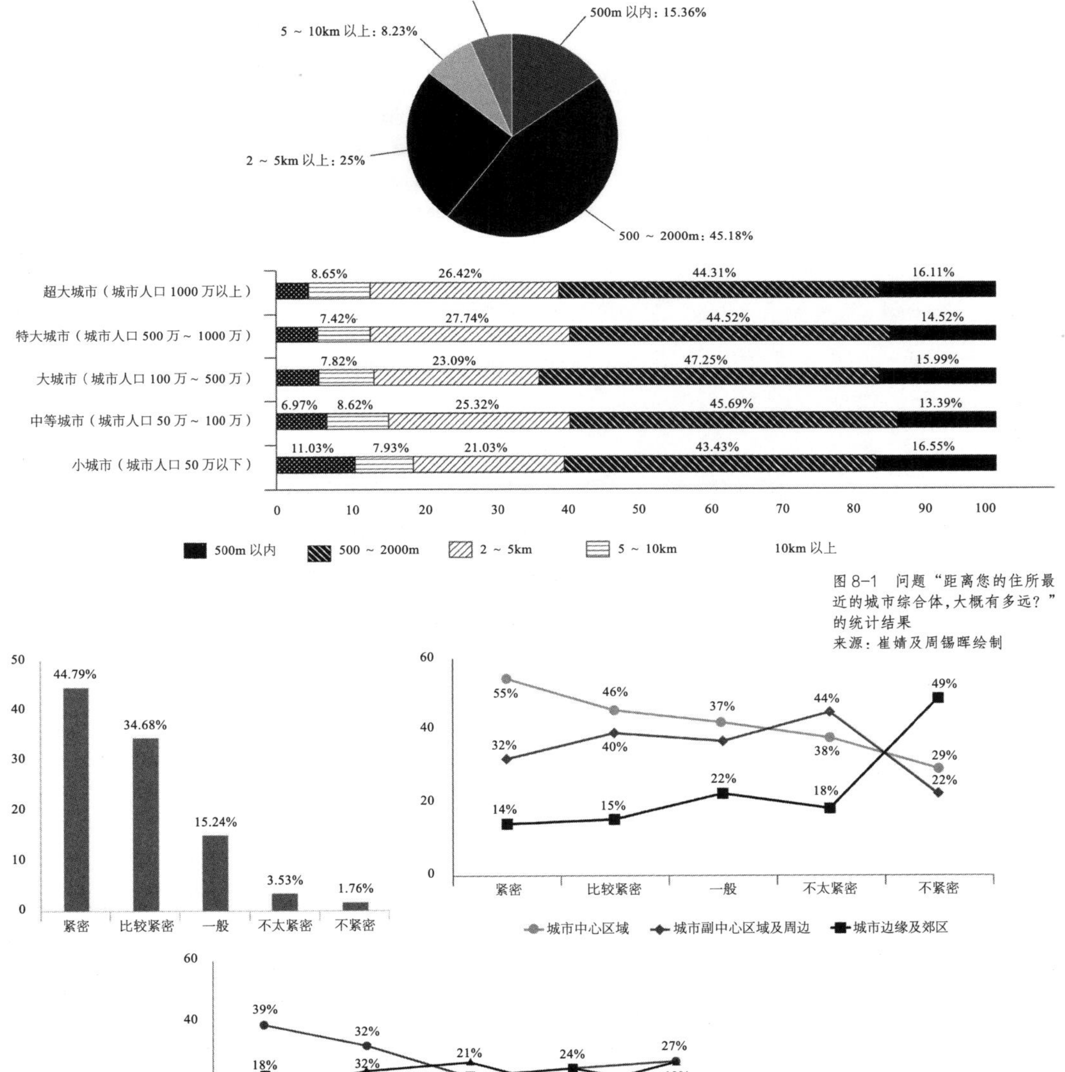

图 8-1　问题“距离您的住所最近的城市综合体，大概有多远？”的统计结果
来源：崔婧及周锡晖绘制

图 8-2　问题“您认为城市综合体和您的生活关联紧密吗？”的统计结果
来源：崔婧及周锡晖绘制

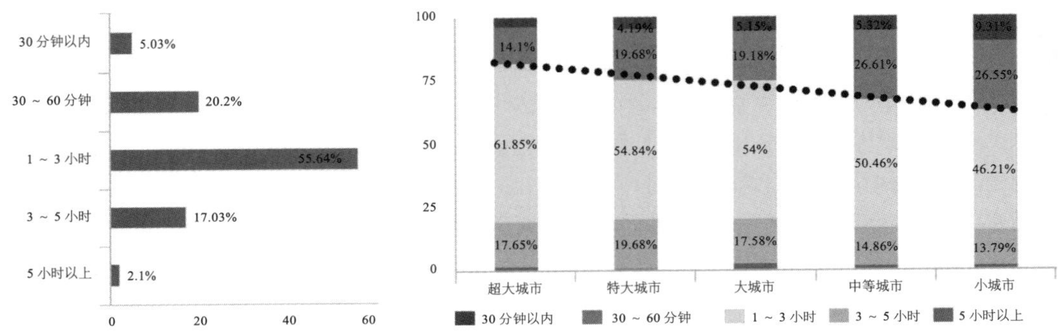

图 8-3 问题"您通常会在城市综合体里逗留多久？"的统计结果
来源：崔婧及周锡晖绘制

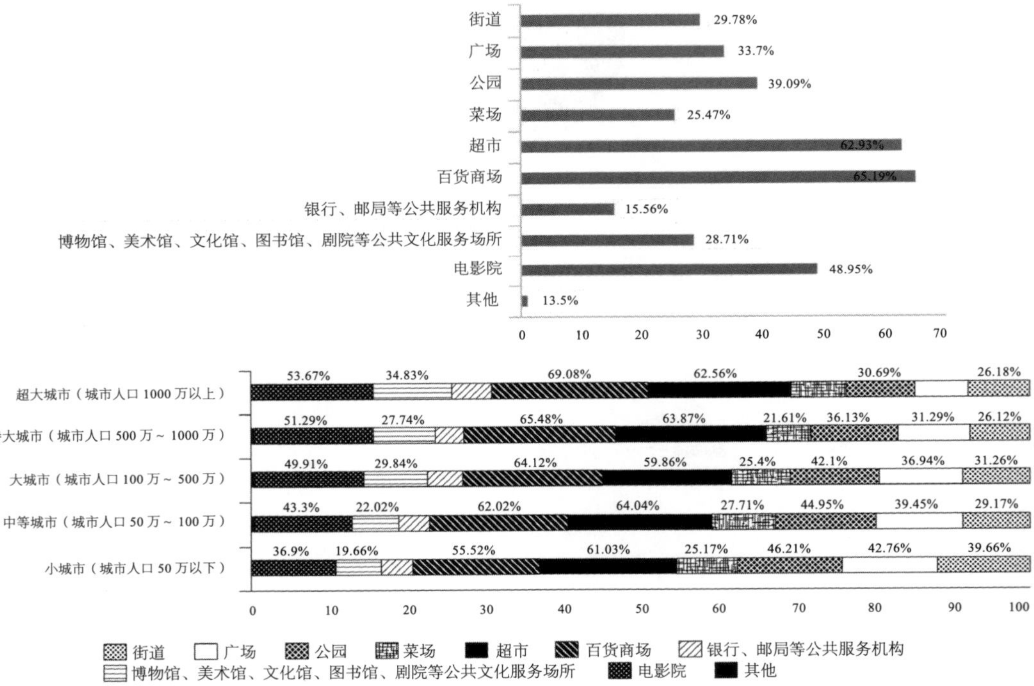

图 8-4 问题"在有综合体之前，您通常去哪些地方完成上述日常生活内容？"的统计结果
来源：崔婧及周锡晖绘制

现阶段，城市综合体在我国仍处于快速发展阶段，但是必须意识到在庞大的开发量背后，隐藏着巨大的泡沫和危机。[1]在城市中孤立开发，过于注重表面形象，以及趋同化的商业功能组合等等问题，都不利于城市综合体和城市的可持续发展。

[1] 邓凡．透视城市综合体 [M]. 中国经济出版社，2012：101。

在本书前几章中，笔者在基于协同效应理论的研究中发现：城市综合体在创造巨大经济价值的同时，还将会成为我国城市空间结构整合的重要途径，城市公共文化服务供给的有效补充，并具有激发城市基层社会治理模式创新的潜力。

8.2　环境维度：城市空间结构整合的重要途径

8.2.1　机遇：城市空间发展模式转型的新挑战

新型城镇化是我国当前的发展战略。根据国家统计局 2017 年 1 月发布的数据显示，我国城镇化率已达到 57.35%，预计将继续大幅提升，至 2030 年达到 70% 的水平。[1] 随着我国城市化进程的不断推进，人均城市公共空间面积却在不断减少。上海交通大学城市科学研究院发布的《2014 中国都市化进程报告》指出："在城市空间管理上，提高土地利用效率诉求明显，加快盘活存量土地压力加大。"

因此，积极平衡城市人口增长与人均公共空间减少的矛盾，高效复合地利用城市空间，进而对公共交通系统等城市基础设施进行整合，成为城市从传统型空间发展模式走向综合密集型空间发展模式的必然选择。而城市综合体正是实现上述城市空间结构整合目标的重要途径。

[1] 城镇化率数据来自于 2017 年 2 月 28 日在中华人民共和国国家统计局官网发布的《中华人民共和国 2016 年国民经济和社会发展统计公报》，网址：http://www.stats.gov.cn/tjsj/zxfb./201702/t20170228_1467424.html；2030 年城镇化率预测数据来自：潘家华，魏后凯 . 城市蓝皮书：中国城市发展报告 No.8[M]. 北京：社会科学文献出版社，2015：25。

8.2.2　挑战：城市综合体与城市空间结合松散

在这次的抽样问卷统计结果中，有几组问题答案的比较揭示了我国现阶段城市综合体普遍存在的问题。研究团队发现：①到达综合体所需花费时间和距离之间存在明显的错位情况（图 8-5），而公共交通与城市综合体的结合度也并不理想，受访者中回答能通过公共交通直接抵达的仅占 27.16%（图 8-6）；②受访者选择抵达城市综合体的交通方式偏好从高到低排序为"地铁、步行、公交车、自行车（含助动车）、私家车、出租车"，而在实际生活中，使用私家车抵达城市综合体的却排名第二占到了近 3 成的比例（图 8-7）；③综合考虑市民抵达城市综合体所需花费的时间成本，市民去城市综合体的频率并不高，分析选择"几乎每天都去"的受访者答案，发现多为工作和日常生活购物人群，分析选择"从来不去"的受访者答案，发现除由于距离过远外，还有相当比例受访者认为城市综合体的吸引力不大（图 8-8）。

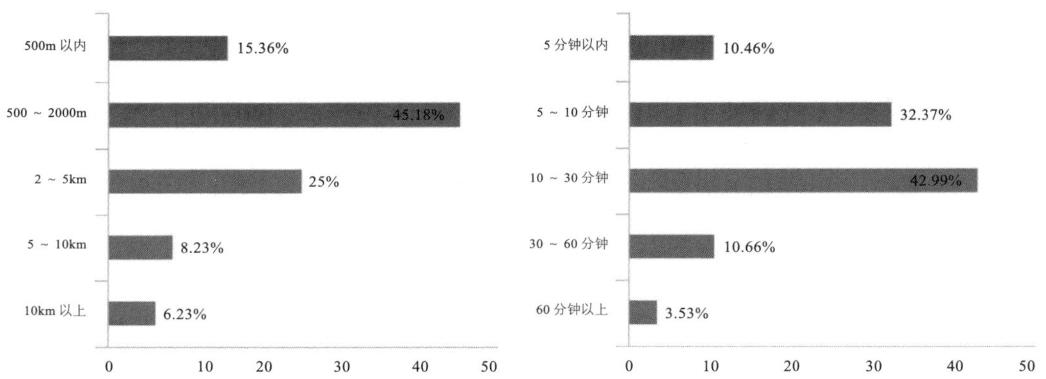

图 8-5　问题"距离您住所最近的城市综合体大约有多远"及"到达距离您住所最近的城市综合体大约需要多少时间"的统计结果比较
来源：崔婧及周锡晖绘制

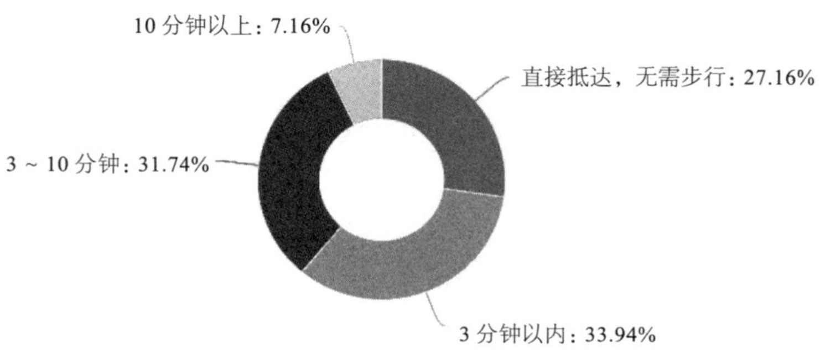

图 8-6 问题“公共交通下车后，步行至城市综合体通常还需要多长时间”的统计结果
来源：崔婧及周锡晖绘制

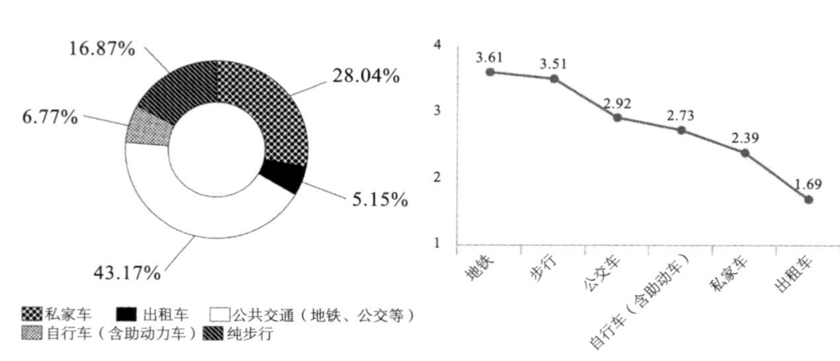

图 8-7 问题“您通常抵达城市综合体的方式？”（左）及“您心目中希望以什么交通方式前往城市综合体？”（右）的统计结果比较
来源：崔婧及周锡晖绘制

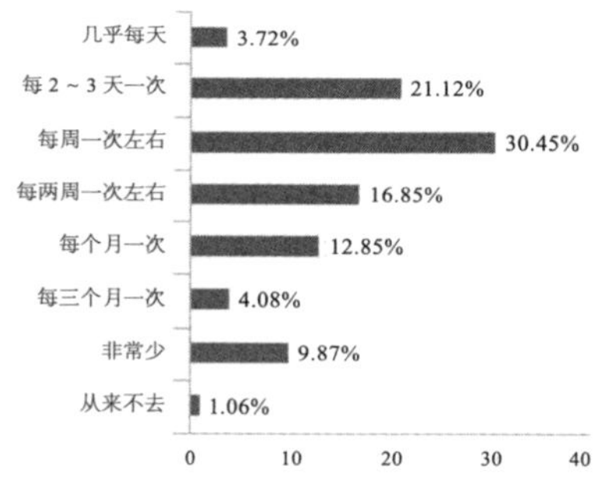

图 8-8 问题“您去城市综合体的频率？”的统计结果
来源：崔婧绘制

归纳下来，我国城市综合体与城市空间结合不够紧密：①与城市交通结合度不足，导致可达性较差；②吸引力不够，缺乏多样的城市功能支撑；③使用效率不高，缺乏多时段的复合使用。由此可见，我国的城市综合体尚有潜力可挖。

8.2.3 应对：城市综合体公共空间的增效策略

在 2014—2016 年，笔者的研究团队基于沪港两地相似背景的案例对比研究，聚焦于城市综合体的公共空间，探索公共空间中实现综合体增效的策略[1]。研究团队在研究中采用了空间绩效的方法，以使用者的时空分布为依据，以实地采集的使用人流量、人流分布均匀性等指标对案例进行定量比较分析。

通过研究得出城市综合体公共空间的增效策略体系：①在宏观城市设计层面，城市综合体应成为城市立体节点，与城市公共系统紧密融合，从而引入更多人流；②在中观建筑设计层面，城市综合体应采用开放网络型结构，降低整体空间深度等级，减少尽端空间数量，提升空间可达性，促进综合体内人流分布更加均匀；③在微观公共空间营造层面，城市综合体通过容纳和激发各类城市公共活动，提高综合体的场所效应和活力，延长使用者的逗留时间并鼓励重复访问。

[1] 胡强．协同效应视角下的城市建筑综合体公共空间增效策略研究——以沪港两地为例[D]. 上海：同济大学，2016。

8.3　社会维度：城市公共服务供给的有效补充

8.3.1　机遇：城市公共文化服务体系建设拓展

近年来，我国城市公共文化服务体系建设取得显著成效，在呈现出整体推进、重点突破、全面提升的良好发展态势同时，其建设水平仍然有待提高。[1] 要解决传统城市公共文化服务设施可达性差利用率日益低下，与日常生活脱节吸引力变弱，覆盖面有限且资源分散等问题，通过空间场所拓展的方式来进行公共文化服务供给创新是重要出路。[2] 城市综合体提供公共文化服务，体现其改善城市生活的核心意义，和作为城市标志的决定力量，并能为文化艺术设施提供更好的归属。[3]

[1] 李晓林. 协同推进、融合发展，努力构建现代公共文化服务体系 [N]. 中国文化报，2014-04-01（001）.

[2] 马树华. 公共文化服务体系与城市文化空间拓展 [J]. 福建论坛（人文社会科学版），2010（6）: 58-61.

[3] Snedcof H R. Cultural Facilities in Mixed-use Development [M]. Washington DC: Urban Land Institute，1985: 14.

8.3.2　挑战：城市综合体过于强调商业化功能

问卷统计显示，受访者去城市综合体的主要目的中，游憩（含购物、餐饮、娱乐、休闲等）占到了 93.23%，其中购物、餐饮和娱乐 3 类消费行为合计达到近 80% 的比例，这说明我国当前的城市综合体在城市中主要还是承担了商业功能。

与此同时，在对受访者去城市综合体的次要目的统计中也发现，朋友会面（55.25%）、散步休闲（39.52%）和家庭活动（26.93%）等社会性活动也占到了相当的比例，而参加文化类活动要高出参与商业类活动受访者近 10 个百分点，使用城市综合体内的公共服务设施的比例也超过了 15%。研究团队比较了不同首要目的的人群的行为链，可发现工作人群对朋友会面、参加商业及文化活动及休闲健身的显著需求，居住人群对家庭活动、休闲健身及使用设施的显著需求，换乘人群对参加文化活动及使用设施的显著需求（图 8-9）。

在被问及希望城市综合体包含以下哪种公共服务时，展览、观演、教育、公园和办事机构排在前五位，其中有 60.45% 和 52.23% 的受访者希望综合

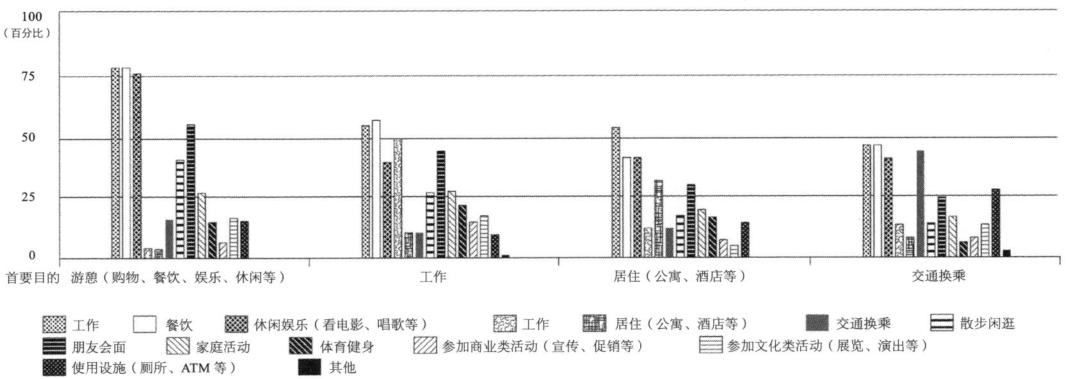

图 8-9　问题“您去城市综合体还会顺带做的事情”统计结果
来源：崔婧及周锡晖绘制

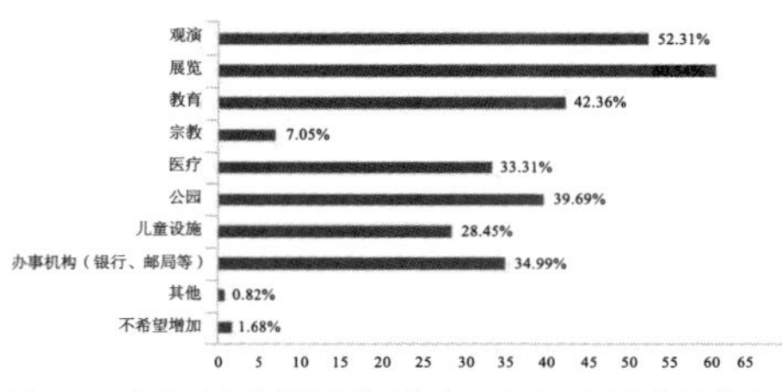

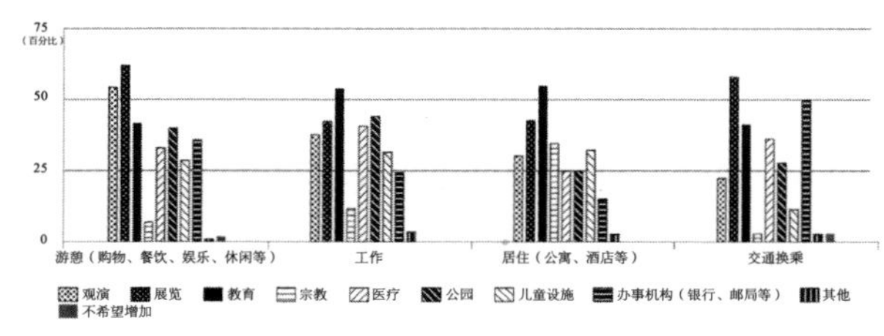

图 8-10　问题"您希望城市综合体包含以下哪种功"统计结果
来源：崔婧及周锡晖绘制

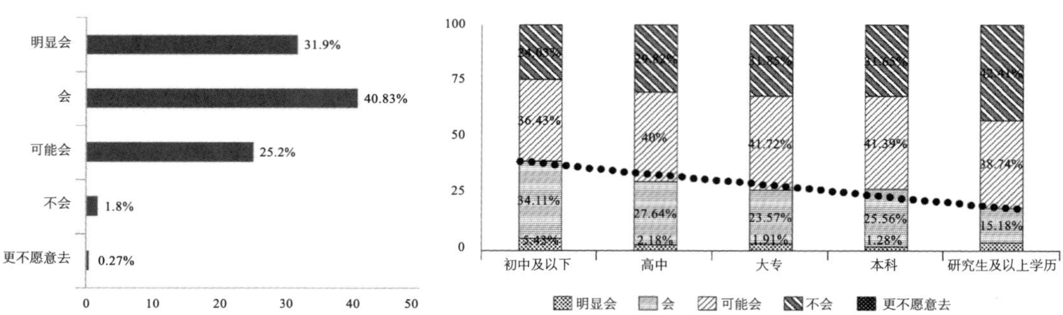

图 8-11　问题"如果城市综合体提供了以上的公共服务设施，您是否更愿意去往此综合体？"统计结果
来源：崔婧及周锡晖绘制

体包含展览和观演功能。通过比较进一步挖掘不同首要目的人群的偏好：可发现游憩人群对观演和展览设施，换乘人群对展览设施和办事机构，工作人群对公园和医疗设施，居住人群对教育和儿童设施的偏好（图 8-10）。研究团队也发现公共服务设施对增加城市综合体的吸引力有极大的帮助，并与使用者的学历呈现正相关（图 8-11）。

8.3.3　应对：城市综合体文化艺术功能的价值

在 2013—2015 年，笔者的研究团队选取上海近年完成的包含文化艺术功能并运营情况良好的代表性城市综合体案例，上海 K11 艺术购物中心和上海月星环球港作为研究对象，同样通过空间绩效的评价模式，通过实地调研获得有重大文化艺术活动期间及平日的人流量、平均停留时间、重复到访率、人流分布均匀度、静态活动比例等客观数据，以及使用者评价及选择偏好等主观数据对二者的经济、环境及社会价值进行综合评估。[1]

通过研究发现：①城市综合体中的文化艺术功能对吸聚人气具有积极作用，并能够有效创造价值；②文化艺术功能可有效吸引不同人群并激发潜在消费；可鼓励多重目的的访问，使得访客停留时间更长，产生更高的环境效能；③不同类型及组合模式的文化艺术功能对价值创造具有不同效果："单一维度型"能有效增加对特定人群的吸引力，通过布置在动线尽端或重要节点，促进内部人流均匀分布，实现访客回游，并可提升城市综合体在城市中的竞争力，在更大范围内产生联动效应；"复合维度型"更利于创造城

[1] 阚雯．协同效应视角下的城市建筑综合体文化艺术功能价值创造 [D]. 上海：同济大学，2015。

市中无目的经过人群的偶发性和社会性活动，可有效提高整体的识别性和引导性，建立公共空间多元化及多义化，满足访客不同时段需求，并可以有效提升周边区域活力和空间品质。研究结果还初步显示了访客对“复合维度型”文化艺术功能的偏好，以及观演功能对场所活力提升的重要作用。

8.4　治理维度：城市基层社会治理的创新模式

8.4.1　机遇：城市营建公私合作模式有待推广

中共中央办公厅、国务院办公厅在2015年初印发的《关于加快构建现代公共文化服务体系的意见》中将坚持社会参与和共建共享作为基本原则。并计划“到2020年，促进公共文化服务的内容和手段更加丰富，获取更为便捷高效，服务质量显著提升，管理、运行和保障机制进一步完善，政府、市场、社会共同参与公共文化服务体系建设的格局逐步形成”。

随着公共服务公益属性向市场属性逐步过渡，可以想见，城市综合体作为土地高密度混合使用的典型方式是政府、市场、社会共同参与公共文化服务体系建设的极佳载体，并将会成为未来城市公共文化服务场所的重要增长点。

8.4.2　挑战：城市综合体与日常生活结合不足

在问卷调研中，根据受访者对“通常什么时候去城市综合体？”问题的统计结果显示，城市综合体在现阶段主要还是作为周末游憩的目的地，并未与日常生活产生紧密联系。其原因固然和受访者的职业、年龄和出行时间限制有很大关联，但是笔者的研究团队也发现，55岁以上人群（对可达性最敏感人群）也存在每日上午都会去城市综合体锻炼、散步和买菜的行为。这说明只要城市综合体能够与日常生活紧密结合，也能在各个时间段吸引各类人群到访（图8-12）。

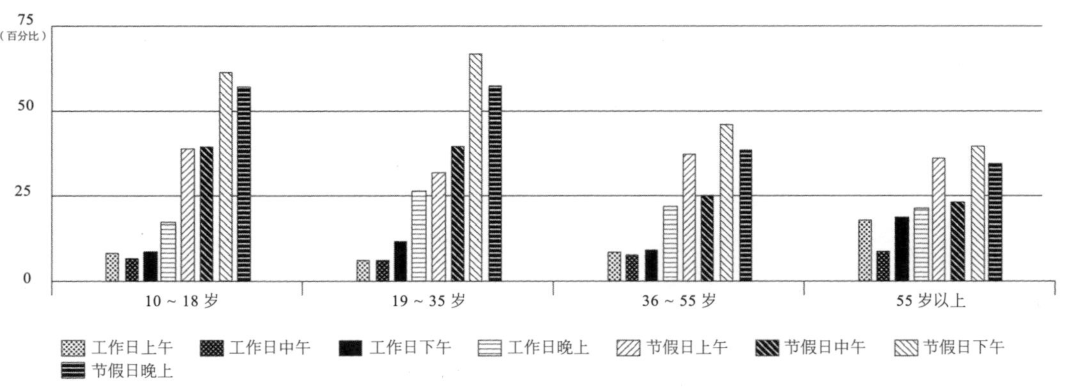

图8-12　问题“您通常什么时候去城市综合体？”的统计结果
来源：崔婧及周锡晖绘制

在受访者对“您认为相较独立的博物馆、美术馆、文化馆、图书馆、剧院等，加入到城市综合体中的文化服务设施最大的优势是什么？”选项的统计结果显示，“选择自由度”和“场所开放性”要高于“服务多样性”和“交通易达性”，尤其是针对19～55岁的城市综合体主要服务人群。另外，也可以看到，统计结果显示，随着年龄的减小，受访者对城市综合体融入各类城市功能的期望也越高（表8-1）。这进一步说明了城市综合体“公共性”的魅力所在，及其作为城市未来日常生活场所的潜力。

问题“您认为相较独立的博物馆、美术馆、文化馆、图书馆、剧院等，加入到城市综合体中的文化服务设施最大的优势是什么？”选项的统计结果　表8-1

	平均分（10～18）	平均分（18～30）	平均分（30～55）	平均分（55岁以下）	总平均分
服务多样性	0.76	0.63	0.59	0.54	0.62
环境舒适性	0.75	0.51	0.57	0.44	0.55
交通易达性	0.83	0.6	0.66	0.54	0.64
场所开放性	0.79	0.68	0.67	0.37	0.66
选择自由度	0.95	0.8	0.7	0.57	0.76

来源：崔婧绘制

8.4.3 应对：从私有开发迈向合作开发和治理

20世纪80年代以来，美、日等国的城市综合体开始积极融入公共文化服务。这类项目以高品质形象和社区环境维护为目标，以吸引“人”为取向，并对城市公共空间的舒适性营造有特别考虑，使得城市综合体及所在区域成为更宜居的场所。这种模式通过实践，在促进城市中心区域更新，激励经济增长，以及活跃城市艺术文化氛围等方面被证明是行之有效的。[1]

在城市综合体积极融入公共文化服务的同时，为有效管理、运营和维护这些项目，新的三方合作模式在政府、市场和社会之间形成，并各谋其利：对于市场投资者而言，可塑造独特企业形象，吸引潜在顾客，并延伸项目活跃时段；对于政府部门而言，可强化城市核心区域发展，并获得良好社会辐射效应；对于文艺团体而言，可共同参与都市发展过程，为自身开拓收益来源，并自给自足。

值得关注的是，在电商冲击下，我国新建和更新的城市综合体中，越来越注重体验营造和公共性提升，定期举办文化艺术活动，主动融入各类文化艺术功能，成为市民文化休闲的新场所，并取得良好的经济效益和社会效应。[2]在这一趋势下，社会与市场参与公共文化服务的方式也从“被组织”变成“自组织”，这不仅有效缓解了政府部门的工作压力，也为公共文化的发展注入了新的生机和活力。在未来，城市综合体提供公共服务，是政府、

[1] Snedcof H R. Cultural Facilities in Mixed-use Development [M]. Washington DC: Urban Land Institute, 1985: 12-15.

[2] 孙澄，寇婧．当代城市综合体的文化功能复合研究 [J]. 建筑学报，2014（S1）: 78-81.

市场和社会共同合作的重要内容，而合作方式也将会逐渐由私人开发，转向服务购买和合作治理的模式。[1]

[1] 敬乂嘉．从购买服务到合作治理——政社合作的形态与发展[J]．中国行政管理，2014（7）：54-59.

8.5 持续开发：迈向可持续的综合密集型城市

在建筑变得更加集约和节能的大背景下，建筑高度和密度的“生态性”临界点也变得越来越高。[2] 面对着前所未有的人口增长、城市化、不断恶化的污染和气候变化，仅建造那些尽可能降低对环境影响的建筑是远远不够的，城市综合体无疑是我们从多维立体的角度来思考和设计城市与建筑并对上述挑战做出回应的最佳实践平台。

[2] Wood A. Rethinking the skyscraper in the ecological Age: Design Principles for a New High-Rise Vernacular[C]// Proceedings of the CTBUH 2014 Shanghai Conference. Chicago: CTBUH, 2014: 6-38.

当今，在通过城市公共空间复兴、密集型基础设施网络建设以形成更集约可持续的城市发展背景下，城市综合体将有机会被塑造为可持续发展的新范式——面对来自人口爆炸、科技进步、城市更新和气候变化的挑战，应运而生的有着创新的形式、技术和环境的聚集中心，生活、工作、休闲和交通都将在其中展开。这一新范式将会成为未来城市虚拟和现实的信息物质交换的重要交集，并通过来自地域性环境因素和文化传统的支撑，从而维系城市文脉的完整性和连续性。

随着政府建立和完善公共服务社会化体系的需求日益迫切，以往的公私边界也日益模糊。可以想见，围绕政府引导、市场调控、社会供给的“三元协同”基层社会治理模式（图 8-13）来探讨城市综合体的未来发展趋势，充分应对了我国当前城市空间结构转型的需求，并将会对城市更新实践起到积极引导作用。

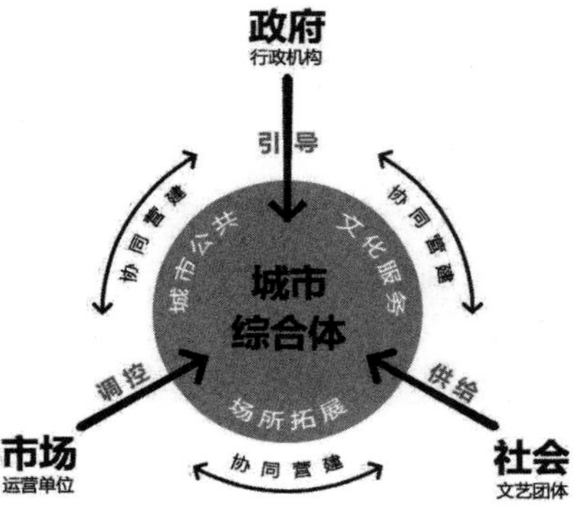

图 8-13 围绕城市综合体的政府市场社会三元协同模式
来源：作者自绘

未来的城市综合体将会专注于如何在立体维度创造来自于人群聚集所带来的人与人之间的积极互动，促成对有限空间更为灵活、多样且高效的使用，更为紧密地将人与城市、自然和社会连接，进而迈向可持续的综合密集型城市。

在本章的最后，以美国在 20 世纪 70 年代开发的 2 座著名城市综合体案例——波士顿的保诚中心（Prudential Center）和亚特兰大的桃树中心（Peachtree Center）——在 40 年的开发、建设、运营、改建中，命运变化的故事作为结尾。

作为现代主义规划和建筑代表的保诚中心在建成伊始饱受媒体和市民的诟病（图 8-14）；而作为波特曼事务所成名作的桃树中心则不仅获得多方的交口称赞，也成为美国城市综合体的代表性作品（图 8-15），约翰·波特曼二世在其中创造的建筑中庭空间对当代大型公共建筑的发展起到了巨大影响。

图 8-14 波士顿保诚中心初始规划图
来源：www.jobspapa.com

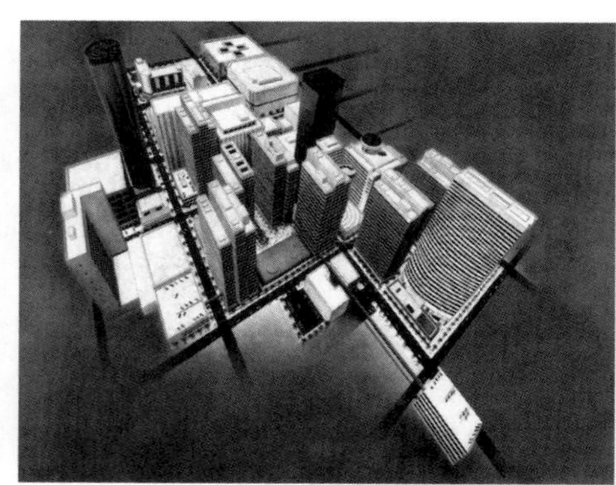

图 8-15 亚特兰大桃树中心初始规划图
来源：www.portmanusa.com

图 8-16 波士顿保诚中心现状
来源：www.stevedunwell.photoshelter.com

图 8-17 亚特兰大桃树中心现状
来源：www.portmanusa.com

图 8-18 波士顿保诚中心内人流熙熙攘攘
来源：作者自摄

图 8-19 亚特兰大桃树中心精美的建筑空间内门可罗雀
来源：作者自摄

40 年后的今天，保诚中心在运营团队的持续开发下在为城市创造了大量公共空间的同时，也不断完善其内部的功能组合，新建、加建和改建了原本设计中不合理的地方，并结合城市实际需求多次调整了运营策略，成为波士顿 Back Bay 地区的城市核心和最活跃的城市节点（图 8-16、图 8-17）；而桃树中心则按照最初规划，按部就班地完成了全部的开发内容，但是却没能够带动亚特兰大城市中心区的复兴，每到周末，办公楼内上班的人群离去后，其门可罗雀的场景和精美的建筑空间形成鲜明对比（图 8-18、图 8-19）。

这一戏剧性的转变过程值得深思。城市综合体协同效应的终极体现可以归结到如同城市一般的不断更新发展，和所在城市一起共同成长，甚至能够带动所在城市的发展。城市综合体的运营管理、持续开发和基层社会治理作用，正是其协同效应在时间维度的体现，也是我国开启迈向可持续的综合密集型城市之门的钥匙。

附录 A　本书收录的城市综合体案例

中国

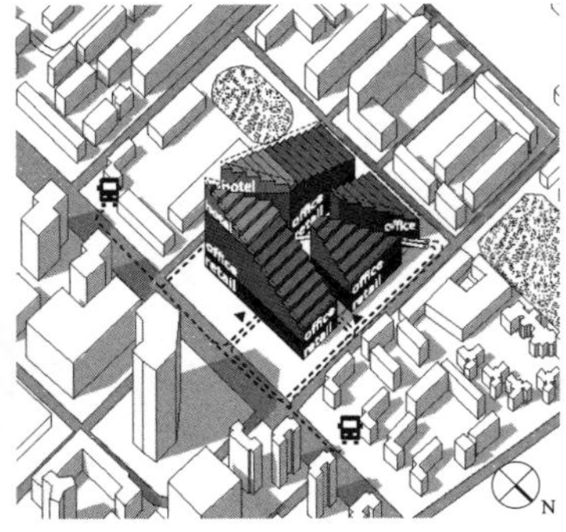

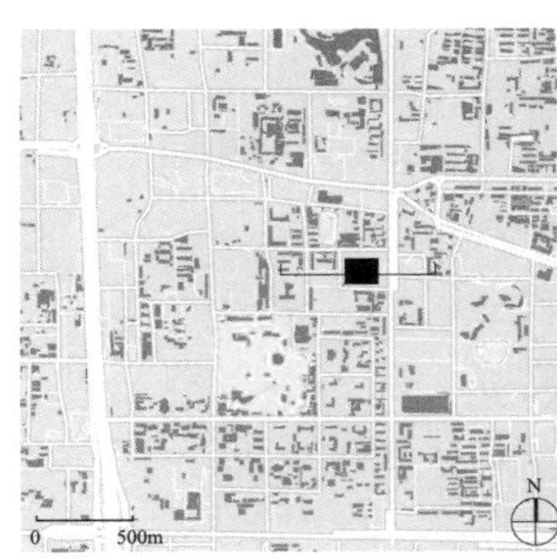

侨福芳草地
Parkview Green（2009）

中国 北京 朝阳区

居住 工作 游憩 交通

引用章节：2.5.3

功能组成：零售、休闲、娱乐、办公、酒店

建筑面积：200000m²

占地面积：30000m²

容积率：6.67

建筑高度：87m

建筑规模：地上18层，地下5层

开发商：北京侨福置业有限公司

设计单位：综汇建筑设计有限公司（IDA）、ARUP、北京市建筑设计院有限公司

与城市周边环境关系：

国内首座长达236m的步行桥将周边步行人流引入建筑内部，拥有925个地下停车位。

建筑特色：

中国第一个获得绿色建筑评估体系LEED铂金级认证的综合性商业项目；斜坡屋顶最大程度减小了日照遮挡；4座相对独立的建筑单体坐落在一个下沉花园之上；艺术作品分布在商场各处，营造出独特的文化商业氛围。

资料来源：http：//www.parkviewgreen.com/cn/

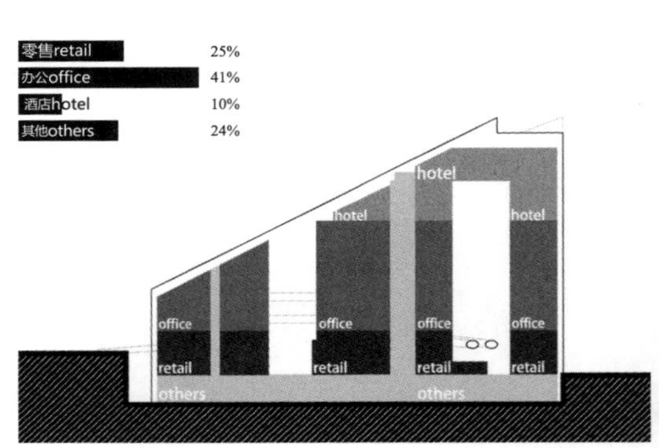

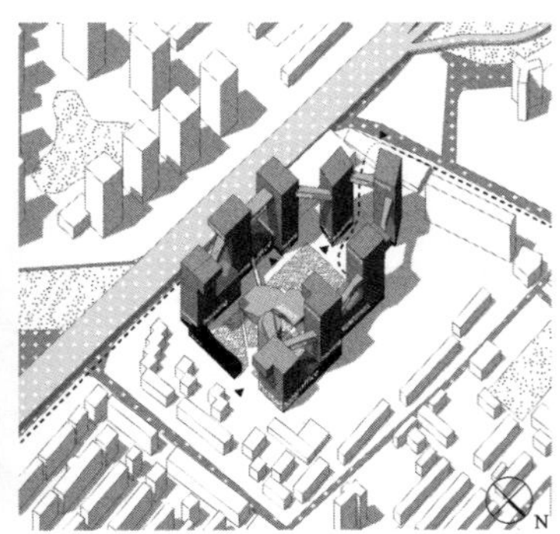

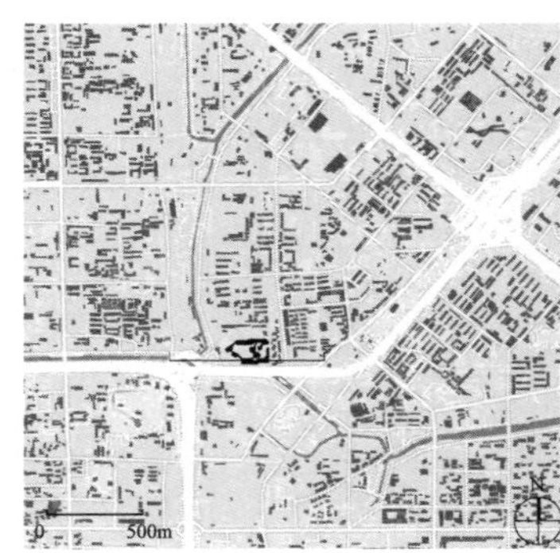

当代MOMA
Linked Hybrid（2009）

中国 北京 东二环

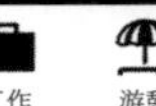

居住 工作 游憩 交通

引用章节：1.3

功能组成：住宅、休闲、娱乐、办公、酒店、教育

建筑面积：221462m²

占地面积：60000m²

容积率：3.69

建筑高度：110m

建筑规模：地上22层，地下2层

开发商：当代置业集团股份有限公司

设计单位：斯蒂文·霍尔建筑师事务所、北京首都工程建筑设计有限公司

与城市周边环境关系：

开放的首层平面，让居民与访客都可以自由通行；拥有1000个地下停车位。

建筑特色：

位于12～18层间的空中连廊连接起8个住宅塔楼和酒店体量，其内部包含一系列公共服务功能；不同标高的绿地与花园；项目拥有供居民及住客使用的可持续设计理念与多项节能设施。

资料来源：www.archdaily.com/34302/linked-hybrid-steven-holl-architects

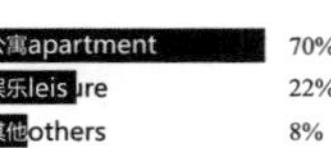

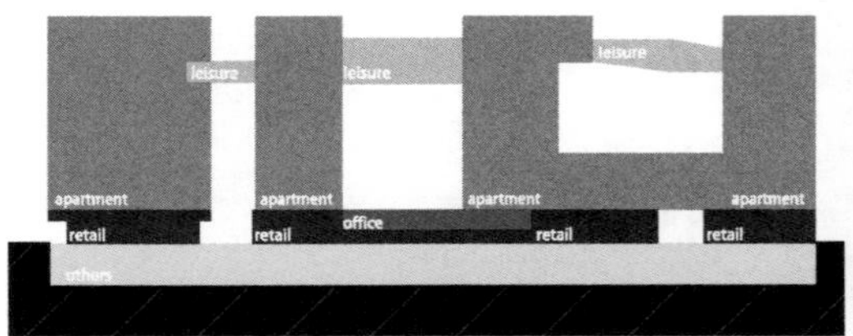

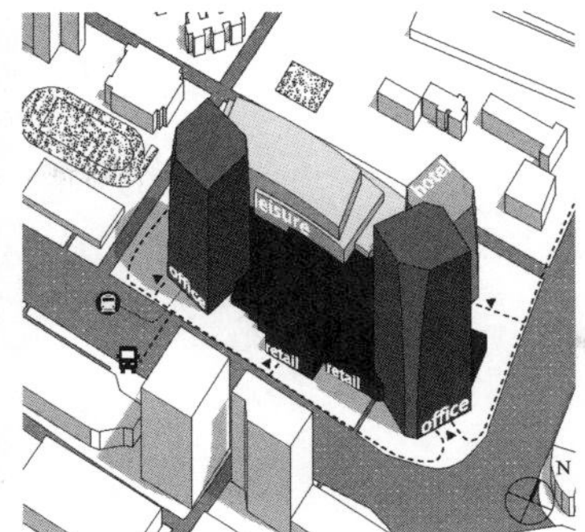

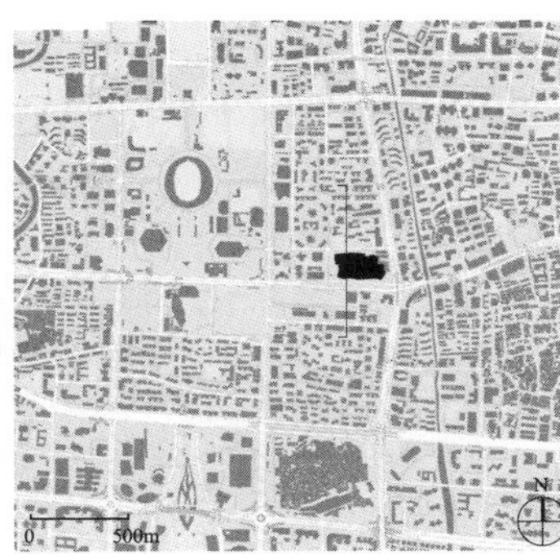

太古汇
TaiKoo Hui (2011)

中国 广州 天河区

居住 工作 游憩 交通

引用章节：6.3.3

功能组成：零售、休闲、娱乐、办公、酒店

建筑面积：457584m²

占地面积：43980m²

容积率：10.4

建筑高度：211m

建筑规模：地上40层，地下4层

开发商：太古地产有限公司

设计单位：ARQ 建筑设计事务所、梁黄顾建筑师（香港）事务所有限公司（LWK & Partners）、广州市设计院

与城市周边环境关系：

M层与BRT、地铁三号线石牌桥站相连，靠近地铁一号线体育中心站；拥有718个地下停车位。

建筑特色：

裙房三层的屋顶花园通过大台阶与街道连通，形成立体的城市街道；两座办公塔楼获得了 LEED CS 金级认证。

资料来源：www.taikoohui.com/zh-CN/

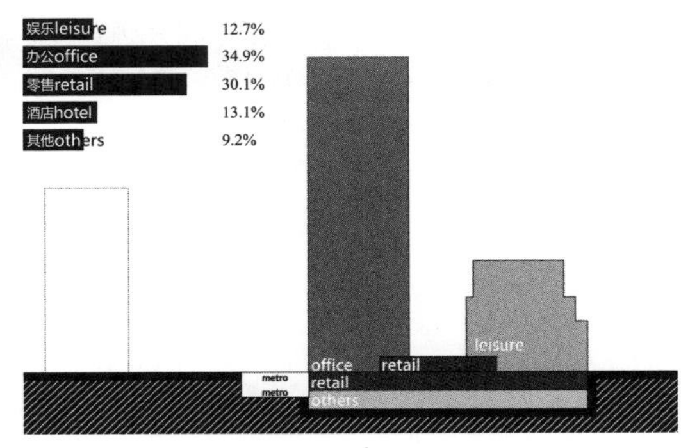

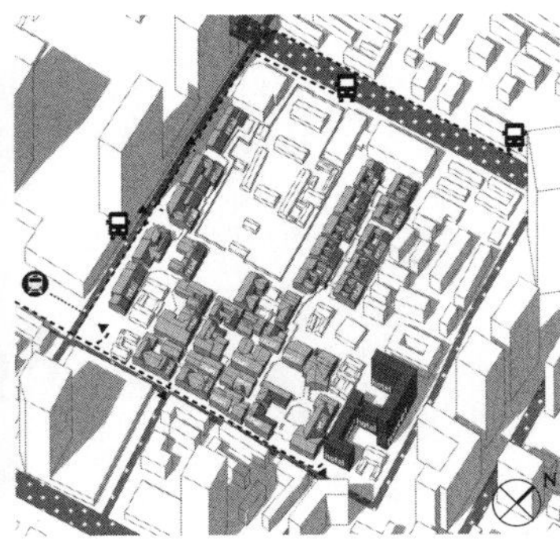

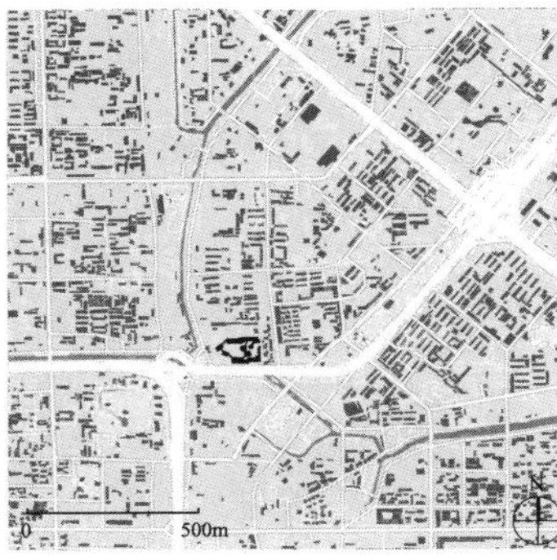

远洋太古里
Sino-Ocean Taikoo Li Chengdu (2014)

中国 成都 春熙路

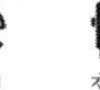

居住 工作 游憩 交通

引用章节：3.3.2

功能组成：零售、休闲、娱乐、酒店

建筑面积：266000m²

占地面积：74000m²

容积率：2.2

建筑高度：15m

建筑规模：地上3层，地下3层

开发商：太古地产有限公司、远洋地产控股有限公司

设计单位：欧华尔顾问有限公司（The Oval partnership Ltd）

与城市周边环境关系：

与成都地铁 2 号线及 3 号线的换乘站春熙路站直接连通，拥有多个向城市开放的步行出入口，拥有 1000 个停车位。

建筑特色：

建筑布局采用了开放式、低密度的街区形态，场地内的六座保留院落和建筑得以妥善修复，各个建筑单体在传统形式与现代材料间的协调呼应。

资料来源：www.swireproperties.com

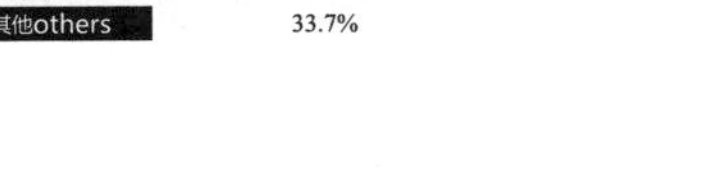

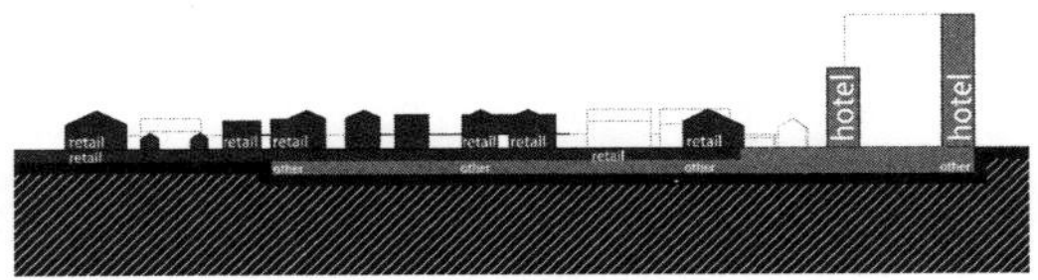

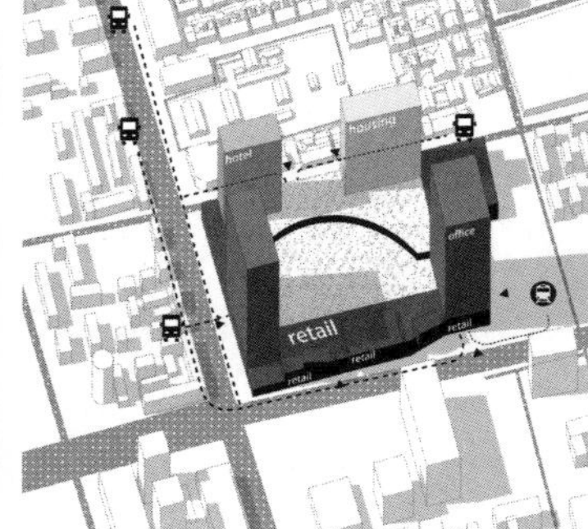

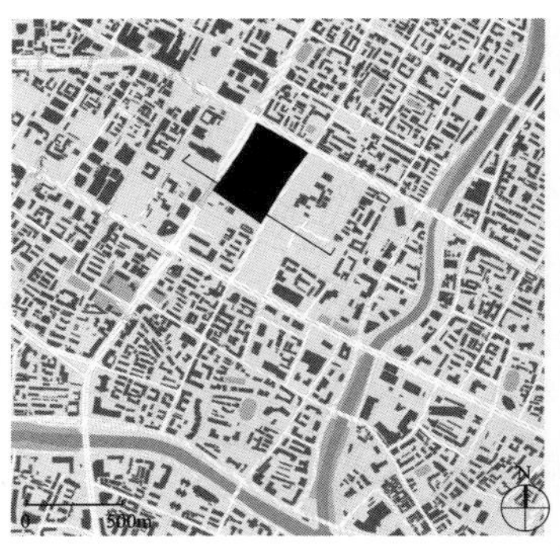

成都国际金融中心

Chengdu International Finance Square（2014） 中国 成都 春熙路

居住 工作 游憩 交通

引用章节：3.3.2

功能组成：零售、休闲、娱乐、办公、酒店、居住

建筑面积：760000m²

占地面积：54666m²

容积率：13.9

建筑高度：248m

建筑规模：地上50层，地下5层

开发商：九龙仓集团有限公司

设计单位：贝诺建筑事务所（Benoy）

与城市周边环境关系：

与成都地铁 2 号线及 3 号线的换乘站春熙路站直接连通，拥有 1700 个停车位。

建筑特色：

在面向红星路的立面上，独特的“盒状”沿街商铺构成鲜明概念吸引来客；中国西南区首获 LEED 铂金级认证的超大体量项目之一；裙房顶层设有屋顶花园，并展出一系列艺术作品；首层设有古迹广场，展示成都当地的历史元素。

资料来源：www.office.cdifs.cn/index.php/facilities?t=cn

公寓apartment	5.4%
办公office	7.3%
零售retail	44.7%
酒店hotel	30.8%
其他others	11.8%

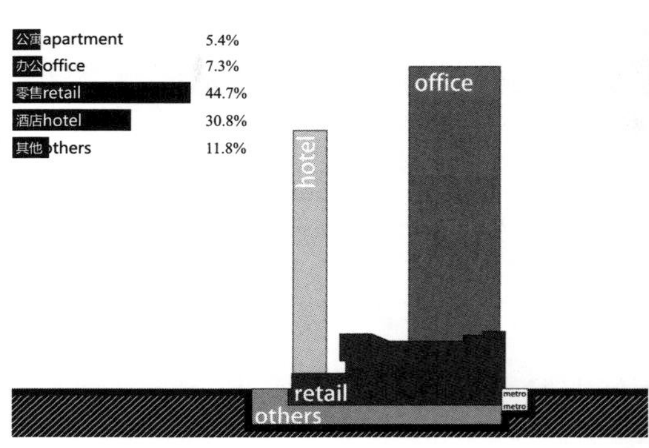

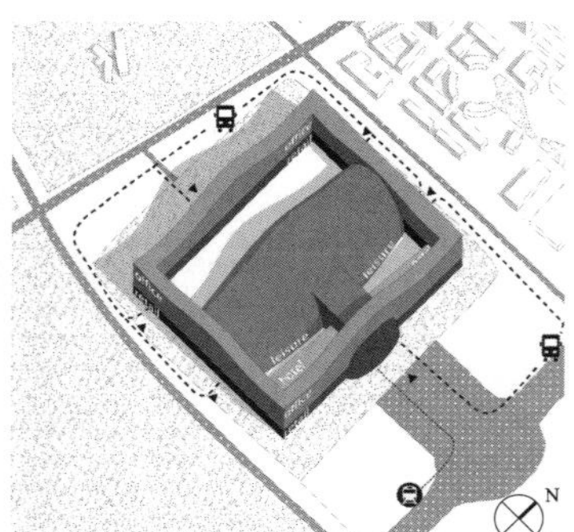

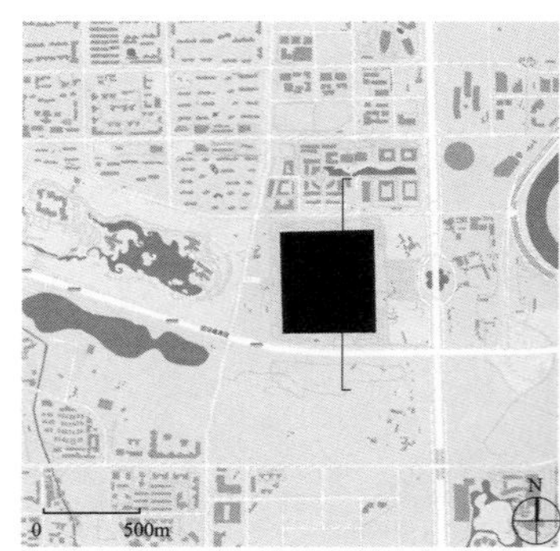

新世纪环球中心

Global Center（2013） 中国 成都 高新区

居住 工作 游憩 交通

引用章节：6.2.3

功能组成：休闲、娱乐、办公、酒店

建筑面积：1671000m²

占地面积：466600m²

容积率：3.58

建筑高度：100m

建筑规模：地上21层，地下2层

开发商：成都世纪城新国际会展中心有限公司

设计单位：深圳中深建筑设计有限公司、广州容柏生建筑工程设计事务所、中国建筑科学研究院

与城市周边环境关系：

成都地铁 1 号线锦城广场站位于本项目地下，建筑群与天府大道之间留有一个约 21 万 m² 的城市广场，拥有 11000 个停车位（地上 5600 个，地下 5400 个）。

建筑特色：

建成后成为世界上建筑面积最大的单体建筑物，内部以主题海洋乐园为核心形成 8 万 m² 的无柱大空间。

资料来源：忽然. 城市综合体的设计与反思——“成都新世纪环球中心”设计思考[J]. 建筑技艺，2014（11）：86-91.

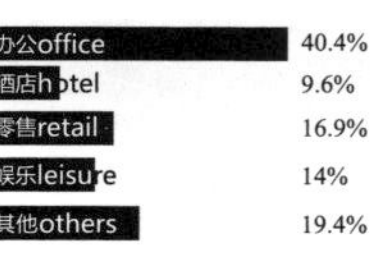

办公office	40.4%
酒店hotel	9.6%
零售retail	16.9%
娱乐leisure	14%
其他others	19.4%

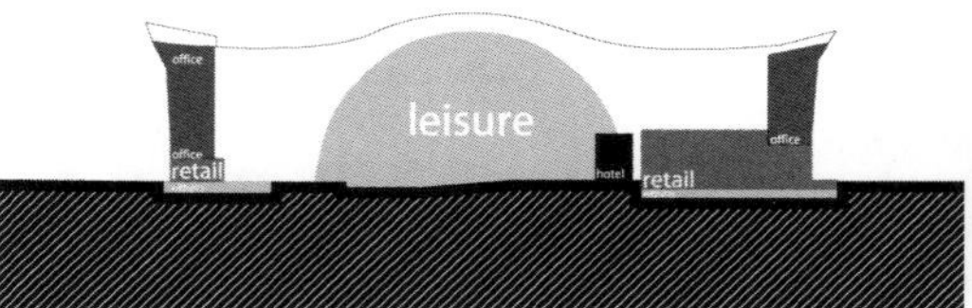

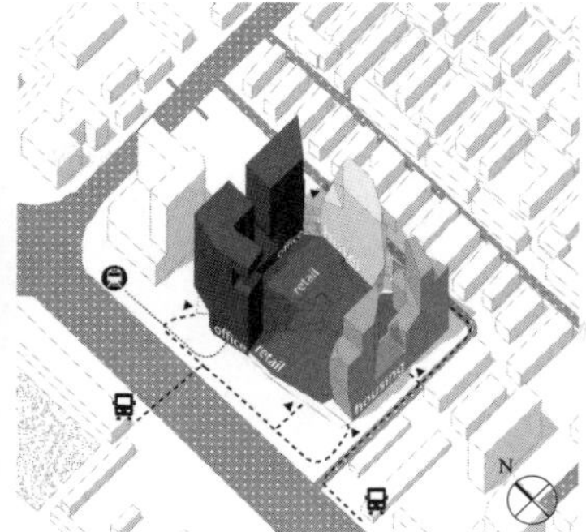

成都来福士广场
Raff les City Chengdu（2012）

中国 成都 武侯区

  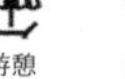 

居住　工作　游憩　交通

引用章节：6.3.1

功能组成：零售、休闲、娱乐、办公、酒店、公寓

建筑面积：308278.42m²

占地面积：32571.78m²

容积率：9.46

建筑高度：123m

建筑规模：地上29层，地下4层

开发商：凯德置地

设计单位：斯蒂文·霍尔（Steven Holl）建筑师事务所、中国建筑科学研究院

与城市周边环境关系：

B2层与地铁1号线和3号线连通，12000m²城市平台的坐落在中心，拥有1998个地下停车位。

建筑特色：

采用多项节能技术，于2009年获得绿色建筑（LEED）预认证金奖；国内首座，也是世界史上最高的清水混凝土建筑；为保证周边体块获得最大化的日照，建筑体量被以特定的角度切割。

资料来源：陈雨潇，罗伯特，成都来福士，成都，中国[J]. 世界建筑，2017（12）.

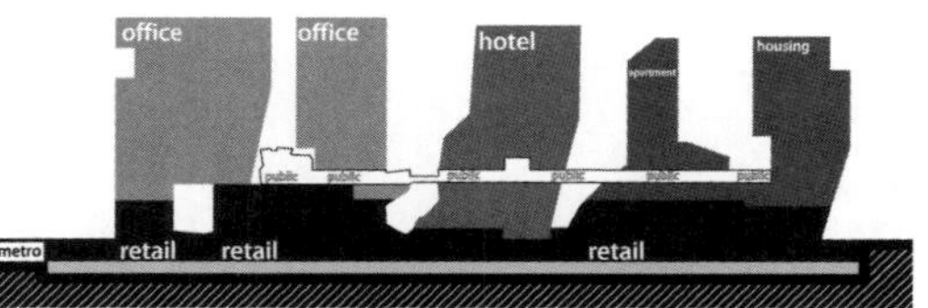

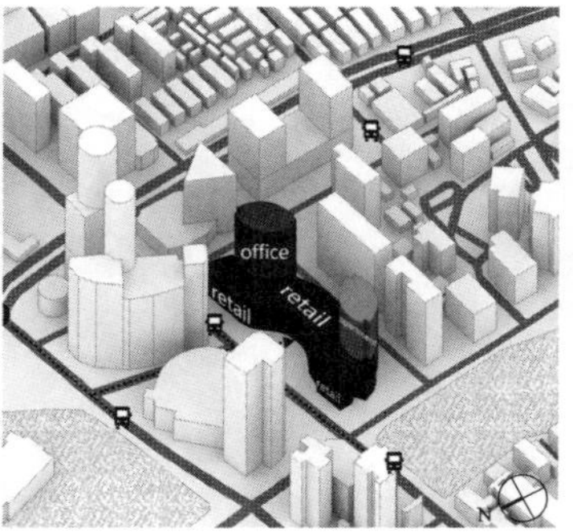

大上海时代广场
Shanghai Times Square（2000）

中国 上海 黄浦区

居住　工作　游憩　交通

引用章节：4.1

功能组成：零售、休闲、娱乐、办公、居住

建筑面积：109000m²

占地面积：13800m²

容积率：7.90

建筑高度：99m

建筑规模：地上30层，裙房6层，地下3层

开发商：上海龙兴房地产有限公司

设计单位：王欧阳建筑师事务所

与城市周边环境关系：

通过入口的后退，设置了气势磅礴的正门广场，是淮海路上罕见的开放空间；拥有300个地下停车位。

建筑特色：

气势磅礴的正门广场、别具现代经典特色的钟楼、瑰丽豪华的独立入口大堂、与之陪衬玻璃幕墙的优质花岗石材均彰显时代建筑新风范。

资料来源：www.baike.baidu.com

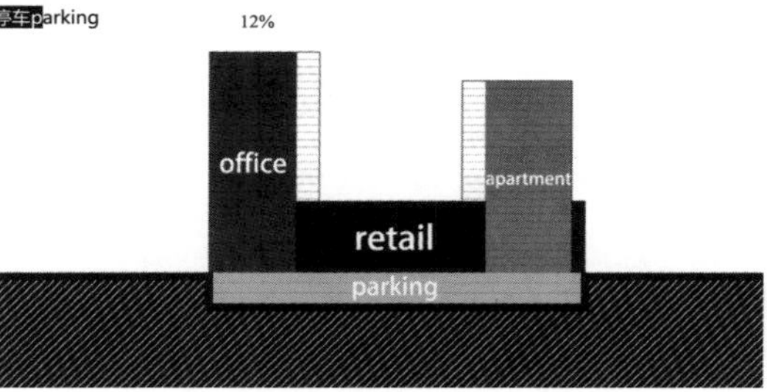

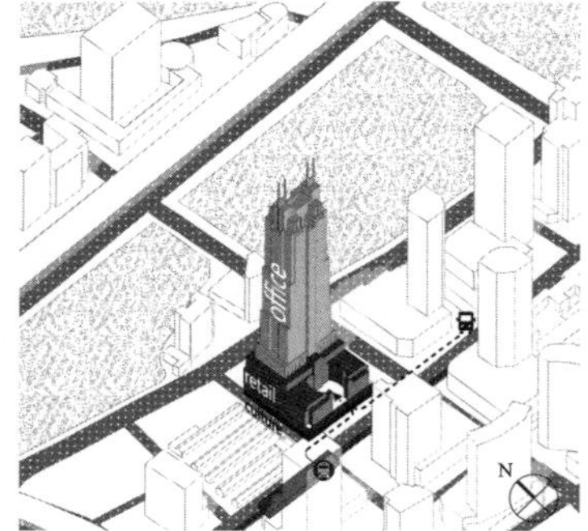

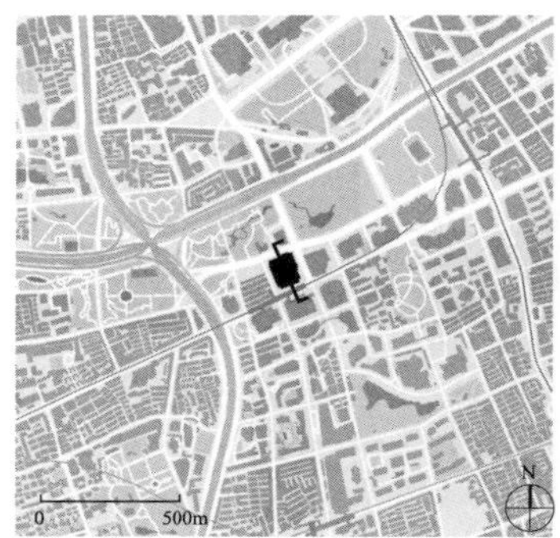

上海
K11 Shanghai（2013）

中国 上海 黄浦区

居住 工作 游憩 交通

引用章节：6.3.3、7.3、7.4.3、8.3.3

功能组成：零售、休闲、娱乐、办公、文化

建筑面积：137000m^2

占地面积：9900m^2

容积率：13.87

建筑高度：262m

建筑规模：地下3层，塔楼60层

开发商：新世界中国地产有限公司

设计单位：柯凯建筑设计有限公司（Kokai studios）

与城市周边环境关系：

位于上海市中心地带，坐落于淮海中路，毗邻地铁一号线黄陂南路站，有一个向城市直接开放的半围合内院，地下与地铁站直接连通。

建筑特色：

项目将艺术·人文·自然三大核心元素融合于商业地产开发中；地下三层全部开放为艺术展厅；部分屋顶车库改造为具有互动体验的"都市农场"，屋顶花园等公共空间也用于艺术展示。

资料来源：http://www.k11.com

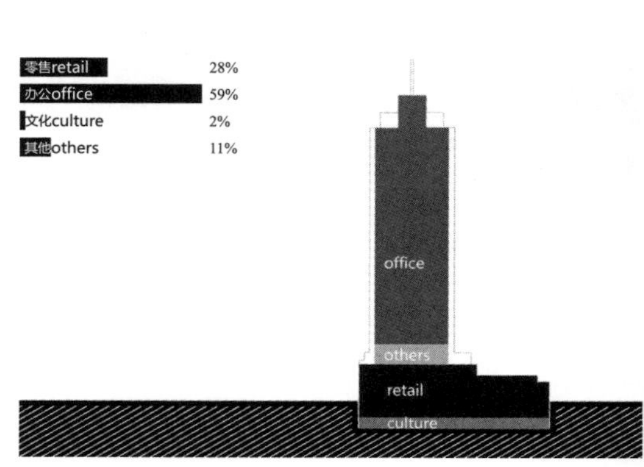

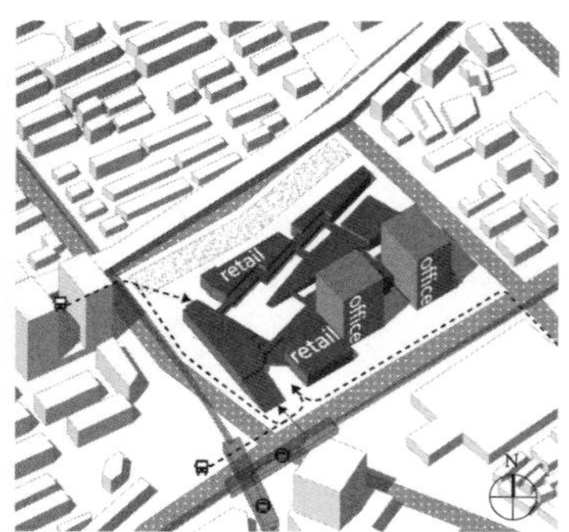

上海绿地中心
Shanghai Greenland Center（2013）

中国 上海 徐汇区

居住 工作 游憩 交通

引用章节：2.5.2

功能组成：零售、休闲、娱乐、办公

建筑面积：191000m^2

占地面积：34000m^2

容积率：不详

建筑高度：86m，77m

建筑规模：地下3层，裙房3层，塔楼19层

开发商：上海绿地集团

设计单位：凯里森建筑事务所

与城市周边环境关系：

商场地下与地铁7号线、12号线龙华中路站直接相连；地下二、三层共提供约1200个地下停车位。

建筑特色：

两条主要商业内街之间串联着一系列层层跌落的空中庭院，并点缀以室外用餐空间；项目的核心区域是一个被巨型天棚覆盖的可以容纳综合户外功能的大型广场，可满足不同的使用要求。

资料来源：上海绿地中心正大乐城[J].城市建筑，2014（13）：76-83.

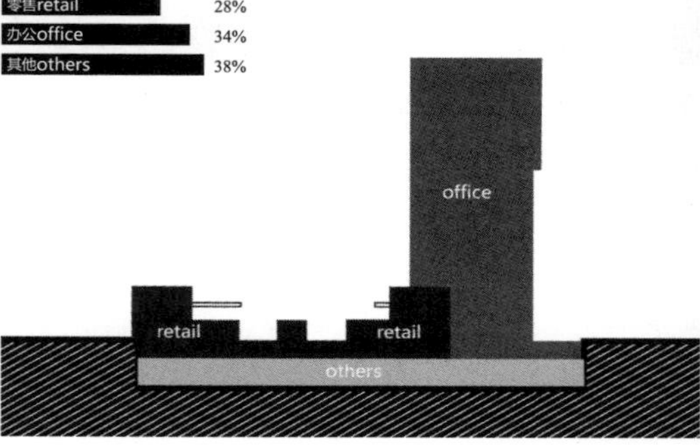

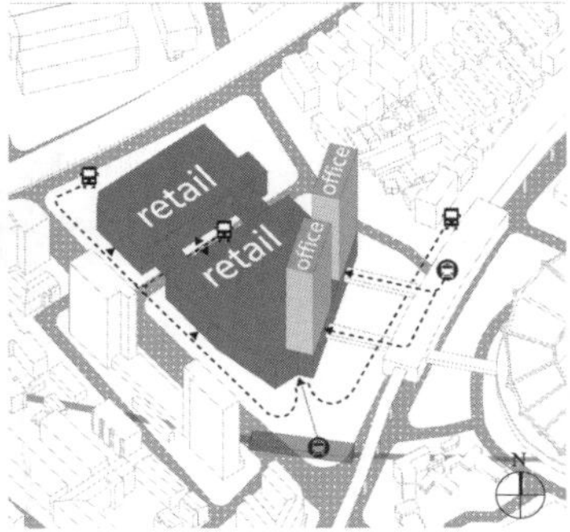

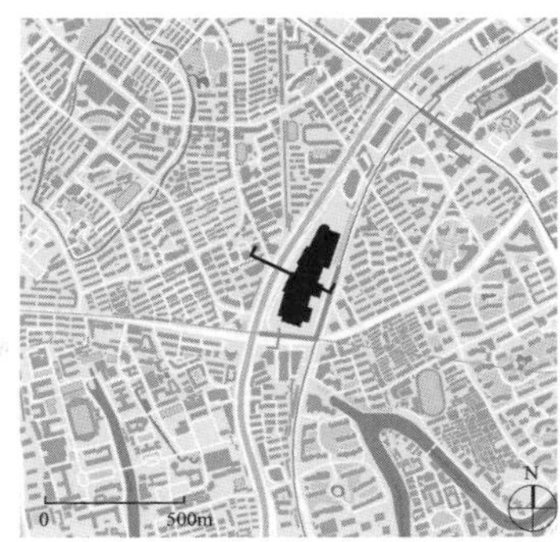

凯德虹口龙之梦
Hongkou Plaza (2011)

中国 上海 虹口区

居住 工作 游憩 交通

引用章节：5.3、5.4

功能组成：零售、休闲、娱乐、办公

建筑面积：280000m²

占地面积：30000m²

容积率：不详

建筑高度：149m

建筑规模：地下5层，裙房6层，塔楼30层

开发商：上海岳峰置业开发有限公司、凯德置地（中国）

设计单位：ARQ建筑设计事务所

与城市周边环境关系：

商场地下二层连接地铁8号线，二层及四层连接轻轨3号线；一层“植入”大型公交枢纽站点，包括6条始发公交线路和多条过境线路；商场二层通过天桥与虹口足球场直接连接；拥有1100个地下停车位（B5-B3）。

建筑特色：

建筑裙房主体分为东西两座，二层以上由天桥连接，底层中间为大型公交枢纽；地铁换乘通道从建筑内部穿过。

资料来源：凯德置地（中国）

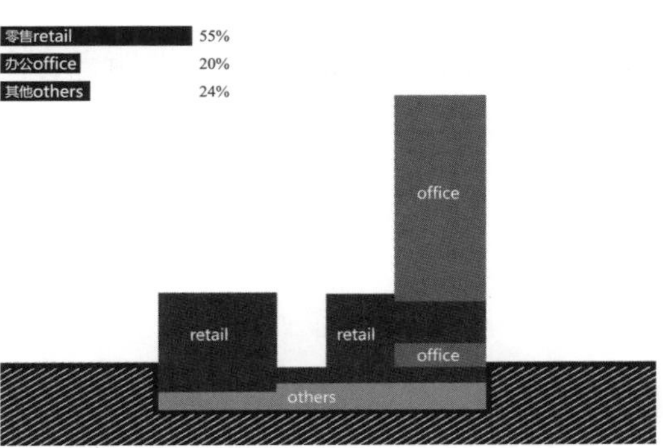

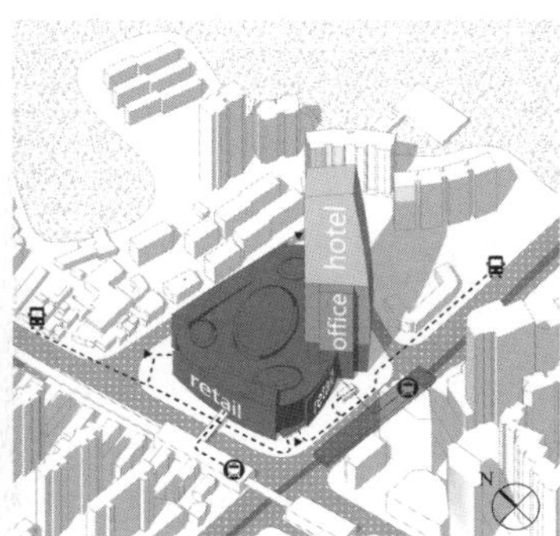

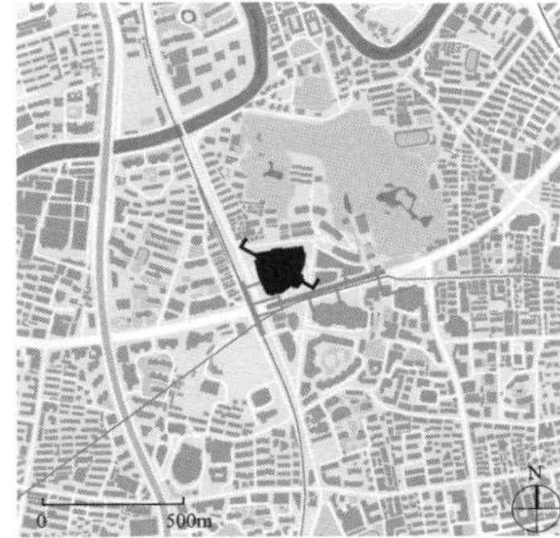

中山公园龙之梦
Cloud Nine Shanghai (2005)

中国 上海 长宁区

居住 工作 游憩 交通

引用章节：3.4.1、5.2

功能组成：零售、休闲、娱乐、办公、酒店

建筑面积：320000m²

占地面积：25899m²

容积率：6.7

建筑高度：244m

建筑规模：地下4层，裙房11层，塔楼58层

开发商：上海长峰房地产开发有限公司、凯德置地（中国）

设计单位：ARQ建筑设计事务所

与城市周边环境关系：

商场地下二层连接地铁2号线，商场二层通过天桥连接地铁3、4号线；拥有802个地下停车位，同时提供9个巴士停车位；龙之梦与周边多媒体广场、贝多芬广场、巴黎春天以及玫瑰坊构成了中山公园商圈的核心。

建筑特色：

购物中心平面由购物廊道连接三个位于端部的椭圆形中庭，通过打造“零换乘”的轨道交通枢纽商业，极大地提升项目聚客能力。

资料来源：中国房地产信息集团（CRIC）

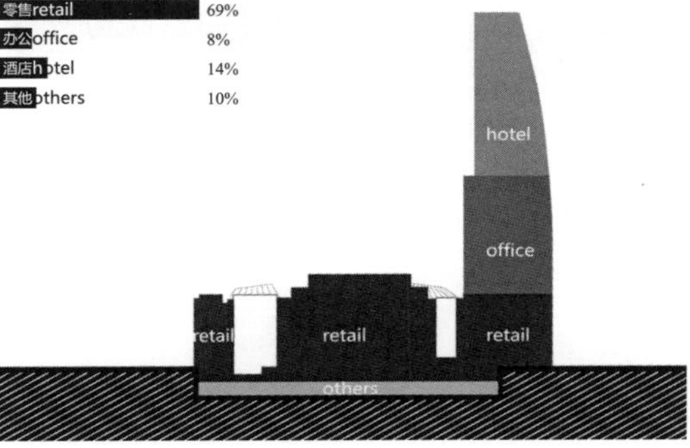

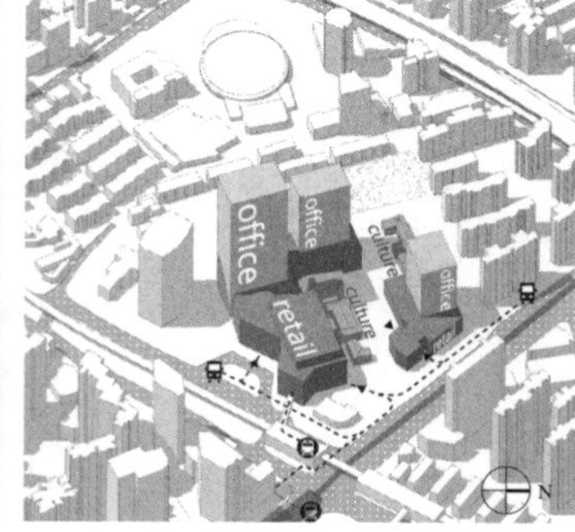

长宁来福士广场
Raffles City Changning（2017）

中国 上海 长宁区

居住 工作 游憩 交通

引用章节：6.2.3

功能组成：零售、休闲、娱乐、办公、文化

建筑面积：359327m²

占地面积：60845m²

容积率：3.9

建筑高度：188m

建筑规模：地下4层，裙房8层，塔楼41层

开发商：凯德置地（中国）

设计单位：P & T Architects & Engineers Ltd

与城市周边环境关系：

在地库一层设置人行隧道与地铁二号线中山公园站地下站点连接；在地上二层设置行人天桥与轻轨三号、四号线中山公园站二层连接；项目中心区域设置了大片开放景观，并全部向城市开放，将商业场所与城市空间有机融合。

建筑特色：

基地原为圣玛丽亚女中旧址（1923 年建校），各幢建筑轴线对应，将重现原有历史风貌，保留建筑除钟楼外，其他均为原地重建建筑。历史建筑将作为文化功能使用。

资料来源：凯德置地（中国）

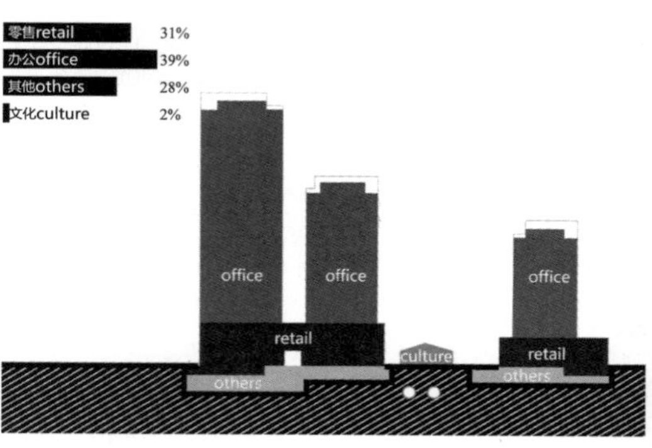

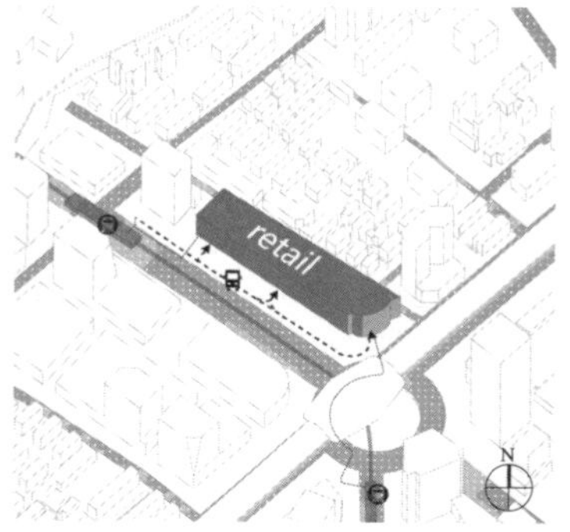

百联又一城
Festiool Walk, Shanghai（2007）

中国 上海 杨浦区

居住 工作 游憩 交通

引用章节：4.1.2、5.3、5.4、7.3、7.4.2

功能组成：零售、休闲、娱乐

建筑面积：126072m²

占地面积：14741m²

容积率：6.41

建筑高度：不详

建筑规模：地下3层，地上9层

开发商：百联集团有限公司

设计单位：ARQ建筑设计事务所

与城市周边环境关系：

商场地下一层北端与地铁 10 号线江湾体育场站直接相连。南侧与五角场下沉式人行广场相连，共同构成五角场地下步行系统；商场地下二、三层共提供 214 个地下停车位。

建筑特色：

建筑外立面简洁而谦逊，洗练而斯文，富丽而沉着，具有很强的时代气息和现代美感；建筑内部由一个条形中庭贯穿地下一层至顶层。

资料来源：http://blyycbl.blemall.com

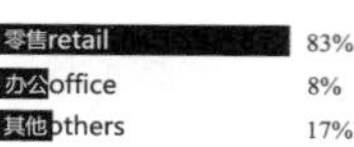

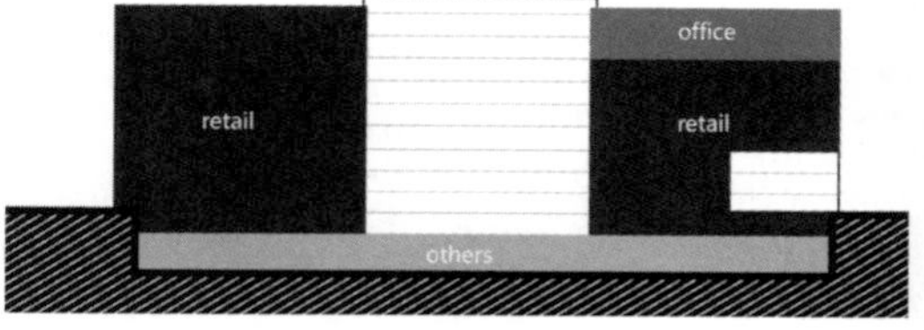

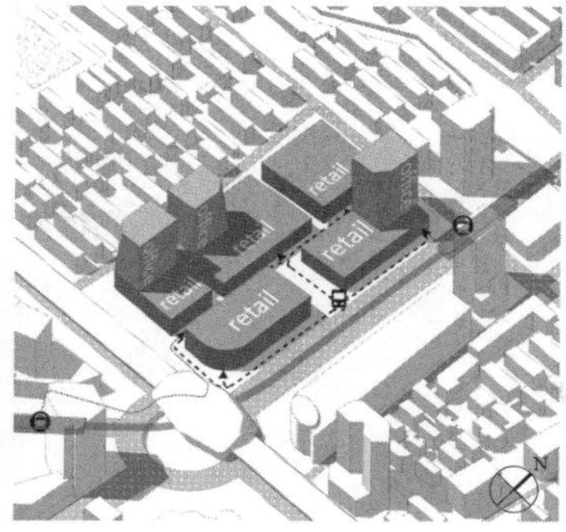

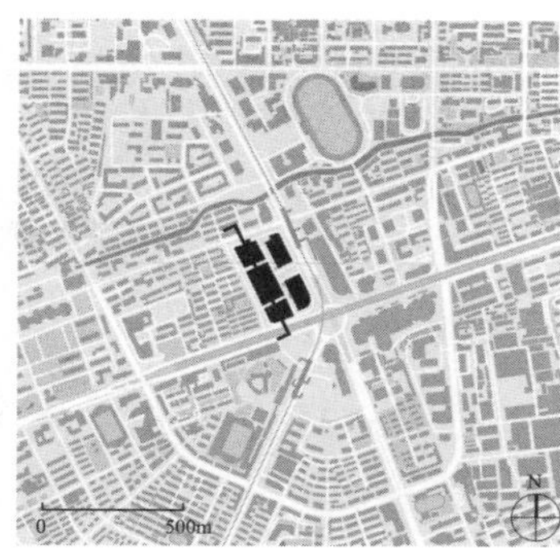

五角场万达广场
Wujiaochang Wanda Plaza（2006）

中国 上海 杨浦区

居住　工作　游憩　交通

引用章节：5.3、5.4

功能组成：零售、休闲、娱乐、办公

建筑面积：330000m²

占地面积：44000m²

容积率：7.51

建筑高度：不详

建筑规模：地下2层，3座塔楼分别22、23、25层

开发商：上海万达商业广场置业有限公司

设计单位：M.A.O建筑设计公司

与城市周边环境关系：

地下一层北侧与地铁10号线江湾体育场站相连，南侧与五角场下沉式人行广场相连，并可步行至地铁10号线五角场站，共同构成五角场地下步行系统；商场地下二层共提供800个地下停车位。

建筑特色：

广场平面呈“品”字形布置，地上划分为5个大型业态和3幢甲级高层办公楼。地下为连接下沉式广场的万达城中城商业步行街。

资料来源：http：//shanghaiwjc.wandaplaza.cn/
http：//www.mao-arc.com/

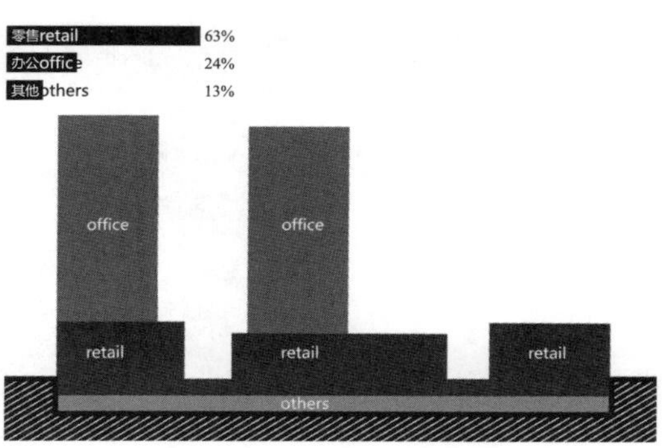

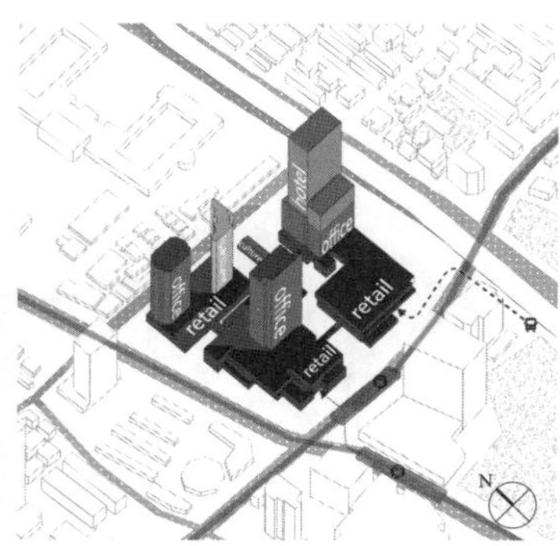

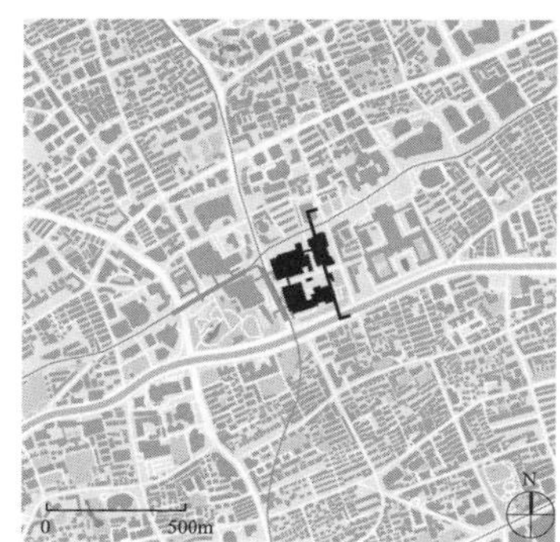

静安嘉里中心
Jing An Kerry Centre（2013）

中国 上海 静安区

居住　工作　游憩　交通

引用章节：6.3.2

功能组成：零售、休闲、娱乐、办公、酒店、公寓

建筑面积：450000m²

占地面积：46000m²

容积率：不详

建筑高度：260m

建筑规模：地下4层，地上59层

开发商：上海吉祥房地产公司

设计单位：KPF建筑事务所

与城市周边环境关系：

位于南京西路商圈，紧邻上海展览中心、上海商城；地下与地铁2号线、7号线静安寺站直接相连；地下停车库共容纳1340个地下停车位。

建筑特色：

基地内毛泽东旧居原址保留，并作为公共文化艺术展览空间使用；以安义路为中心的开放式广场不仅满足日常休闲，同时也为公共文化活动提供场地。

资料来源：静安嘉里中心 全方位构建理想城市生活[J].
上海房地，2012（12）：1-2

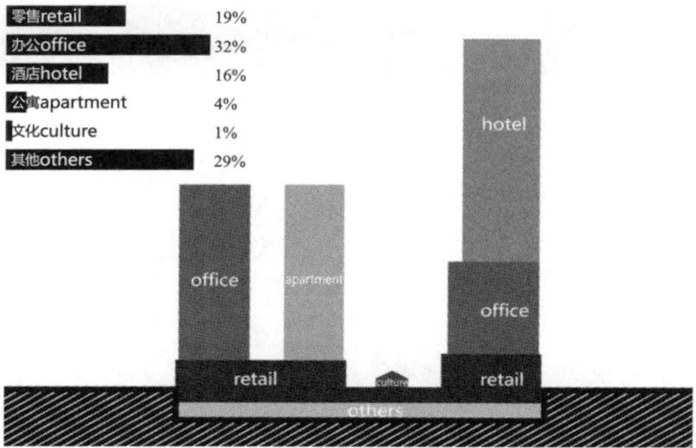

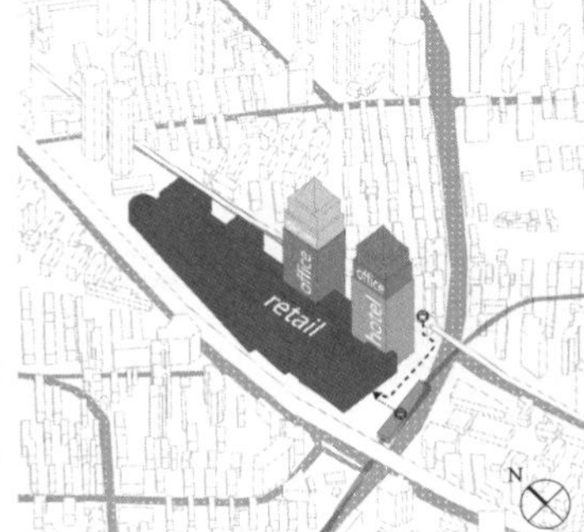

月星环球港
Shanghai Global Harbor（2013）

中国 上海 普陀区

居住 工作 游憩 交通

引用章节：3.1.2，8.3.3

功能组成：零售、休闲、娱乐、办公、酒店、公寓

建筑面积：480000m²

占地面积：66000m²

容积率：7.35

建筑高度：245m

建筑规模：地下 3 层，裙房 4 层，塔楼 46 层

开发商：月星集团

设计单位：Chapman Taylor 建筑事务所

与城市周边环境关系：

毗邻内环高架，地下与地铁 13 号线直接相连，地上连接轻轨 3、4 号线；商场屋顶设停车场，裙房沿中山北路一侧有直接通往屋顶的车道，屋顶和地下 3 层共提供约 2200 个停车位。

建筑特色：

建筑四层开设了包括古琴艺术中心、演艺空间，艺术画廊等在内的文化艺术功能；建筑开放约 3 万㎡屋顶平台。

资料来源：http://www.chapmantaylor.com/ http://www.yuexing.cn/

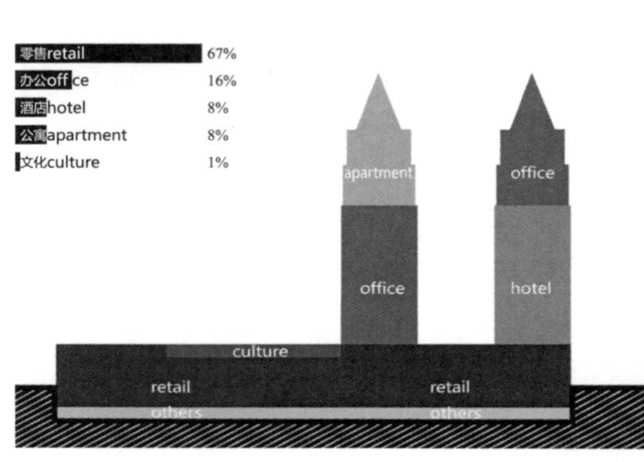

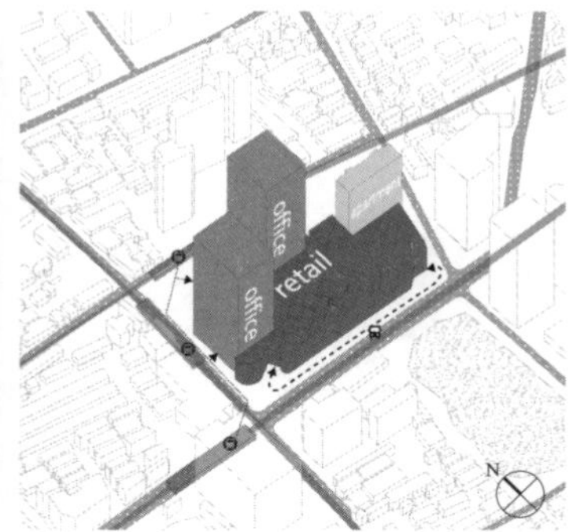

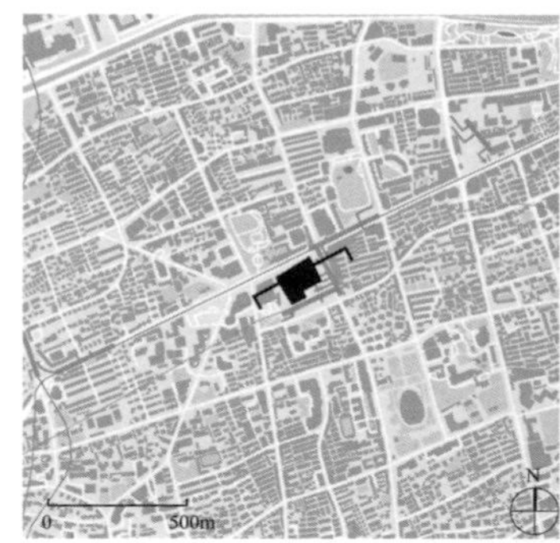

环贸中心
iapm（2013）

中国 上海 徐汇区

居住 工作 游憩 交通

引用章节：2.5.2、7.3

功能组成：零售、休闲、娱乐、办公、酒店、公寓

建筑面积：325327m²

占地面积：39653m²

容积率：5.6

建筑高度：161m

建筑规模：地下4层，裙房6层，塔楼33层

开发商：新鸿基地产

设计单位：贝诺建筑事务所（Benoy）

与城市周边环境关系：

商场地下同时连接地铁 1、10、12 号线，是城市重要的交通节点；地下 3、4 层共提供近 800 个地下停车位。

建筑特色：

获得由美国绿色建筑协会颁发的领先能源与环境设计（LEED）可持续发展金级认证。项目办公入口设在裙房顶部，有机动车道通往屋顶，并设有屋顶花园。

资料来源：上海环贸IAPM[J].建筑技艺，2015（11）：66-71.

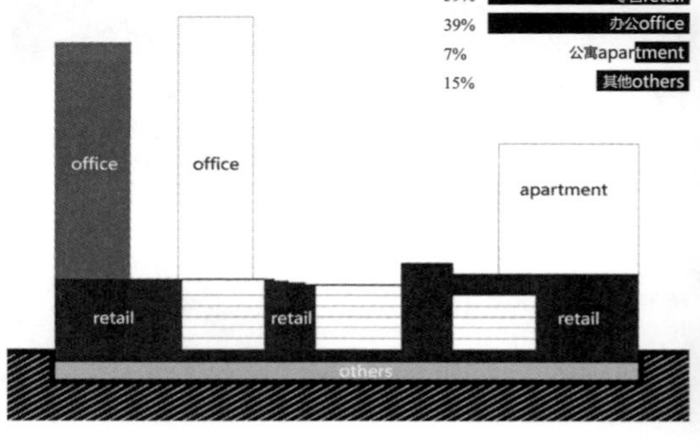

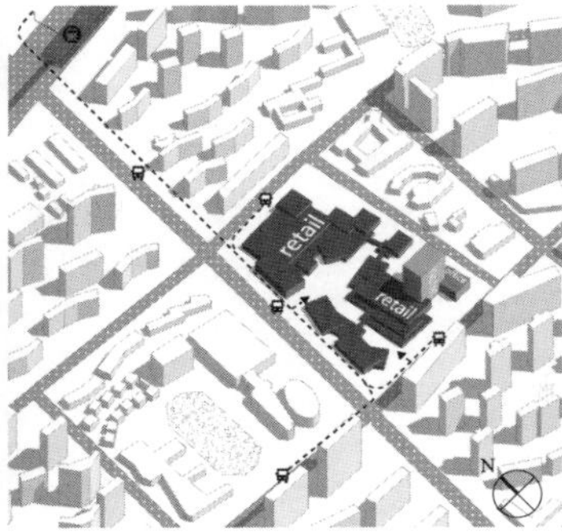

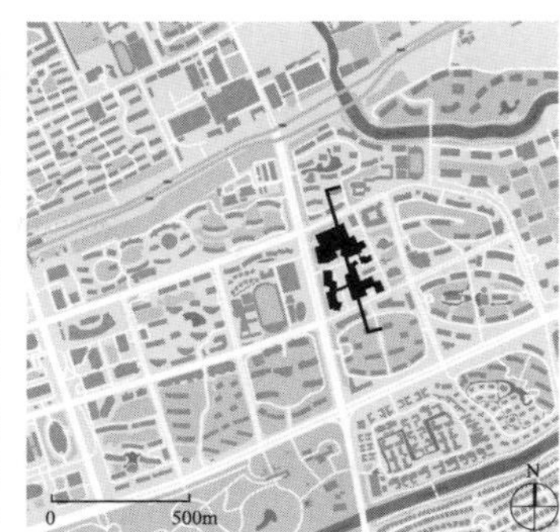

大拇指广场
Thumb Square（2005）

中国 上海 浦东新区

居住　工作　游憩　交通

引用章节：6.4

功能组成：零售、休闲、娱乐、酒店

建筑面积：110000m²

占地面积：不详

容积率：4.8

建筑高度：不详

建筑规模：地下1层，地上3层，酒店19层

开发商：上海证大商诚房地产开发有限公司

设计单位：ARQ建筑设计事务所、华东建筑设计研究院有限公司

与城市周边环境关系：

该项目为社区级城市综合体，服务对象主要是周边社区居民；项目距离北部九号线芳甸路站约500m距离。

建筑特色：

核心区域为2000m²的中心广场，可满足不同的使用要求；全开放式的立体步行街区，广场以块状规划，建筑体块通过室外廊道相连。

资料来源：王桢栋，李晓旭.城市建筑综合体的非盈利性功能研究[J].建筑学报，2015（S1）：166-170.

零售retail 68%

酒店hotel 32%

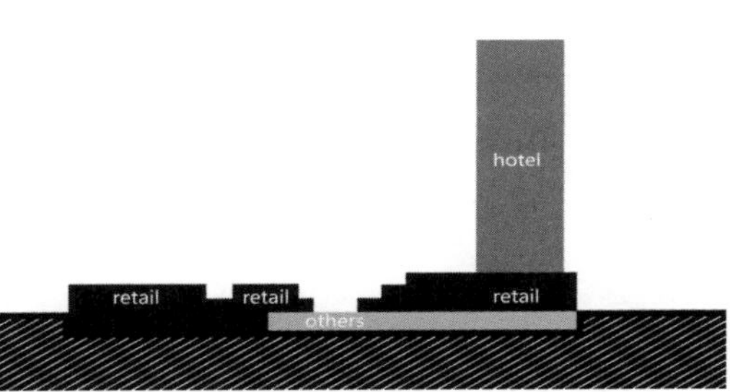

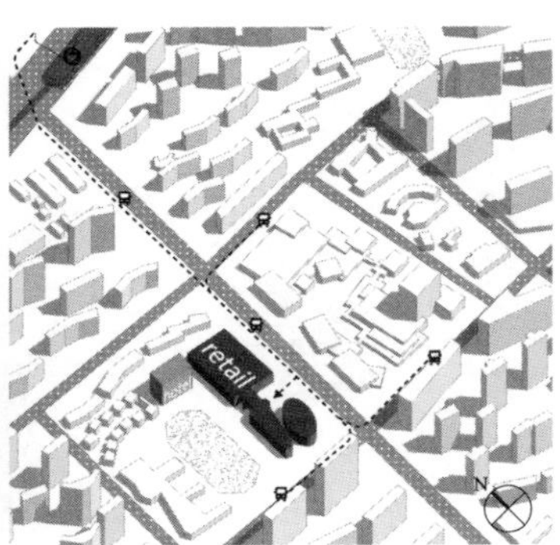

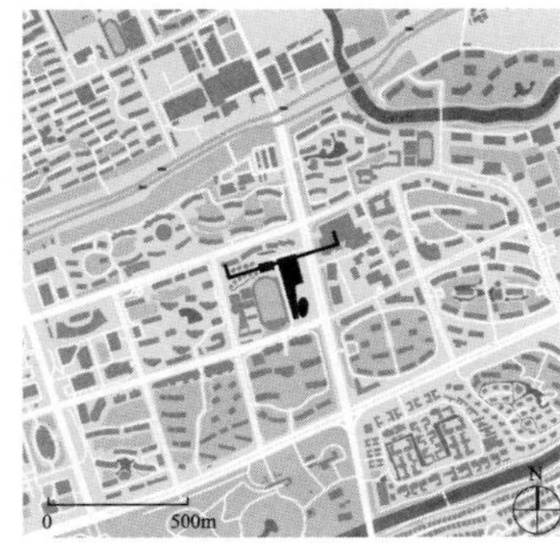

联洋广场
Laya Square（2008）

中国 上海 浦东新区

居住　工作　游憩　交通

引用章节：6.4

功能组成：零售、休闲、娱乐、酒店

建筑面积：70000m²

占地面积：25500m²

容积率：不详

建筑高度：不详

建筑规模：地下2层，裙房4层，酒店11层

开发商：上海联洋集团有限公司

设计单位：海波建筑设计事务所（HPA）

与城市周边环境关系：

该项目为社区级城市综合体，服务对象主要是周边社区居民；项目距离北部九号线芳甸路站约500m距离。

建筑特色：

项目以3个独栋建筑将项目商业内街及外街进行串联。

资料来源：海波建筑设计官网（www.hpa.cn）；王桢栋，李晓旭.城市建筑综合体的非盈利性功能研究[J].建筑学报，2015（S1）：166-170.

零售retail 85%

酒店hotel 15%

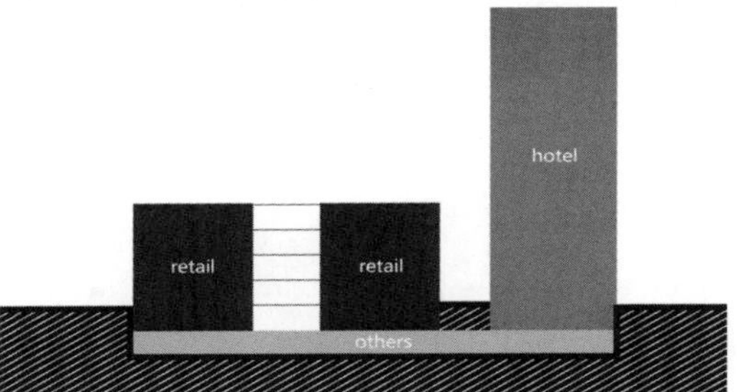

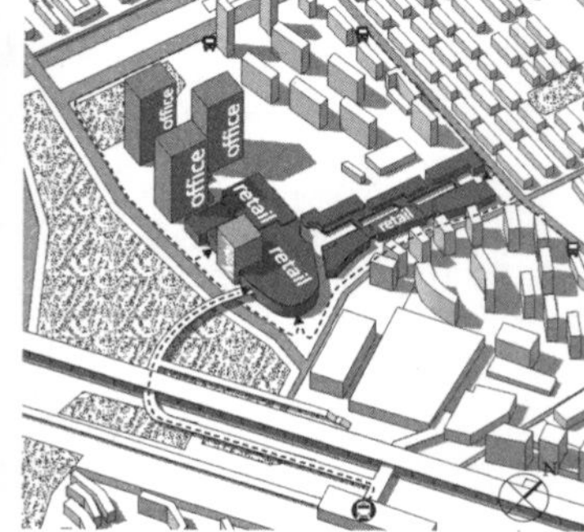

城开中心
U Center (2017)

中国 上海 闵行区

居住 工作 游憩 交通

引用章节：6.5

功能组成：零售、休闲、娱乐、办公、酒店

建筑面积：511687m²

占地面积：87327

容积率：3.7

建筑高度：不详

建筑规模：地下3层，地上30层

开发商：上海城开集团龙城置业有限公司

设计单位：概念方案由KPF、SOM、JERDE、CPC四家事务所共同参与

与城市周边环境关系：

与轨道交通1号线莲花路站通过空中连廊直接相连。并预留与规划中地铁21号线的地下连接通道；城开中心南侧将同步建设5万m²运动主体绿地，与天然水系共同营造优越公共空间；共提供约2800个机动车停车位。

建筑特色：

符合LEED-CS节能环保认证标准。

资料来源：www.udcncenter.com

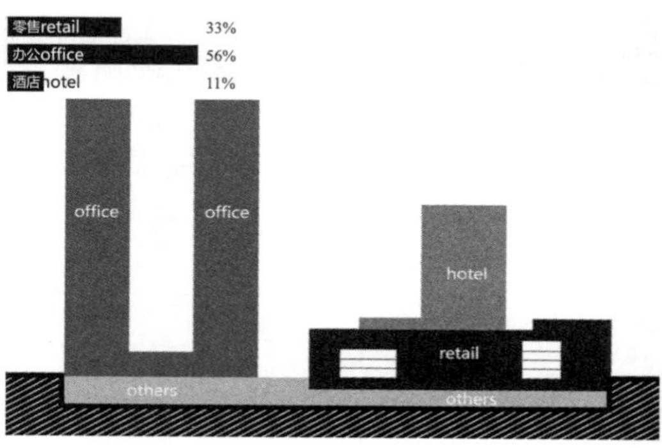

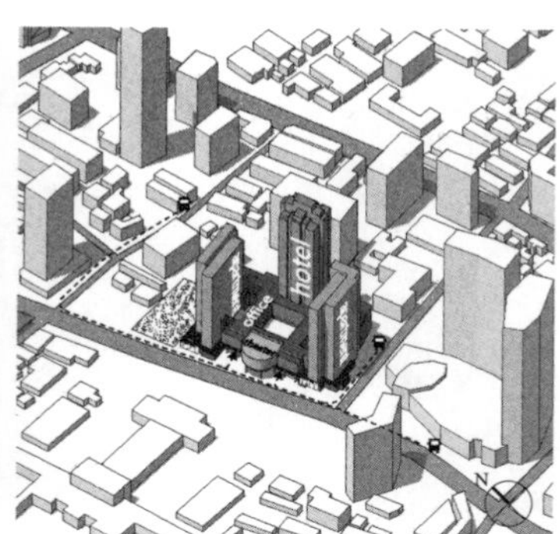

上海商城
Shanghai Center (1990)

中国 上海 静安区

居住 工作 游憩 交通

引用章节：1.4

功能组成：酒店、办公、居住、零售、园林、剧院

建筑面积：185000m²

占地面积：18000m²

容积率：不详

建筑高度：主楼164.8m，公寓楼111.5m

建筑规模：裙房8层，公寓34层，酒店48层

开发商：上海商城有限公司

设计单位：美国波特曼建筑设计事务所

与城市周边环境关系：

通过园林式的内庭院有效解决地面车流和人流交通；屋顶设花园；地下共有300个停车位。

建筑特色：

沪上第一幢外商投资的功能完善的综合性建筑群，在这个"城中城"里，人们可以很方便地享受各种各样的达到国际标准的服务。上海商城剧院更为整幢楼群中独具特色的窗口。

资料来源：上海商城[J].世界建筑导报，2002（Z2）：26-31.

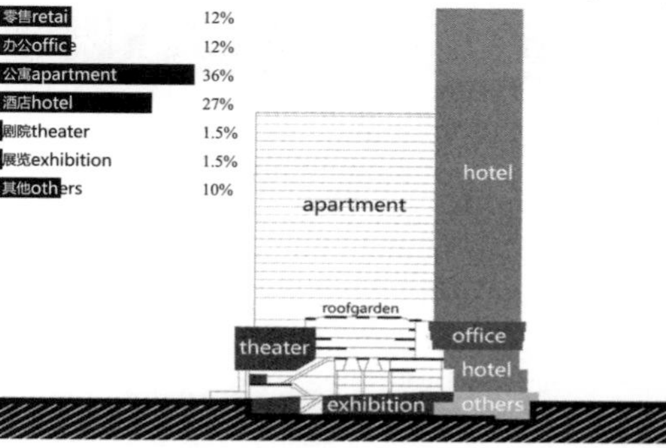

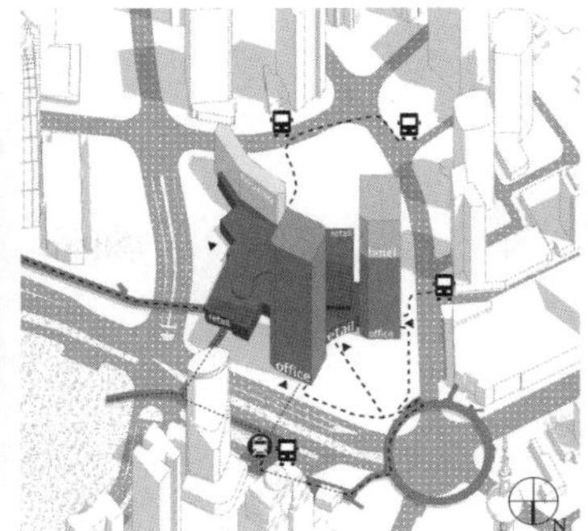

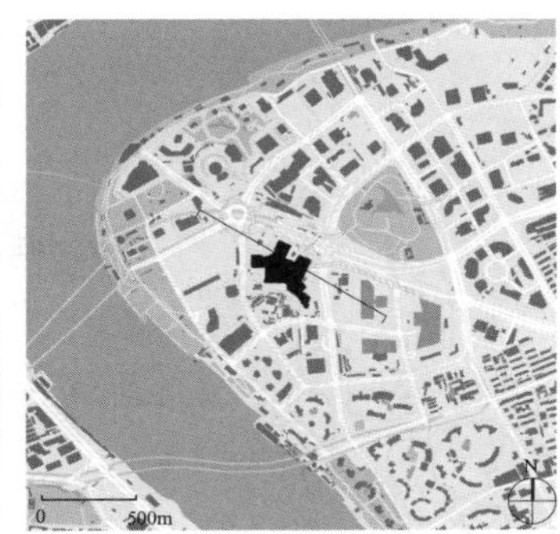

上海国际金融中心
Shanghai IFC（2010）

中国 上海 陆家嘴

居住 工作 游憩 交通

引用章节：3.1.4、4.2、4.3、4.4、7.3、7.4.1、7.4.4

功能组成：零售、休闲、娱乐、办公、酒店、公寓

建筑面积：400000m²

占地面积：73000m²

容积率：5.47

建筑高度：259.9m

建筑规模：地上 56 层，地下 5 层

开发商：新鸿基地产发展有限公司

设计单位：西萨・佩里联合事务所（Pelli Clarke Pelli Architects）

与城市周边环境关系：

地铁 2 号线与商场 B2 层相连；商场二层与陆家嘴步行天桥系统连接；拥有1900 个地下停车位。

建筑特色：

办公楼获得国际级绿色环保认证（LEED）金级证书；入口处的下沉广场为小陆家嘴地区提供了宜人的公共空间。

资料来源：http：//www.shanghaiifc.com.cn/

功能	比例
酒店hotel	10%
办公office	47.3%
零售retail	19.8%
公寓housing	10%
其他others	12.9%

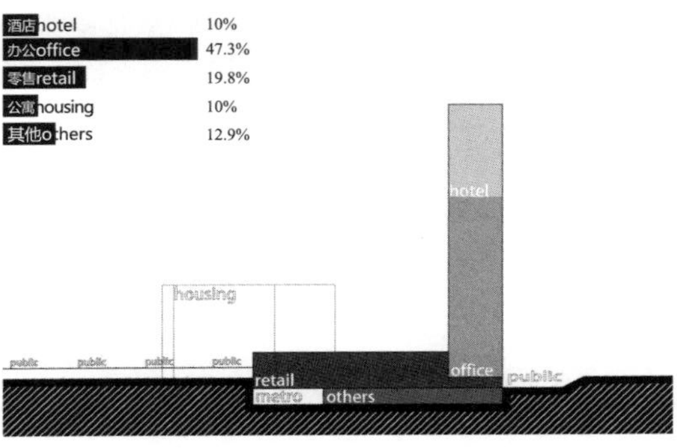

正大广场
Super Brand Mall（2002）

中国 上海 陆家嘴

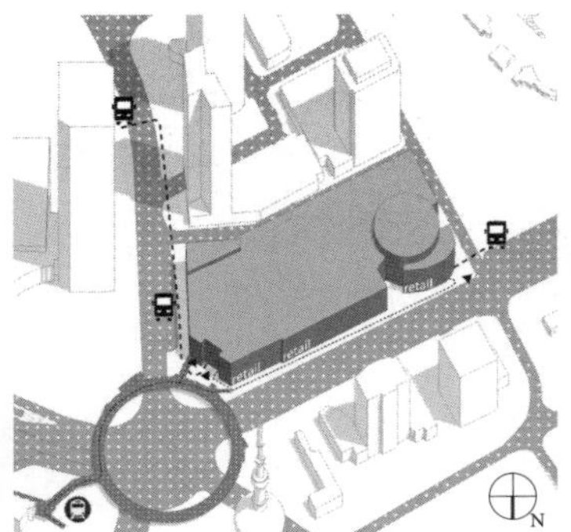

居住 工作 游憩 交通

引用章节：4.1.3、5.2

功能组成：零售、休闲、娱乐

建筑面积：240000m²

占地面积：31000m²

容积率：7.7

建筑高度：53.4m

建筑规模：地上10层，地下3层

开发商：正大集团、上海帝泰发展有限公司

设计单位：JERDE 捷得事务所、华东建筑设计研究院有限公司

与城市周边环境关系：

商场东北侧在3层与陆家嘴步行天桥系统连接，西南侧2层与浦东滨江步道系统连接；拥有300个地下停车位。

建筑特色：

大台阶与灵活布置的廊桥打破了楼层的限制，将人流自然地引至高层；外立面上多种鲜艳色彩的使用使建筑成为陆家嘴范围内的一个夺目地标。

资料来源：郭俊倩，李元佩，夏庭．购物乐趣——上海正大广场设计理念 [J]. 时代建筑，2003（1）：106-111.

功能	比例
零售retail	66.2%
办公office	14%
其他others	19.8%

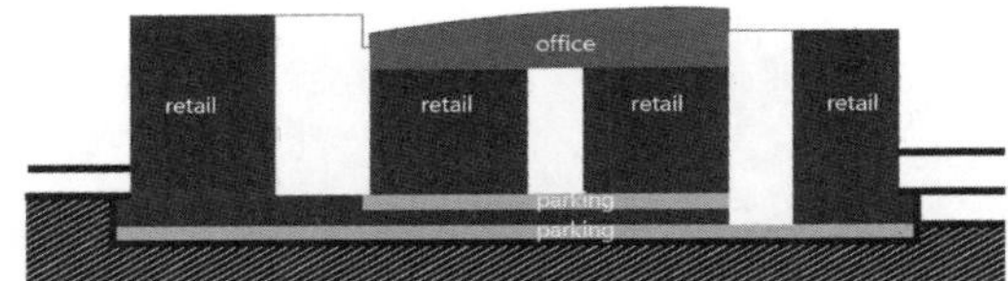

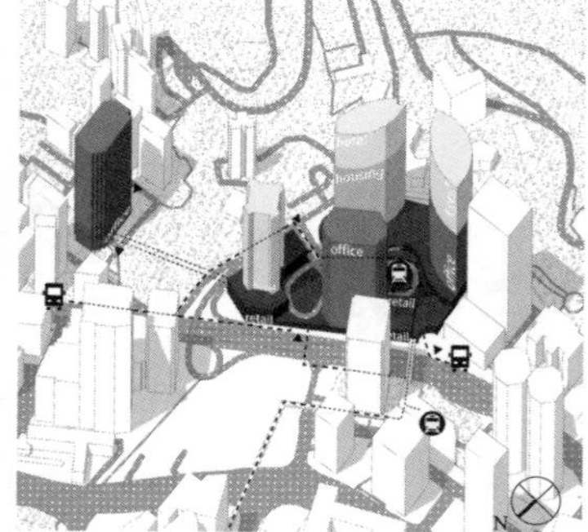

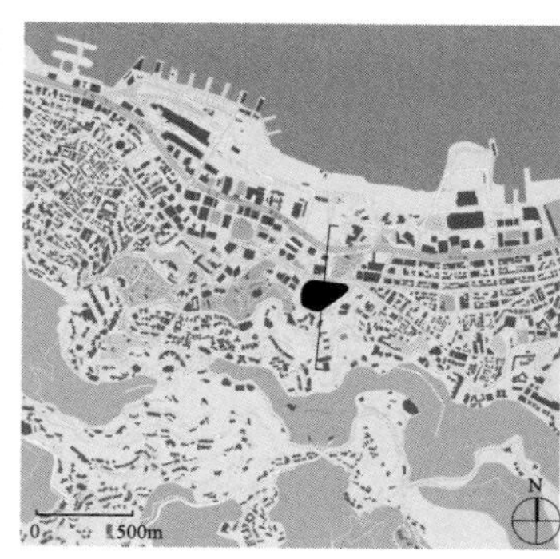

太古广场
Pacific Place（1988）

中国 香港 金钟

居住 工作 游憩 交通

引用章节：2.2.2

功能组成：零售、休闲、娱乐、办公、酒店、公寓

建筑面积：480366.7m²

占地面积：66054.06m²

容积率：7.3

建筑高度：213.13m

建筑规模：地上57层，地下4层

开发商：太古地产有限公司

设计单位：王欧阳建筑师事务所

与城市周边环境关系：

位于港铁金钟站上盖，可换乘南港岛线及荃湾线；裙房上的开放屋顶花园将建筑内部步行系统与中环步行天桥系统相连；通过自动扶梯将南北两处的城市空间和公共交通层相连，形成步行捷径。拥有690个停车位。

建筑特色：

特殊的施工技术保留了场地内原有的一棵树龄逾百年的榕树；车流交通被布置在裙房屋顶上，避免了对地面繁忙交通的影响。

资料来源：http://www.pacificplace.com.hk/zh-CN.aspx

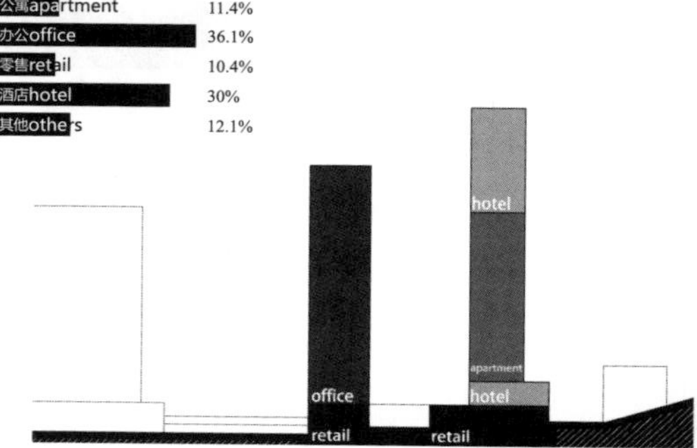

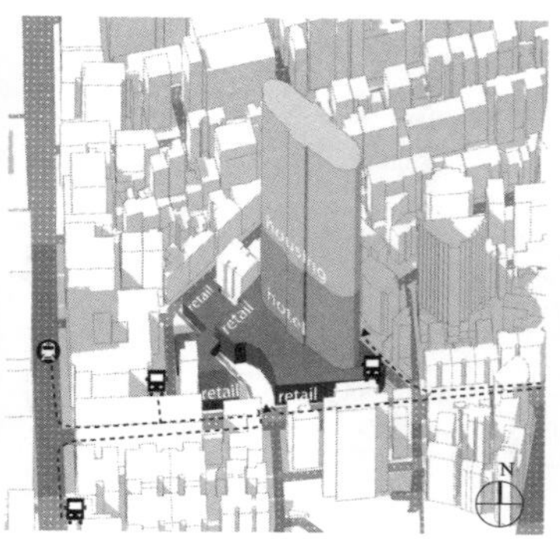

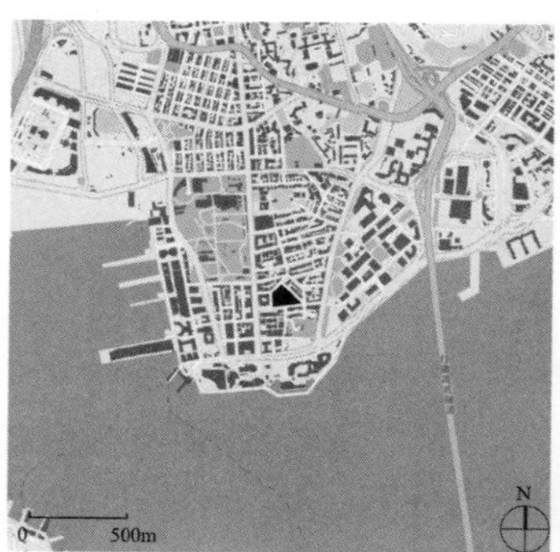

香港
K11 Hong Kong（2009）

中国 香港 尖沙咀

居住 工作 游憩 交通

引用章节：7.3，7.4.3

功能组成：零售、休闲、娱乐、酒店、公寓

建筑面积：170900m²

占地面积：10230m²

容积率：16.7

建筑高度：261m

建筑规模：地上64层，地下4层

开发商：新世界发展有限公司

设计单位：刘荣广伍振民建筑师事务所

与城市周边环境关系：

底层与西铁线尖东站相连，中部的城市广场提供了步行捷径，拥有247个地下停车位。

建筑特色：

河内道18号重建项目的一部分；全球首个购物艺术馆，融合艺术、人文、自然三大核心元素。

资料来源：www.themasterpiece.com.hk/sc/ zh.wikipedia.org/wiki/K11_（香港）

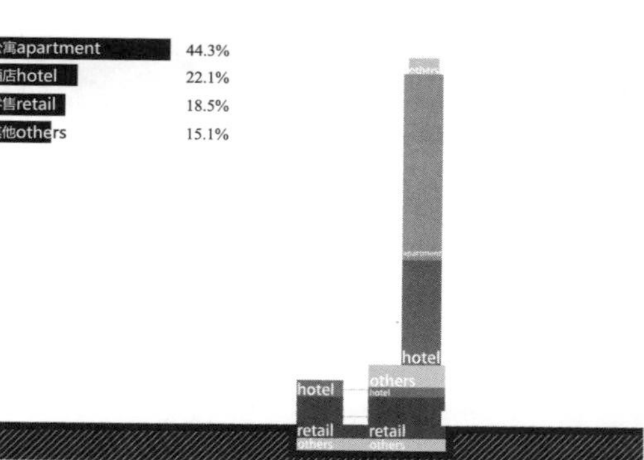

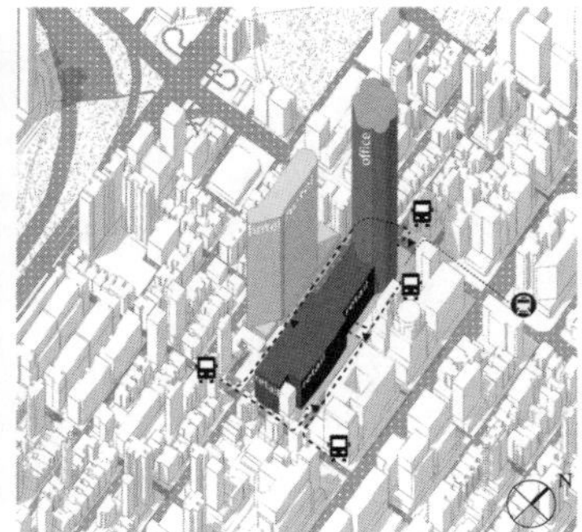

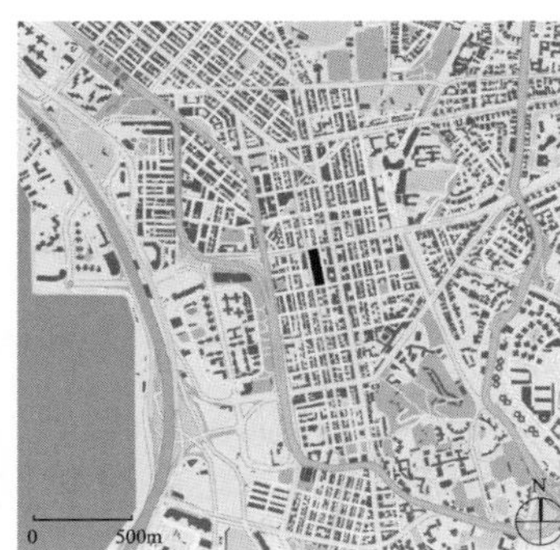

朗豪坊
Langham Place（2004）

中国 香港 旺角

居住 工作 游憩 交通

引用章节：2.3.2、4.1.3

功能组成：零售、休闲、娱乐、办公、酒店

建筑面积：169500m²

占地面积：11148.37m²

容积率：15

建筑高度：255.1m

建筑规模：地上60层，地下5层

开发商：鹰君集团有限公司

设计单位：JERDE捷得事务所、王欧阳建筑师事务所

与城市周边环境关系：

地铁旺角站C3出口与商场的底层连接，朗豪酒店地下为前往荃湾的公共小巴总站，亚皆老街/上海街重建项目的重要部分，拥有1400个地下停车位。

建筑特色：

巨型垂直的中庭，结合通天自动扶梯及其他设施，塑造了震撼人心的城市场所空间；连接4A字楼与8字楼的"通天电梯"，是香港最长的商场扶手电梯之一。

资料来源：www.greateagle.com.hk/html/tch/our_businesses/property_develop.jsp

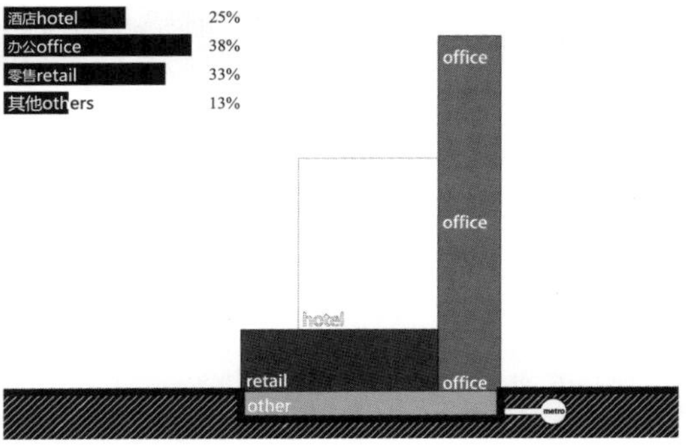

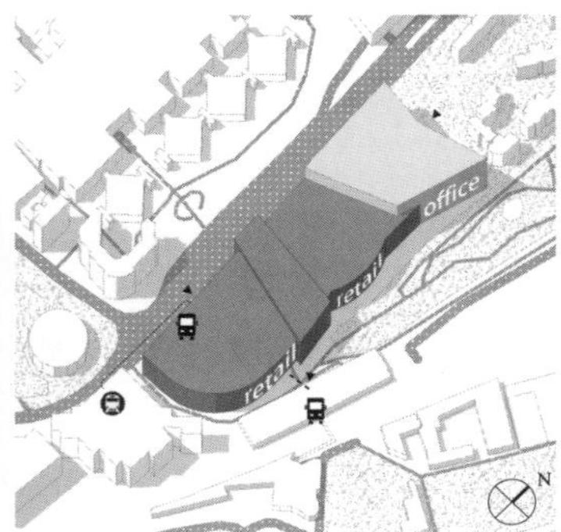

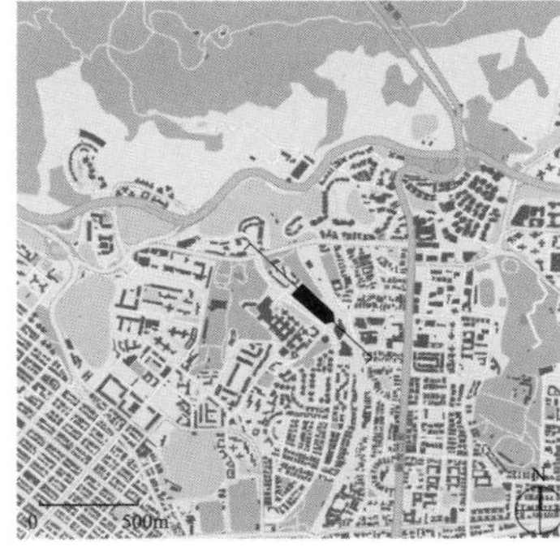

又一城
Festival Walk（1998）

中国 香港 九龙塘

居住 工作 游憩 交通

引用章节：4.1.2、5.2、6.2.2、7.3、7.4.2

功能组成：休闲、娱乐、办公、酒店、公寓

建筑面积：140000m²

占地面积：35000m²

容积率：4

建筑高度：36m

建筑规模：地上4层，地下6层

开发商：太古地产有限公司、中国中信股份有限公司

设计单位：ARQ建筑设计事务所、刘荣广伍振民建筑师事务所

与城市周边环境关系：

底层与港铁观塘线及东铁路线九龙塘站连通；又一城公共交通总站位于又一城内的地面层；有人行通道连通至香港城市大学；拥有830个地下停车位。

建筑特色：

以"流水"（人行通道）、"峡谷"（中庭扶梯）和"冰川"（溜冰场）为设计概念；商场高层可远眺笔架山、石硖尾、乐富甚至港岛区中上环。

资料来源：arquitectonica.com/blog/portfolio/mixed-use/festival-walk/

零售retail 65%

办公office 13.8%

其他others 21.2%

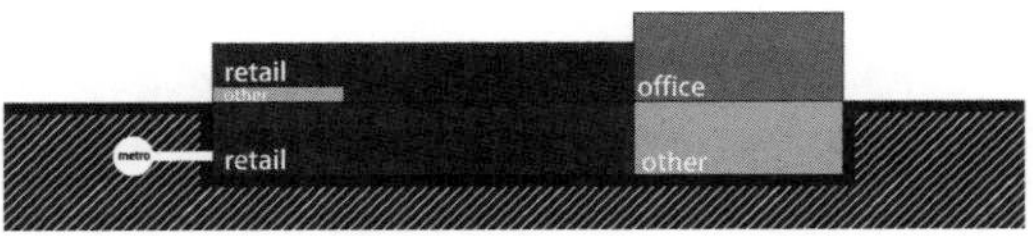

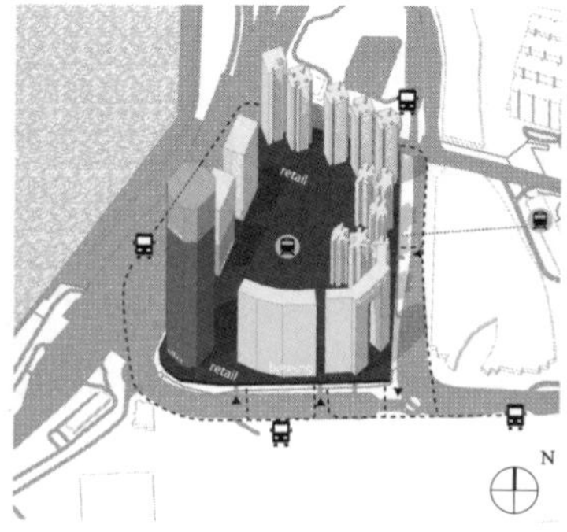

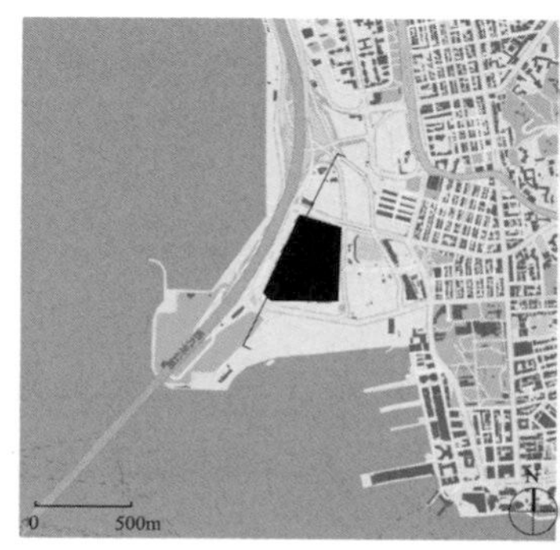

西九龙中心
Union Square（2000－2011）

中国 香港 西九龙

居住 工作 游憩 交通

引用章节：2.3.3

功能组成：零售、休闲、娱乐、办公、酒店、公寓

建筑面积：1090000m²

占地面积：135400m²

容积率：8.1

建筑高度：484m

建筑规模：地上118层，地下4层

开发商：香港铁路有限公司、九龙仓集团有限公司、恒隆地产有限公司、永泰控股有限公司、新鸿基地产发展有限公司

设计单位：关永康建筑师事务所、方黄建筑师事务所、新鸿基工程有限公司、P & T Architects & Engineers Ltd、Benoy Ltd、KPF 建筑事务所、王欧阳建筑师事务所

与城市周边环境关系：

地面层的公共运输交会处设有多条巴士及小巴路线，底层的九龙站可换乘港铁东涌线与机场快线，与维多利亚港对岸的 IFC 二期形成“维港门廊”，拥有 5600 个地下停车位。

建筑特色：

集豪宅、写字楼、商场、休闲和酒店设施于一体；顶层平台设占地 65000 ㎡的公共空间及私人休憩绿化区，包括儿童游乐场及多用途运动场；

资料来源：维基百科（zh.wikipedia.org）

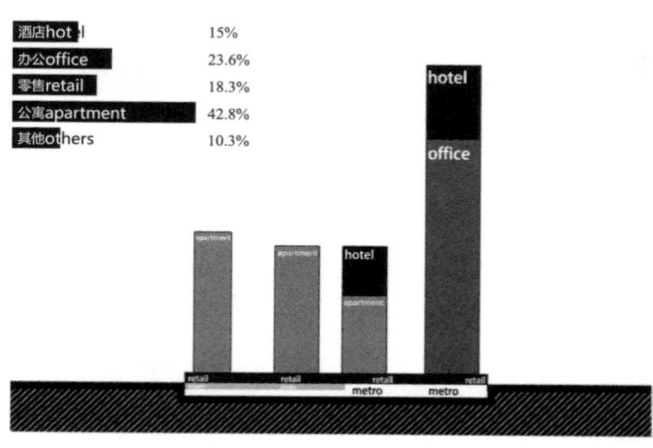

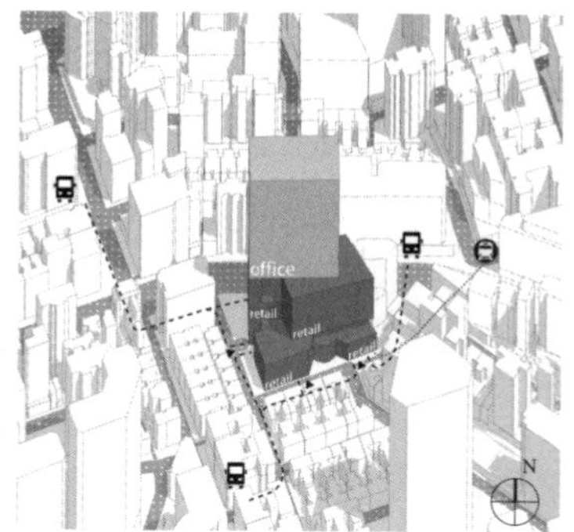

希慎广场
Hysan Place（2012）

中国 香港 铜锣湾

居住 工作 游憩 交通

引用章节：6.2.2

功能组成：休闲、零售、办公

建筑面积：67000m²

占地面积：4435m²

容积率：15.1

建筑高度：415.8m

建筑规模：地上36层，地下4层

开发商：希慎兴业有限公司

设计单位：KPF 建筑事务所、刘荣广伍振民建筑师事务所、贝诺建筑事务所（Benoy）

与城市周边环境关系：

B1 层直达港铁铜锣湾站，地面设有公交站；拥有 66 个地下停车位。

建筑特色：

香港第一幢获美国 LEED 白金认证的建筑；低层部分留出了多个大面积的“城市绿窗”空中花园，营造大型通风口，降低大厦造成的屏风效应；不同高度提供不同的中庭空间用跨层自动扶梯相连，在较小的单层平面内提供了均匀的行人流量。

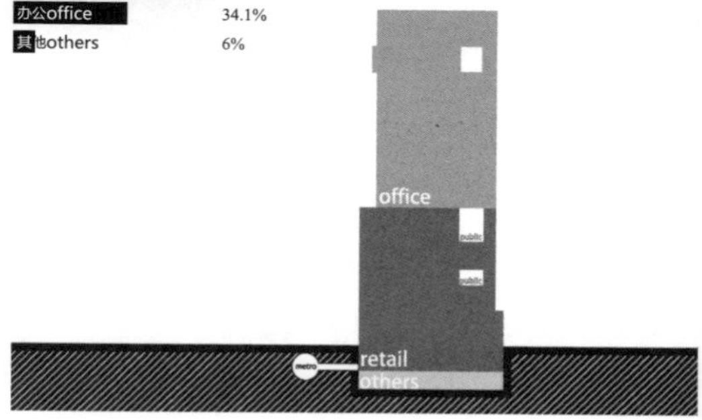

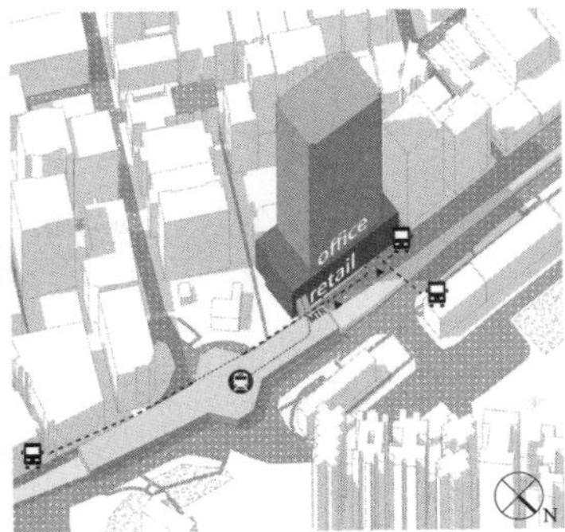

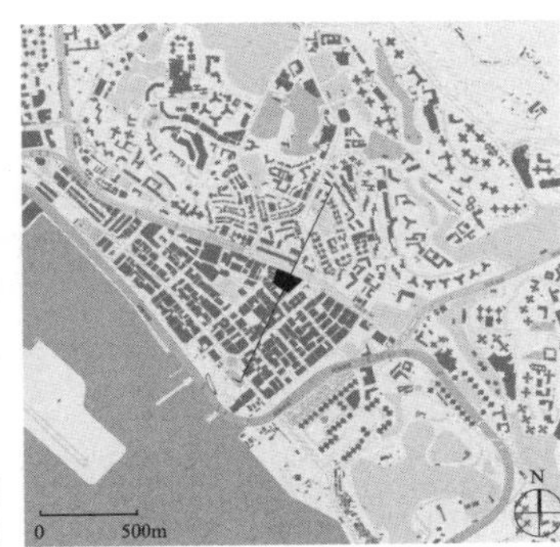

创纪之城五期
APM（2005）
中国 香港 观塘

居住 工作 游憩 交通

引用章节：7.3

功能组成：零售、休闲、娱乐、办公

建筑面积：124500m²

占地面积：6900m²

容积率：18

建筑高度：187m

建筑规模：地上42层，地下2层

开发商：新鸿基地产发展有限公司

设计单位：AGC Design、贝洛建筑事务所（Benoy）、Michael Chiang & Associates Ltd

与城市周边环境关系：

港铁观塘站与商场的C层连接，商场设有空调行人天桥连接观塘港铁站、港贸中心及裕民坊，拥有300个地下停车位。

建筑特色：

大量跨层扶梯为商场高区带来稳定客流；商店营业至晚上12点，为顾客提供一个全天候的购物热点。

资料来源：zh.wikipedia.org/wiki/創紀之城五期

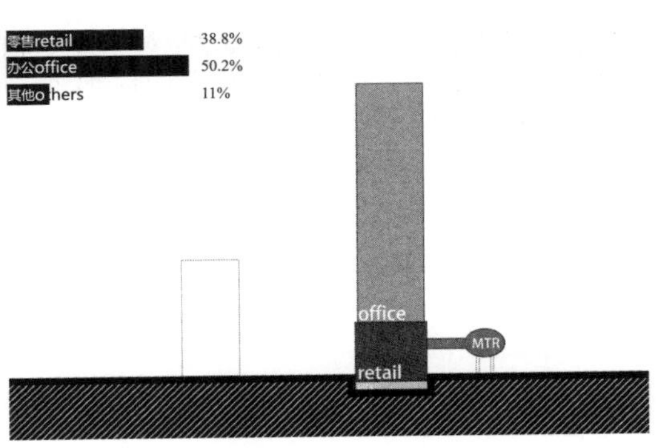

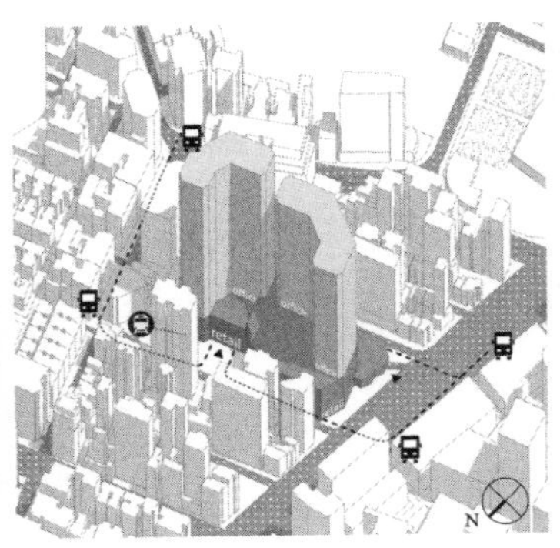

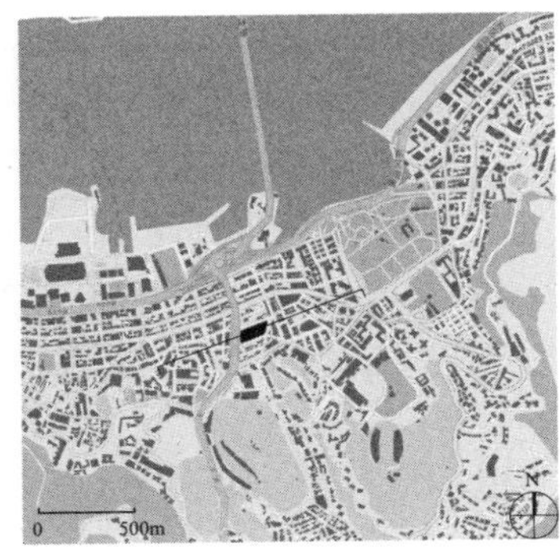

时代广场
Times Square（1993）
中国 香港 铜锣湾

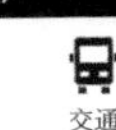

居住 工作 游憩 交通

引用章节：4.1.1

功能组成：零售、休闲、娱乐、办公

建筑面积：180000m²

占地面积：10500m²

容积率：18

建筑高度：194m

建筑规模：地上46层，地下2层

开发商：九龙仓集团有限公司

设计单位：王欧阳建筑师事务所

与城市周边环境关系：

B2层连接港铁铜锣湾站A出口及正门地下的广场，架空的首层成为铜锣湾地区的重要城市开放空间，拥有700个停车位。

建筑特色：

在罗素街和勿地臣街交界处的3017㎡的公共空间可供公众作为公共通道、休息及展览使用，拥有香港唯一的四条螺旋形扶手电梯。

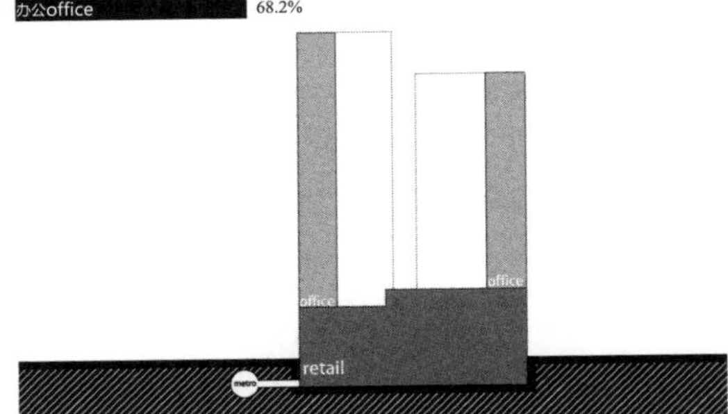

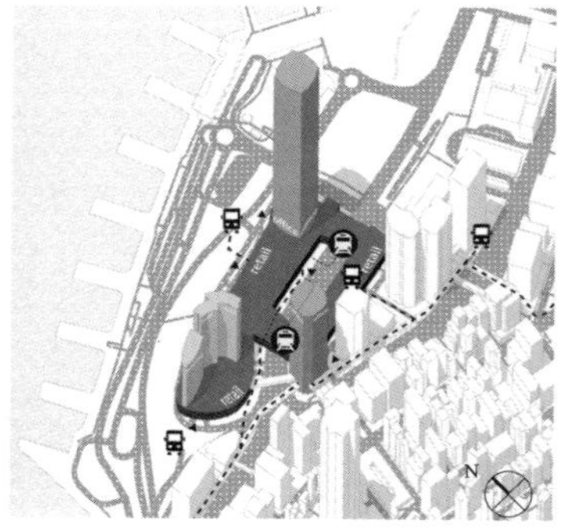

香港国际金融中心
Hong Kong IFC（1998）

中国 香港 中环

居住 工作 游憩 交通

引用章节：2.2.3、3.1.4、4.2、4.3、4.4、5.1.2、7.3、7.4.1、7.4.4

功能组成：休闲、娱乐、办公、酒店、公寓

建筑面积：436000m²

占地面积：48000m²

容积率：9.1

建筑高度：415.8m

建筑规模：地上88层，地下6层

开发商：IFC Development Ltd

设计单位：西萨·佩里联合事务所（Pelli Clarke Pelli Architects）、许李严建筑师事务所

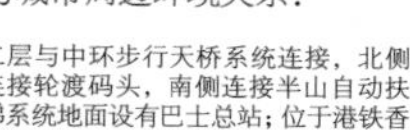

与城市周边环境关系：

二层与中环步行天桥系统连接，北侧连接轮渡码头，南侧连接半山自动扶梯系统地面设有巴士总站；位于港铁香港站上盖，并与中环站连接，可换乘荃湾线、港岛线；拥有1800个地下停车位。

建筑特色：

二期落成后为香港第一高楼；商场四层为屋顶花园，可远眺维多利亚湾；裙房采用了"口"字形布局方式，内部由环形公共空间组织，使用者在内部公共空间可以通过中庭透明屋顶时刻看见两座塔楼进行定位。

资料来源：zh.wikipedia.org/wiki/国际金融中心（香港）

日本

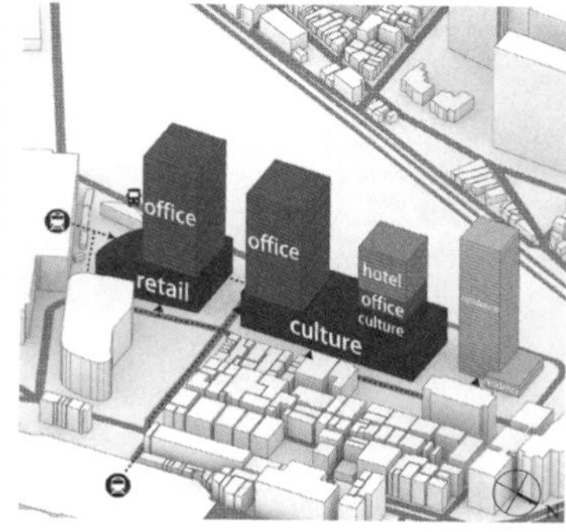

知慧创新城
Grand Front（2013）

日本 大阪

居住 工作 游憩 交通

引用章节：2.4.3

功能组成：零售、休闲、娱乐、办公、酒店、公寓

建筑面积：南馆 187846m²，北馆295100m²

占地面积：南馆 10571m²，北馆22680m²

容积率：南馆 17.8，北馆13.1

建筑高度：179.5m

建筑规模：地上38层，地下3层

开发商：三菱地产、NTT都市开发等7所

设计单位：日建设计、三菱地所设计

与城市周边环境关系：

紧邻大阪火车站，在清水与绿树环抱的自然之中，游客、居民、上班族等各种人群齐集一堂，全新的邂逅与感动由此而生，并逐步成为"城市"的力量。

建筑特色：

北馆为 KNOWLEDGE CAPITAL，店铺讲求互动体验。B1 层设世界啤酒博物馆，地下设 Benz 咖啡厅，三楼设玩具店游戏区 Bornelund、全关西最大的无印良品；五楼的"好日山庄"在商场设立攀岩墙，让人体验与大自然玩游戏的乐趣。

资料来源：www.grandfront-osaka.jp

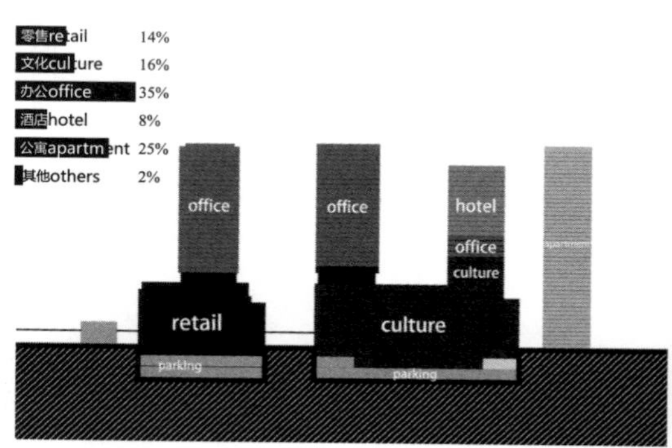

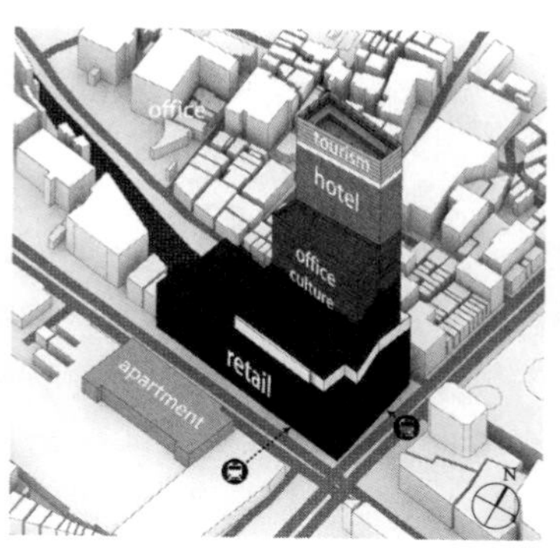

阿倍野HARUKAS
Abeno Harukas（2014）

日本 大阪

居住 工作 游憩 交通

引用章节：3.2.1

功能组成：零售、休闲、娱乐、文化、办公
酒店、公寓

建筑面积：352981.73m²

占地面积：28738.06m²

容积率：12.3

建筑高度：300m

建筑规模：地上60层，地下5层

开发商：近畿日本铁道株式会社

设计单位：竹中工务店

与城市周边环境关系：

1. 与枢纽型车站直接相连，作为大阪的南大门；
2. 高达 300m 的超高层建筑物，顶层瞭望台可以俯瞰大阪整个城市。

建筑特色：

1. 集先进的都市功能为一体的立体城市，包括写字楼、品牌酒店、美术馆等；
2. 利用尖端技术来降低二氧化碳的排放，实现自然生态的和谐与共存。

资料来源：www.abenoharukas-300.jp/zh/#outline

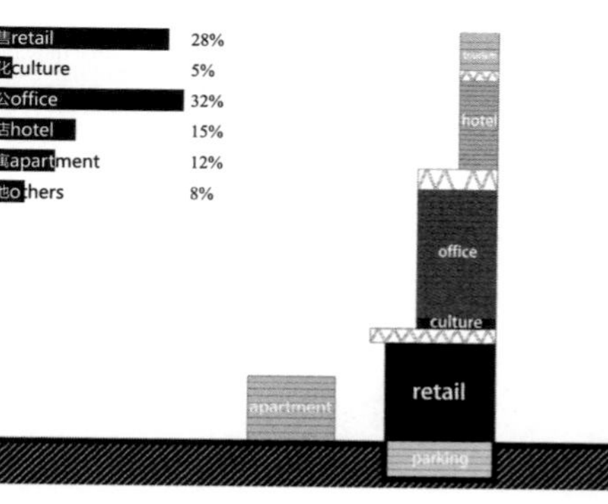

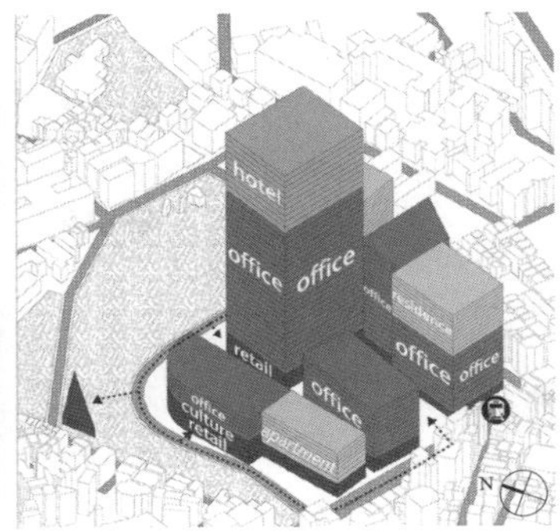

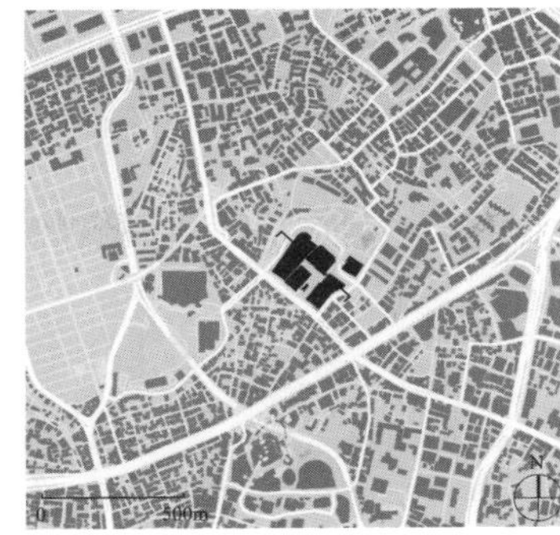

东京中城
Tokyo Midtown（2007）

日本 东京

居住　工作　游憩　交通

引用章节：3.4.2

功能组成：零售、休闲、娱乐、文化、办公、酒店、住宅

建筑面积：563000m²

占地面积：68900m²

容积率：6.67

建筑高度：87m

建筑规模：地上54层，地下5层

开发商：三井不动产

设计单位：SOM、日建设计、隈研吾建筑设计事务所、安藤忠雄建筑研究所

与城市周边环境关系：

“建造一个具有日式价值、充满魅力的街区”被定义为开发的基本理念。在政府与开发商的共同努力下保留基地上原有130棵树木，扩张周边道路，并与相邻的桧町公园一体化规划，形成了与周边地区共生的广阔绿地，并积极保护周边环境。

建筑特色：

是东京拥有最大片绿地的城市综合体，其巨大魅力在于拥有丰富的树木花草；东京中城的另一个亮点是以人为核心，创造新的生活美学空间。

资料来源：en.wikipedia.org/wiki/Tokyo_Midtown

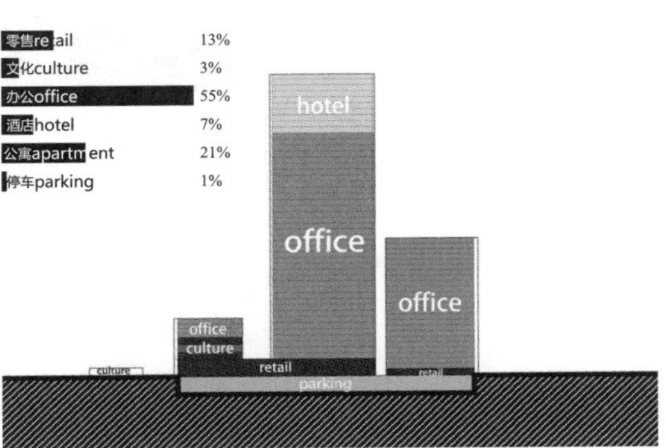

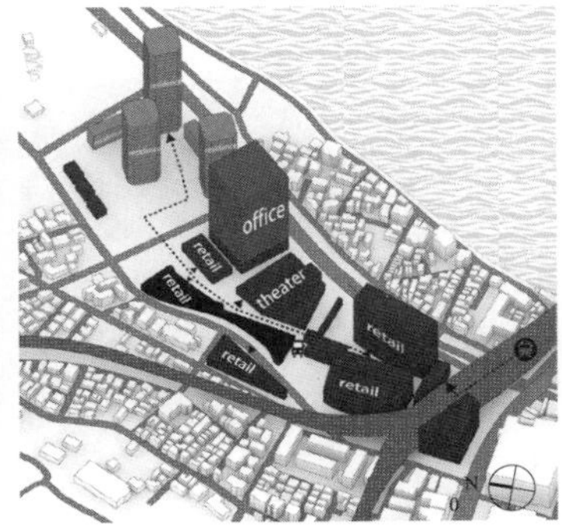

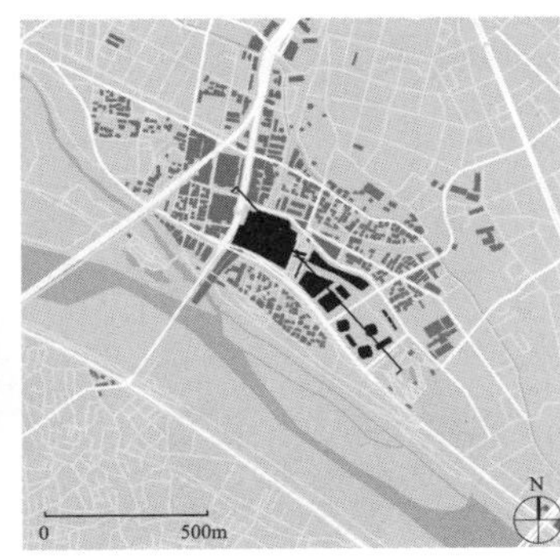

二子玉川
Futako-Tamagawa Rise（2015）

日本 东京

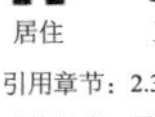

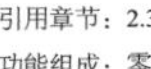

居住　工作　游憩　交通

引用章节：2.3.1

功能组成：零售、休闲、娱乐、办公、住宅、交通

建筑面积：429200 ㎡

占地面积：119083㎡

容积率：3.6

建筑高度：不详

建筑规模：不详

开发商：东急不动产

设计单位：日建设计

与城市周边环境关系：

位于东京与神奈川交界的多摩川沿岸，是东京急行电铁（东急）田园都市线沿线的主要车站。基于“从城市到自然”的开发理念，整个项目由一条约1km长的步行街串联，两头分别是地铁站和二子玉川公园。重视设施的方便性和舒适性。

建筑特色：

获得日本第四个建筑“LEED铂金级认证”；舒适绿色的屋顶步行系统与住宅区大片绿地相结合，在繁忙的高密度都市中营造宜人的生活场所。

资料来源：www.tokyu-cnst.co.jp

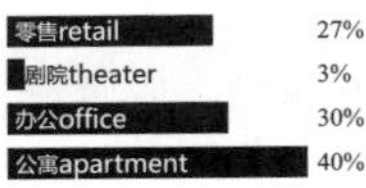

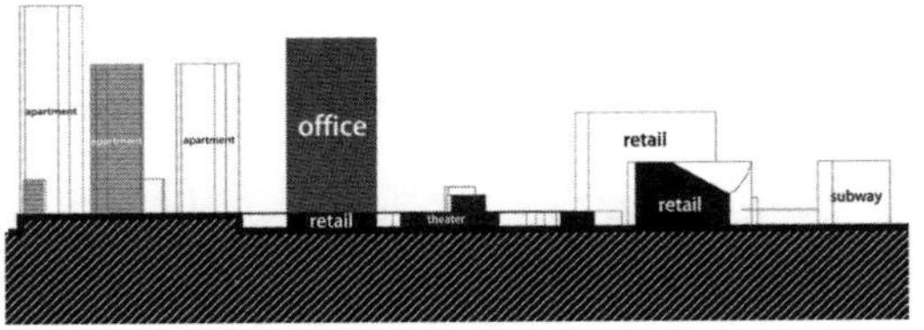

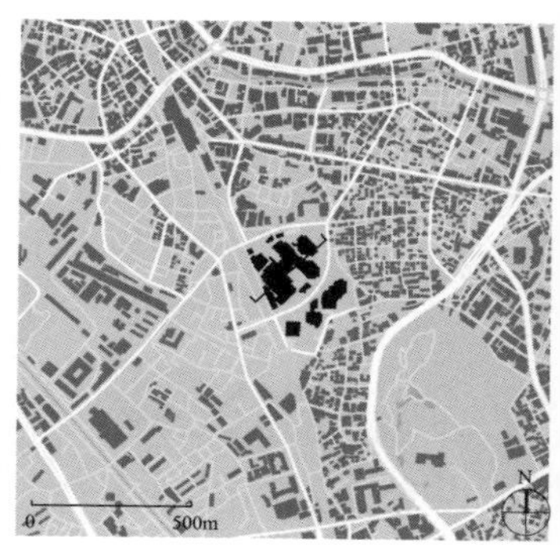

惠比寿花园广场
Yebisu Garden Place（1994）

日本 东京

引用章节：3.3.3

功能组成：办公、零售、休闲、娱乐、居住、酒店、文化

建筑面积：476351m²

占地面积：82366m²

容积率：5.78

建筑高度：167m

建筑规模：地上40层，地下5层

开发商：札幌不动产开发株式会社

设计单位：久米设计

与城市周边环境关系：

通过很长的直达通道连接地铁站，通道两侧设有大片商业；公共活动区域以下沉式广场为中心；共有1900个停车位。

建筑特色：

在现代的"时间消费"型社会里，以新型生活空间的塑造为主旨，力图创造一个与之相适应的、具有丰富空间感受的大众化的"街区"，设计上追求一种既有现代，又带有欧洲传统城市风格的空间氛围。

资料来源：gardenplace.jp/shop/area.php

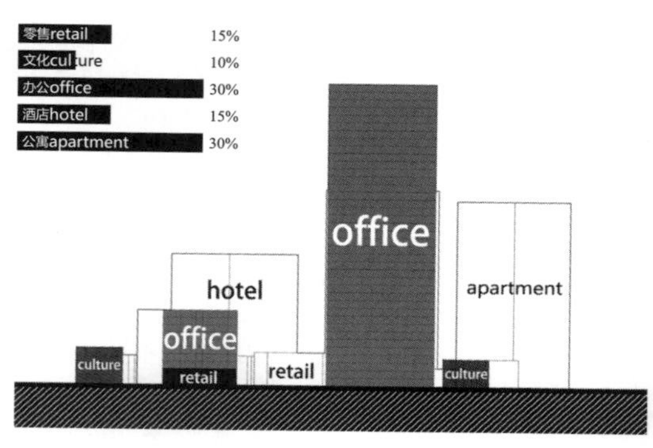

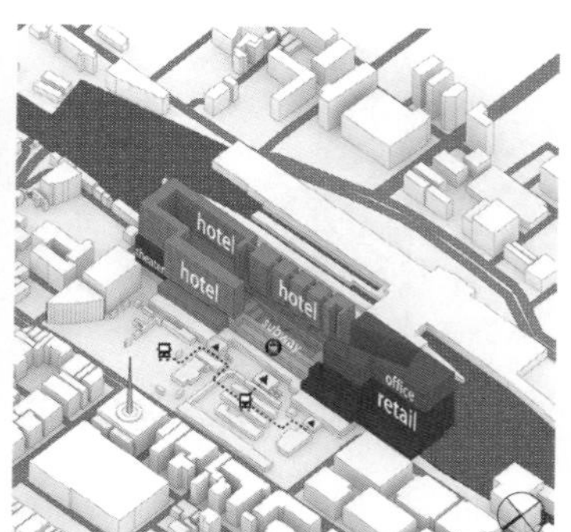

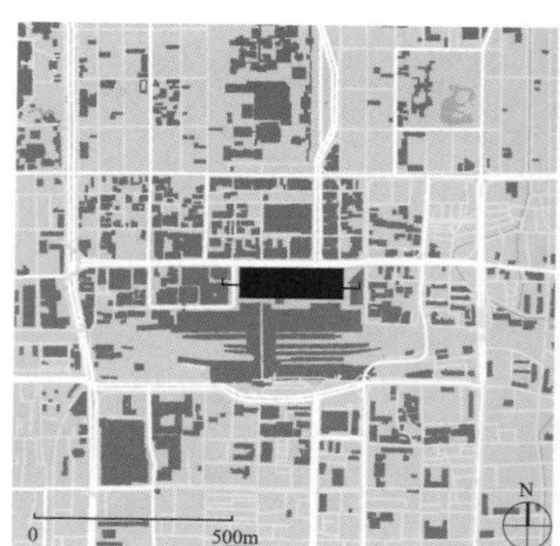

京都火车站
Kyoto Station（1997）

日本 京都

引用章节：6.2.3

功能组成：交通、零售、休闲、娱乐、文化、办公、酒店

建筑面积：237689m²

占地面积：38076m²

容积率：6.24

建筑高度：60m

建筑规模：地上16层，地下3层

开发商：不详

设计单位：原广司

与城市周边环境关系：

京都站是多条铁路路线的总站，作为京都这个观光名所的玄关口，车站有多条巴士、地下铁等公共交通提供前往京都市内观光名胜的交通服务。

建筑特色：

兼收了多种设计因素：美国购物中心式的中庭、西方城市的传统公共空间以及日本的交通中心。其已经不是一个纯粹的火车站，而是城市的大型开敞式露天舞台、大型活动的聚会中心、古城全景的观赏点、购物中心和空中城市。

资料来源：www.kyoto-station-building.co.jp

零售retail 25%
剧院theater 10%
办公office 15%
酒店hotel 45%
公寓apartment 5%

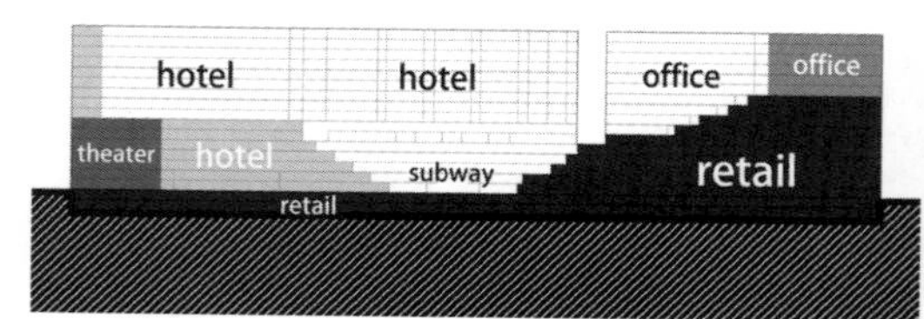

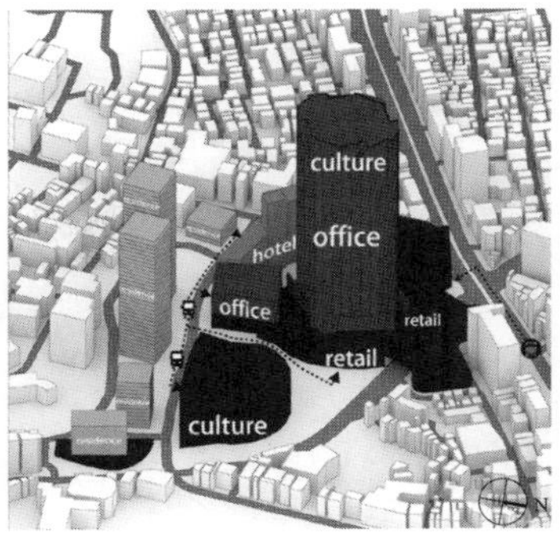

六本木之丘
Roppongi Hills（2003）

日本 东京

居住　工作　游憩　交通

引用章节：2.4.1、2.4.2、6.2.3

功能组成：零售、休闲、娱乐、办公、酒店

建筑面积：759100m²

占地面积：89400m²

容积率：8.38

建筑高度：238m

建筑规模：地上54层，地下6层

开发商：森大厦集团、朝日电视台

设计单位：森大厦、入江三宅设计事务所、山下设计、日建设计、KPF 建筑事务所、JERDE 捷得事务所

与城市周边环境关系：

六本木之后再开发计划以打造“城市中的城市”为目的，并以展现其艺术、景观、生活独特的一面为发展重点；六本木之后建立了良好的区内交通体系，以垂直流动线来思考建筑的构成，使整体空间充满了层次变化感。

建筑特色：

六本木之丘是一座集办公、住宅、商业设施、文化设施、酒店、豪华影院和广播中心为一身的建筑综合体。建筑间与屋顶上大面积的园林景观，在拥挤的东京都成为举足轻重的绿化空间，已经成为著名的旧城改造、城市综合体的代表项目。

资料来源：www.roppongihills.com

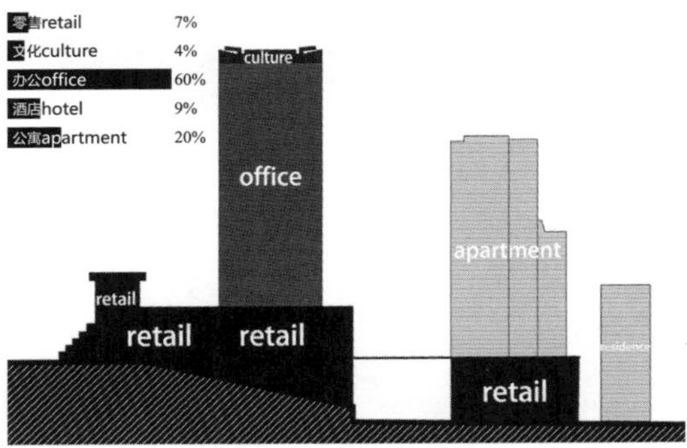

难波公园
Namba Parks（2007）

日本 大阪

居住　工作　游憩　交通

引用章节：3.4.3、5.1.2

功能组成：零售、休闲、娱乐、办公、居住

建筑面积：243800m²

占地面积：37232m²

容积率：6.55

建筑高度：不详

建筑规模：商业9层，办公30层

开发商：南海电气铁道株式会社

设计单位：JERDE捷得事务所、日本大林组、日建设计等

与城市周边环境关系：

坐落于南海电铁难波站旁的大型商业综合设施，原址是一座棒球馆，离机场一站之遥，将城际列车、地铁等交通枢纽功能与办公、住宅完美结合。

建筑特色：

难波公园并非传统意义上的公园，而是包含购物中心与办公住宅功能的城市综合体，从远处看去，是一个斜坡公园，层层推进，绿树茵茵，仿佛是游离于城市之上的自然绿洲，与周边建筑的冷酷风格形成鲜明的对比。

资料来源：www.nambaparks.com

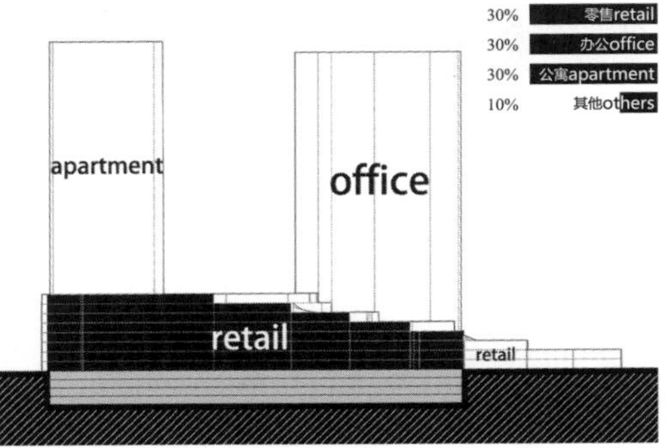

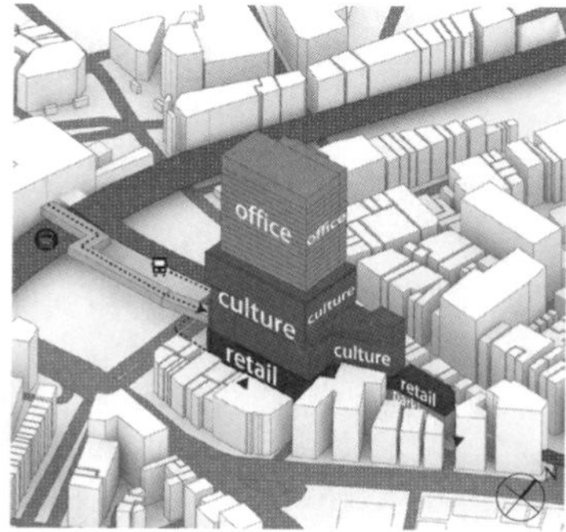

涩谷未来之光
Shibuya Hikarie（2012）

日本 东京

居住　工作　游憩　交通

引用章节：2.2.1、3.2.3

功能组成：零售、休闲、娱乐、办公、剧场、文化、交通

建筑面积：143953m²

占地面积：9640m²

容积率：13.7

建筑高度：182.5m

建筑规模：地上34层，地下4层

开发商：东京急行电铁

设计单位：日建设计、东急设计

与城市周边环境关系：

涩谷是一个山谷，而整个涩谷站共有地上、地下8条轨道，由于其特有的地形原因，不同线路的相互联系就需要考虑原有和现有的铁道运行。为使原先在地面的东急东横线与地铁对接，所以先行拆迁了旧东急文化会馆，腾出了开发所需的空地，随着新轨道和车站埋设工程的不断进行，再在相应的地块上进行新的开发。

建筑特色：

通过公共文化设施的植入提高了建筑容积率；多条轨道线路节点。

资料来源：日建设计

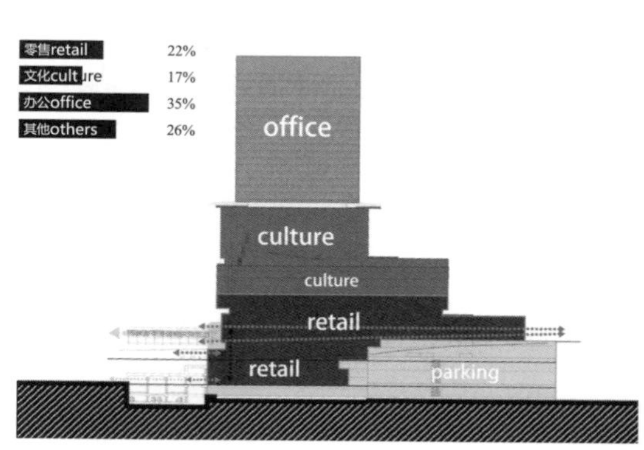

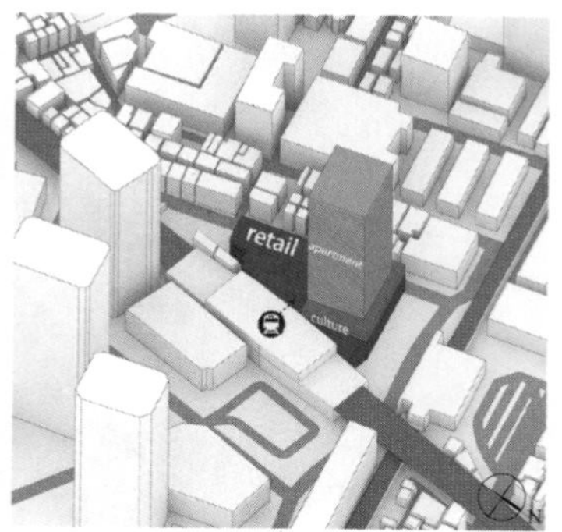

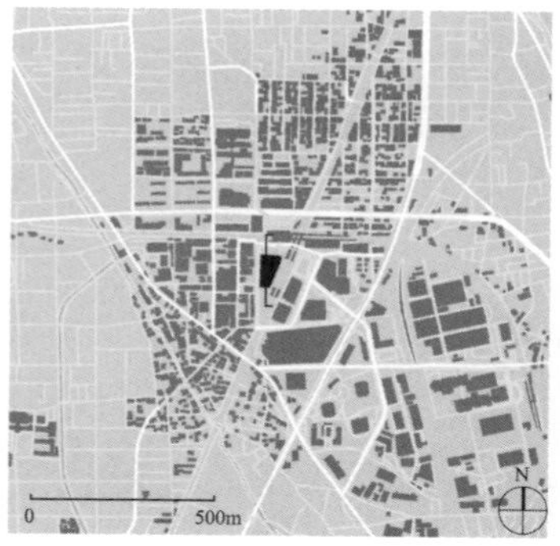

东急广场（武藏小杉站）
Tokyu Plaza（2013）

日本 神奈川

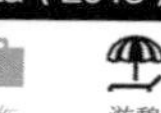

居住　工作　游憩　交通

引用章节：6.2.1

功能组成：零售、休闲、图书馆、居住

建筑面积：71800m²

占地面积：7520m²

容积率：6.6

建筑高度：150m

建筑规模：地上37层，地下3层

开发商：东急不动产

设计单位：日本设计

与城市周边环境关系：

东急广场位于武藏小杉站南部，原址为老化的商业设施和中原变电站，道路狭窄且存在停车问题，开发后增加大量停车位同时与武藏小杉站直接相连。

建筑特色：

高层住宅与底层商业之间有一个公立的川崎市中院图书馆，并配备独立的交通系统。图书馆置入商业中，二者客流量都有相应的增加。

资料来源：www.musashikosugilife.com/ saikaihatsujoho-kosuginanbu.html

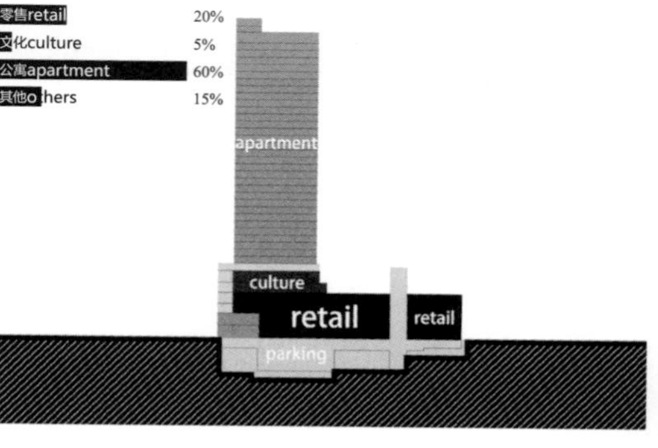

新加坡

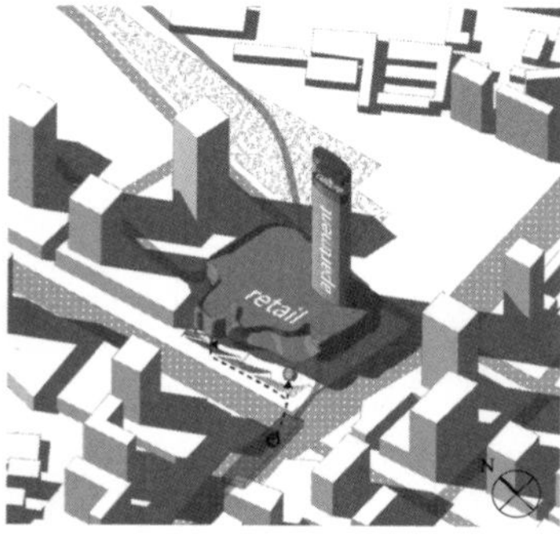

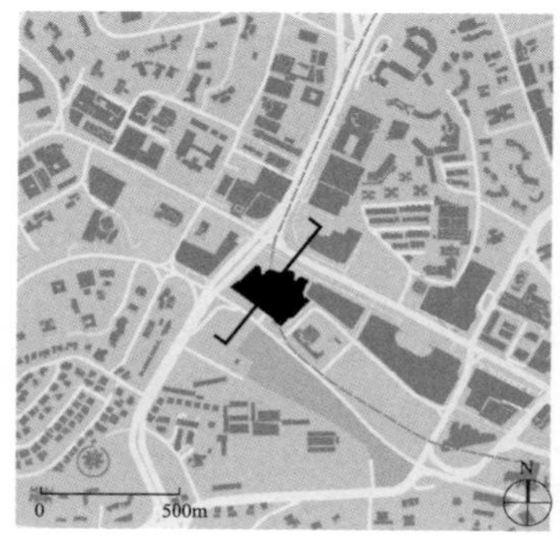

爱雍 · 乌节
ION Orchard（2009）

新加坡

居住 工作 游憩 交通

引用章节：6.2.1

功能组成：零售、休闲、娱乐、办公、公寓、文化

建筑面积：212000m²

占地面积：不详

容积率：不详

建筑高度：218m

建筑规模：地下4层，地上52层

开发商：凯德置地&新鸿基

设计单位：贝诺建筑事务所（Benoy）

与城市周边环境关系：

商场地下与乌节路地铁站直接相连；裙楼巨大天幕笼罩着一个达3 000㎡的市民广场。

建筑特色：

ION Orchard被描述成一枚掉落在果园的种子，种子的核是高端商业中心，裙楼的曲面外墙以及外墙延伸出的天幕为包覆着的果皮，婷婷的芽是高高矗立的公寓塔楼；ION Orchard的顶部是一座双层的观光台，在这里可以360° 观赏新加坡城市景观。

资料来源：www.ionorchard.com/cn www.benoy.com

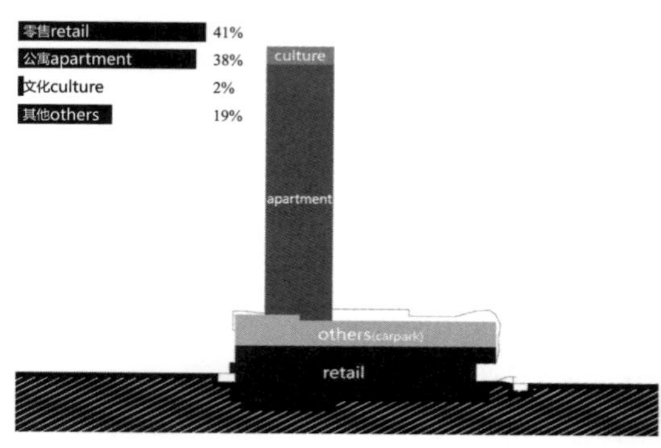

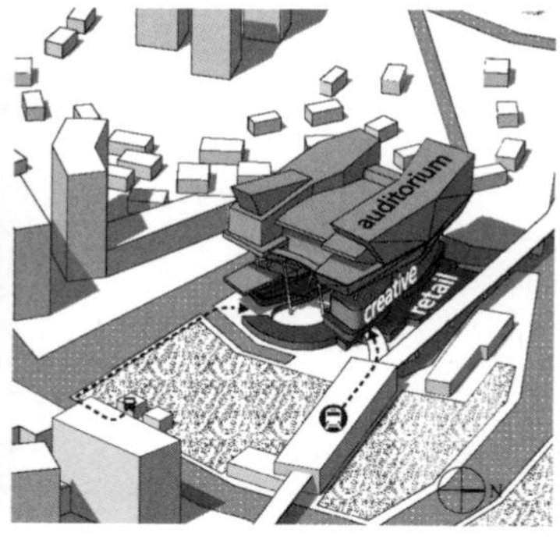

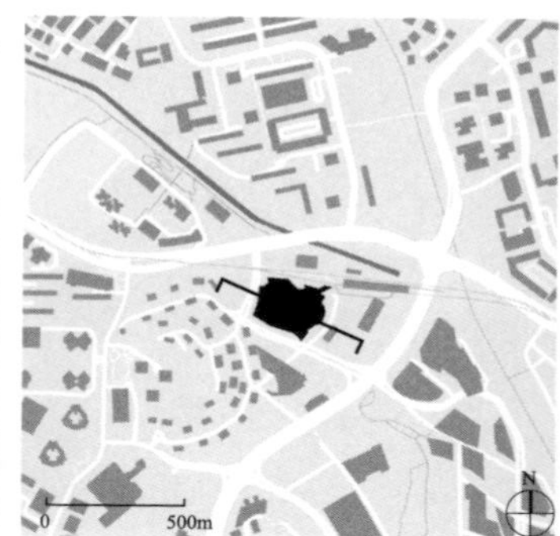

The Star Vista（2012）

新加坡

居住 工作 游憩 交通

引用章节：3.4.3

功能组成：零售、休闲、娱乐、文化

建筑面积：62000m²

占地面积：19200m²

容积率：不详

建筑高度：75m

建筑规模：地下4层，地上11层

开发商：Rock Productions Pte Ltd、CapitaMalls Asia Limited

设计单位：Aedas

与城市周边环境关系：

EW21轻轨线buona vista站设有通向the star vista的独立出口。建筑呼应原有高度不一的地形，将一层分为两个高度，分别为Level 1（从南部、东南部和西部进入）和Level 2（从北部和东北部进入）。

建筑特色：

建筑的外形可收集盛行的从南北两个方向刮来的微风，并使其加速通过室外空间，提高外部公共空间舒适度；建筑上层的剧院有超过5000个座位以及两个包厢，是迄今为止新加坡最大的同类型场地。

资料来源：www.archdaily.cn

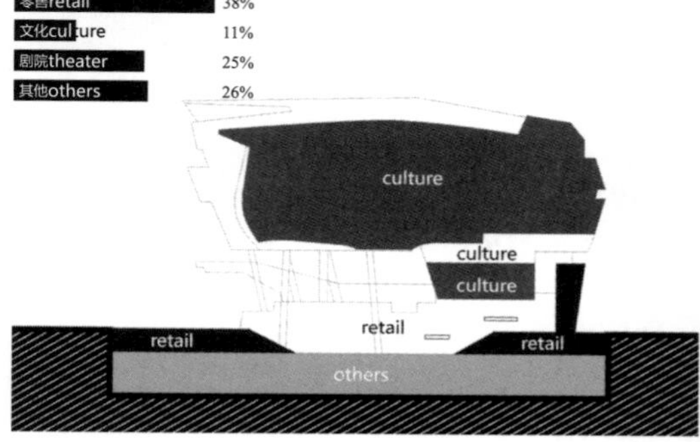

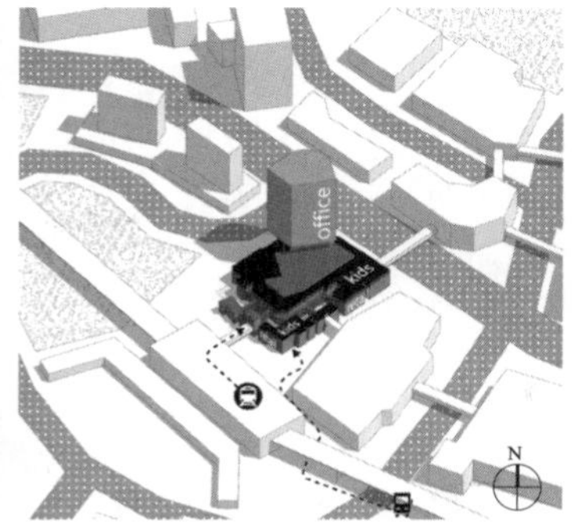

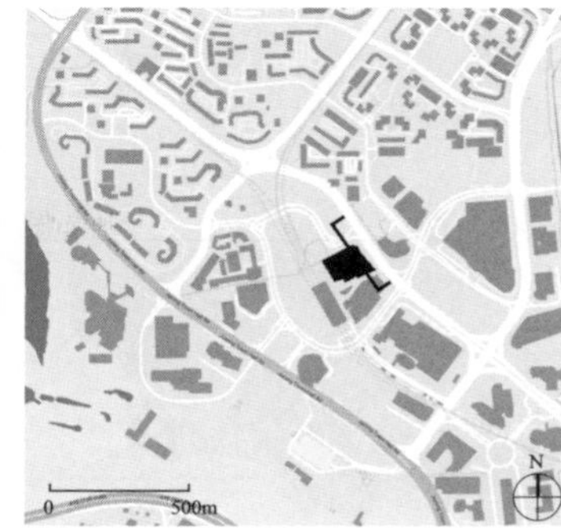

西门广场

Westgate（2013）

新加坡

居住 工作 游憩 交通

引用章节：3.4.2

功能组成：零售、休闲、娱乐、办公

建筑面积：91700m²

占地面积：不详

容积率：不详

建筑高度：不详

建筑规模：购物中心地下2层，地上5层

开发商：凯德置地

设计单位：贝诺建筑事务所（Benoy）

与城市周边环境关系：

该区域通过J-walk廊道步行系统将地铁站，公交站，Westgate、Jem等商场以及医院联系在一起，极大提高了步行可达性。Westgate直接与Jurong East轻轨站点和公交枢纽相连。

建筑特色：

商场五层集中布置与儿童相关的业态，包括儿童乐园，早教中心等。建筑部分为室外空间，通过被动式节能设计，提高公共空间舒适度。

资料来源：www.wikipedia.org

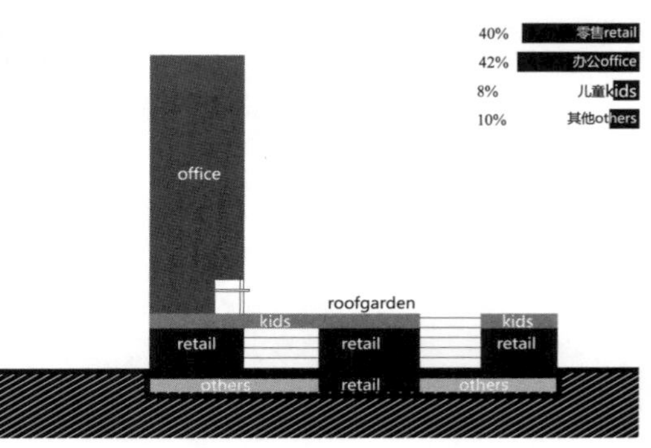

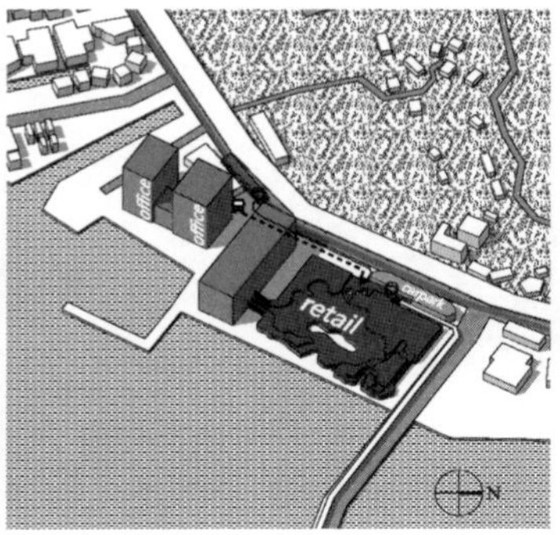

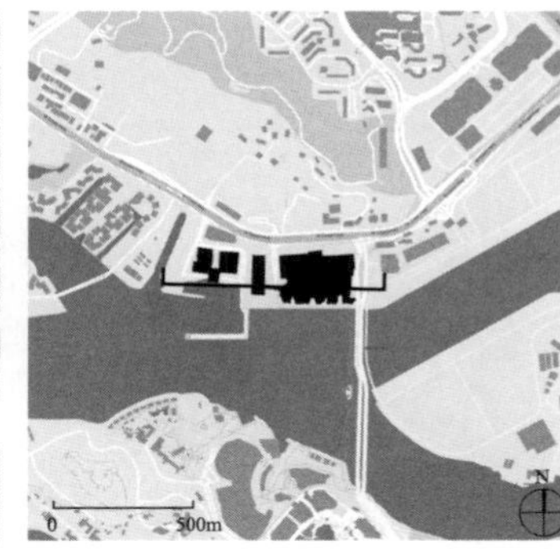

怡丰城

Vivo City（2006）

新加坡

居住 工作 游憩 交通

引用章节：3.4.1

功能组成：零售、休闲、娱乐、办公

建筑面积：137400m²

占地面积：89140m²

容积率：不详

建筑高度：不详

建筑规模：购物中心地下2层，地上3层

开发商：丰树产业（Maple Tree Investment）

设计单位：DP Architects Pte Ltd Singapore、Toyo Ito & Associates，Japan

与城市周边环境关系：

地下与地铁站直接相连，商场三层与通往圣淘沙的单轨城铁相连；南部为港湾步行道，连接海运中心码头。

建筑特色：

本地最大型一站式购物、休闲和娱乐中心；顶层围绕儿童业态打造了一个露天内庭院，内设开放式操场及大量活动设施供儿童免费使用；整个建筑屋顶成为免费向市民游客开放的公共空间。

资料来源：怡丰城[J].建筑创作，2014（01）：352-361

德国

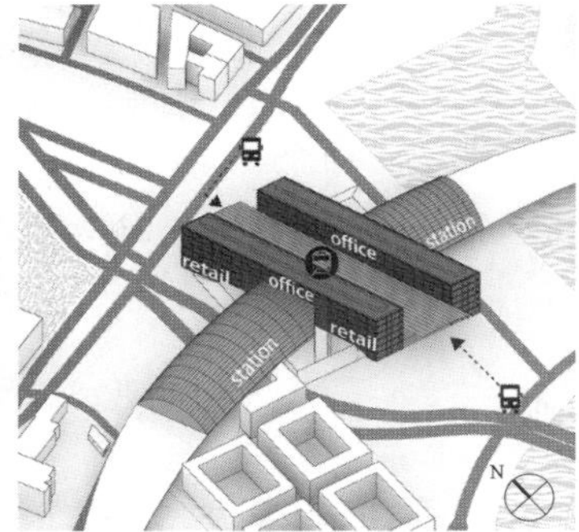

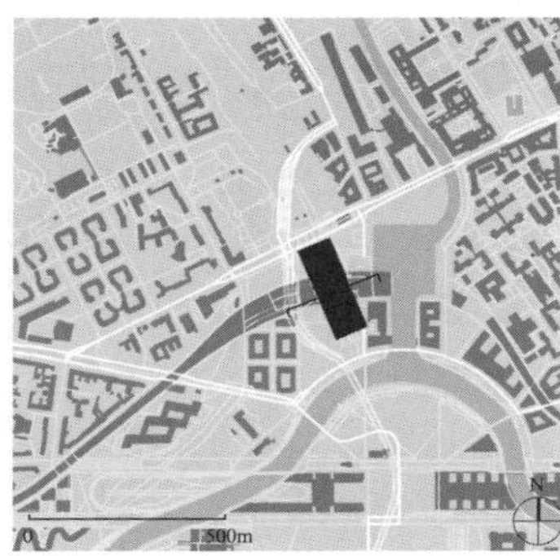

柏林中央火车站

Berlin Hauptbahnhof（2003）

德国 柏林

居住 工作 游憩 交通

引用章节：3.1.1

功能组成：交通、零售、休闲、办公、娱乐、旅游

建筑面积：175000m²

占地面积：15000m²

容积率：11.67

建筑高度：46m

建筑规模：地上5层，地下2层

开发商：Berlin Hauptbahnhof

设计单位：GMP建筑事务所

与城市周边环境关系：

车站共分5层，开放式的天棚可以使自然光充分照亮车站大厅；车站投入使用后，每天有30万名乘客通过这里的54座自动扶梯和34架电梯，踏上驶向各地的总共1100趟列车。

建筑特色：

车站像机场航站楼一样，地面轨道长320m，地下月台长450m，拥有80多家商店。连接巴黎和莫斯科的东西线列车从高出地面12m处进出，而连接哥本哈根和雅典的南北线则在地下15m深处通过。

资料来源：en.wikipedia.org/wiki/Berlin_Hauptbahnhof

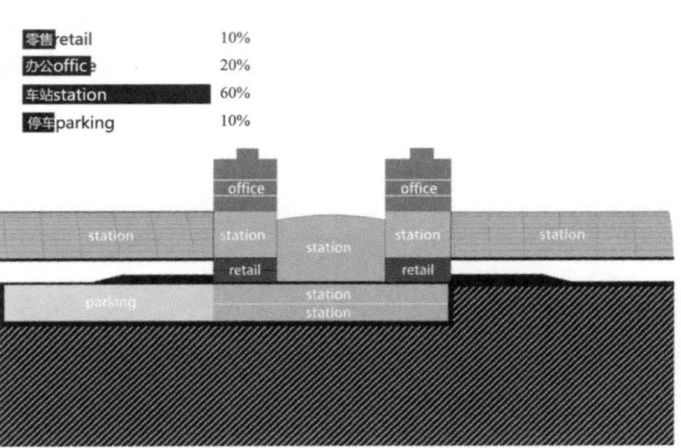

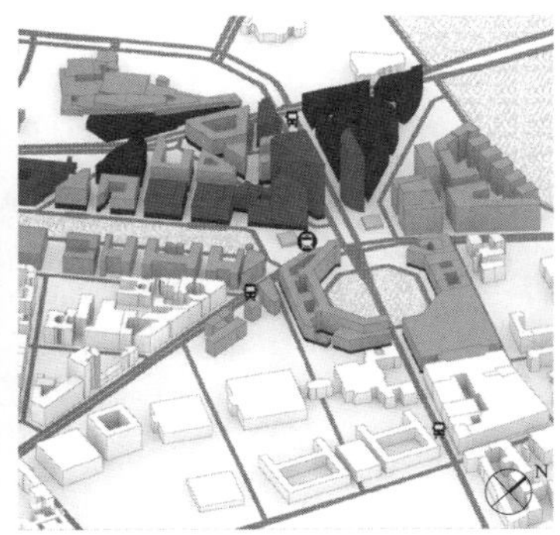

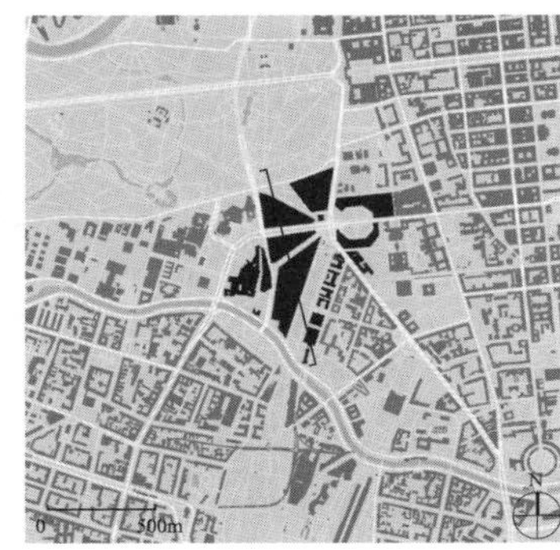

波茨坦广场

Potsdamer Platz（1998）

德国 柏林

 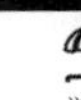  

居住 工作 游憩 交通

引用章节：3.3.1

功能组成：办公、酒店、居住、零售、休闲、娱乐、文化、艺术、服务、广场

建筑面积：不详

占地面积：600000m²

容积率：不详

建筑高度：不详

建筑规模：22层

开发商：戴姆勒-奔驰汽车公司

设计单位：伦佐·皮亚诺（城市设计）

与城市周边环境关系：

柏林墙倒塌之后，波茨坦广场曾是欧洲最大的建筑工地。1993—1998年间，这里建起了戴姆勒·克莱斯勒区，其中有办公楼、商店、饭店、居民住房、餐馆以及Stella-音乐剧院和一个赌场。

建筑特色：

22层高的德比斯大楼（debis-Haus）由伦佐·皮亚诺（Renzo Piano）设计，其巨大宽阔的正厅内设有让·丁格利（Jean Tinguely）的机械雕塑"Meta-Maxi"。与其相连的是一家全景电影院和购物中心阿卡丹（Arkaden），内有各式商店。

资料来源：potsdamerplatz.de/en/

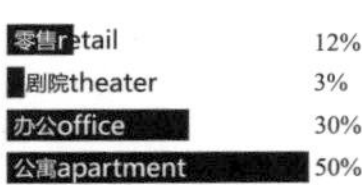

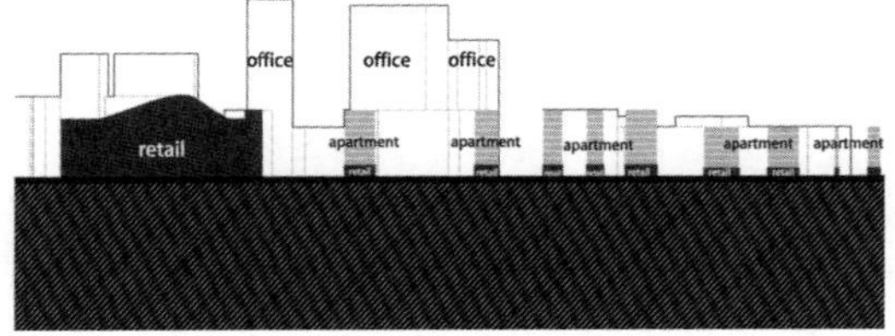

美国

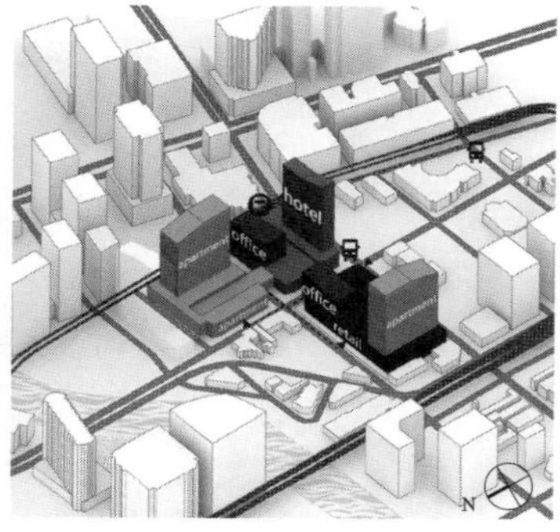

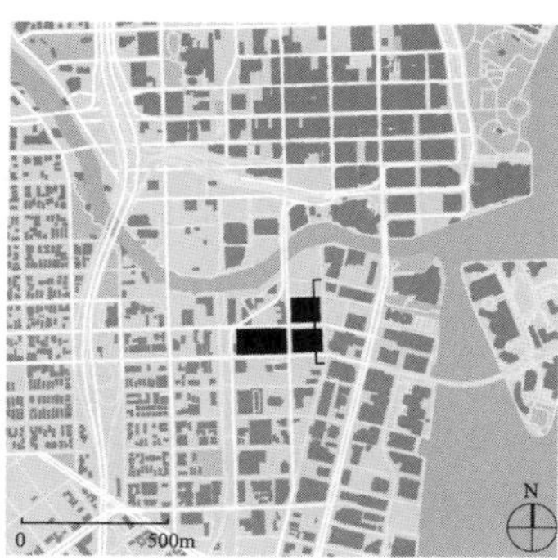

布里克尔城市中心
Brickell City Center（2016）

美国 迈阿密

居住　工作　游憩　交通

引用章节：3.2.2

功能组成：零售、休闲、娱乐、办公、酒店

建筑面积：325150m²

占地面积：36422m²

容积率：8.93

建筑高度：159.1m

建筑规模：48层

开发商：太古地产

设计单位：ARQ建筑设计事务所

与城市周边环境关系：

位于迈阿密市中心的城市更新开发项目。这一项目将成为迈阿密市中心的轻轨环线与城郊轨道交通换乘的交通中心。

建筑特色：

项目的核心是一条跨越四个街区串联各功能和交通设施的空中人行步道。这一城市公共空间最大的亮点，即是覆盖其上的“气候缎带”（Climate Ribbon）屋顶系统。“气候缎带”是一个复杂而颇具创新性的气候控制系统，通过数字设计优化，能够实现遮阳、隔热、拔风和导风等作用，来提供积极主动地气候控制。

资料来源：www.swireproperties.com/zh-cn/portfolio/current-developments/brickell-city-centre.aspx

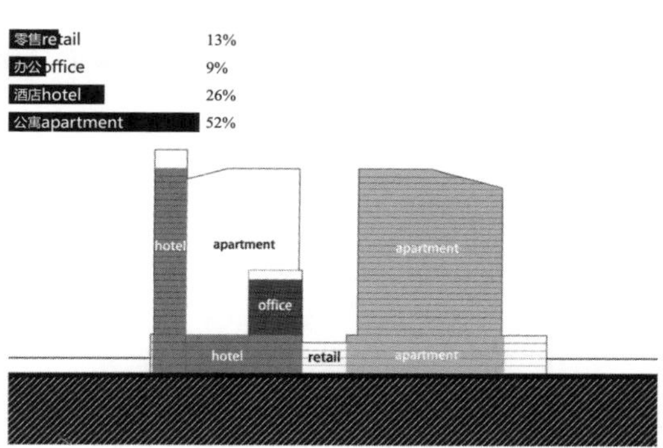

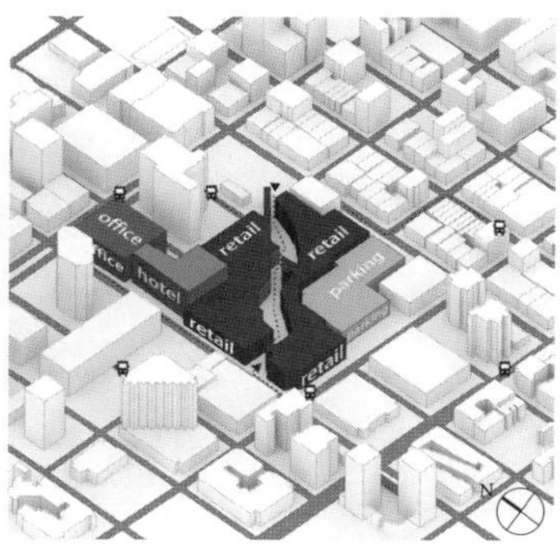

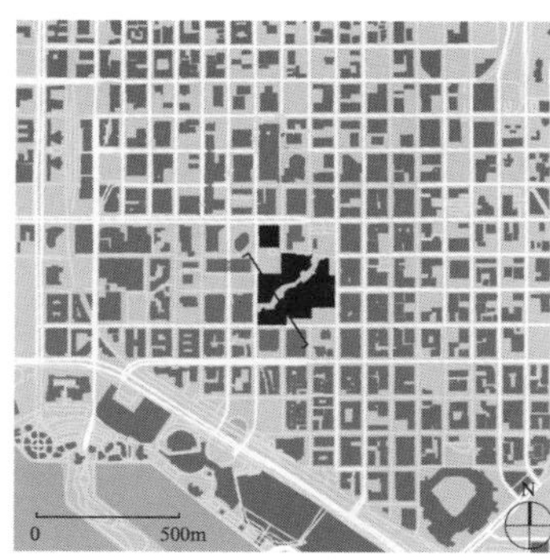

霍顿广场
Westfield Horton Plaza（1985）

美国 圣迭戈

居住　工作　游憩　交通

引用章节：2.5.1

功能组成：零售、休闲、娱乐、文化、广场

建筑面积：70420.8m²

占地面积：不详

容积率：不详

建筑高度：29m

建筑规模：5层

开发商：德国The Hahn 公司

设计单位：JERDE捷得事务所

与城市周边环境关系：

其策划设计和建设扮演着地区振兴催化剂的角色；其创造性的步行内街暗隐的轴线直指海滨码头区，并作为市区联系海滨码头区的空间起点。这一线形的空间是城市整体空间形体系统的有机要素，在时间维度上则起着延续地区历史文脉的作用；提供了约2500个停车位。

建筑特色：

霍顿广场让人感到更像一个浓缩了的立体化的步行街，而不像一个普通意义上的SHOPPING MALL。

资料来源：en.wikipedia.org/wiki/Westfield_Horton_Plaza

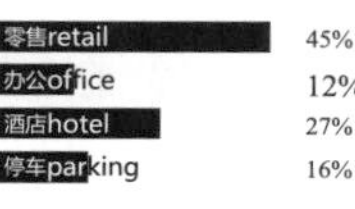

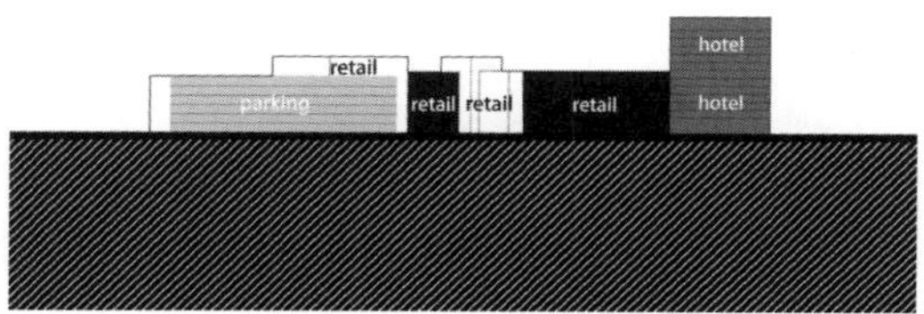

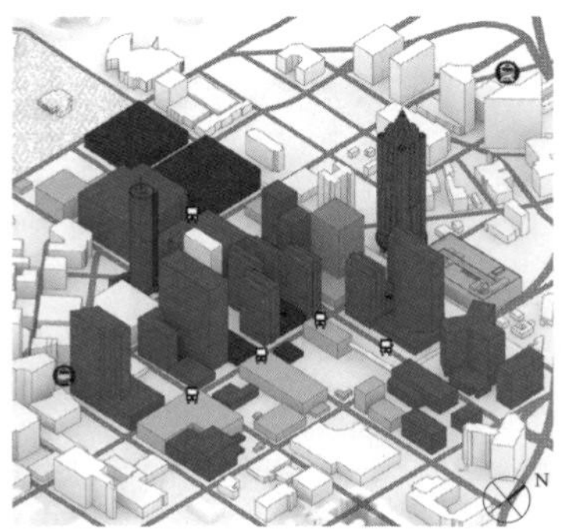

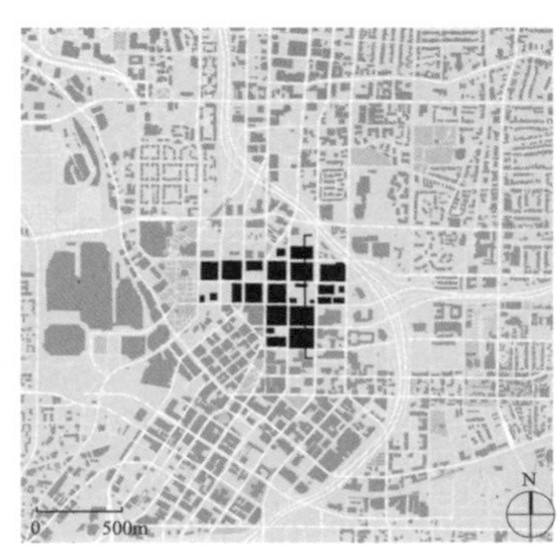

桃树中心
Peachtree Center（1960—2001）

美国 亚特兰大

居住 工作 游憩 交通

引用章节：8.5
功能组成：办公、零售、酒店、展览
建筑面积：1765000m²
占地面积：不详
容积率：不详
建筑高度：269.1m
建筑规模：酒店73层
开发商：波特曼建筑事务所
设计单位：波特曼建筑事务所

与城市周边环境关系：

是当今最大的混合使用开发区域之一，在40余年内不断完善和调整，成为一个功能完整的区域。

建筑特色：

创造了巨型中庭和内廊形式的共享空间，成为当代城市综合体最为常用的内部空间组织方式。

资料来源：en.wikipedia.org/wiki/Peachtree_Center

零售retail	10%
办公office	75%
酒店hotel	5%
停车parking	10%

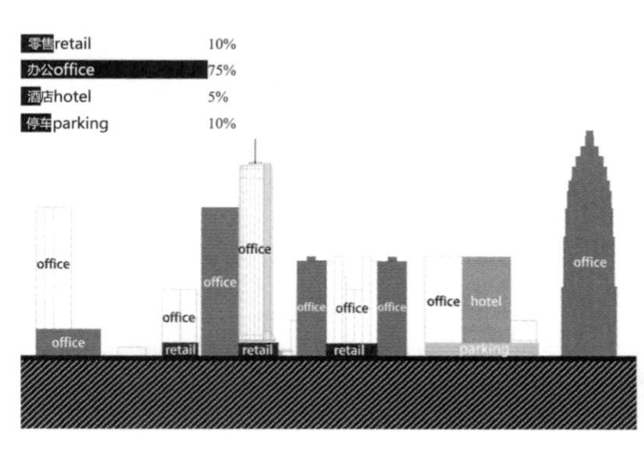

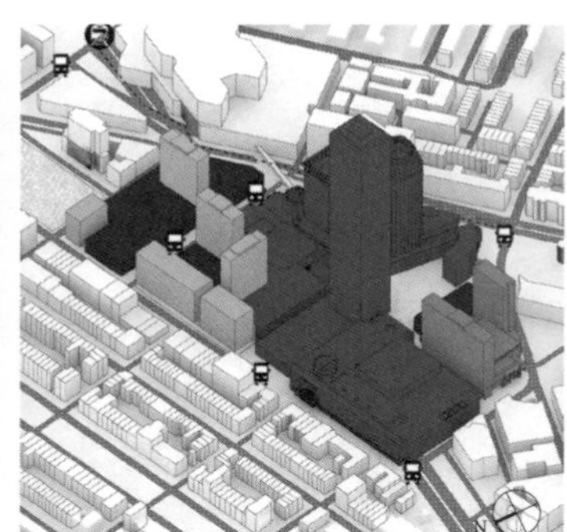

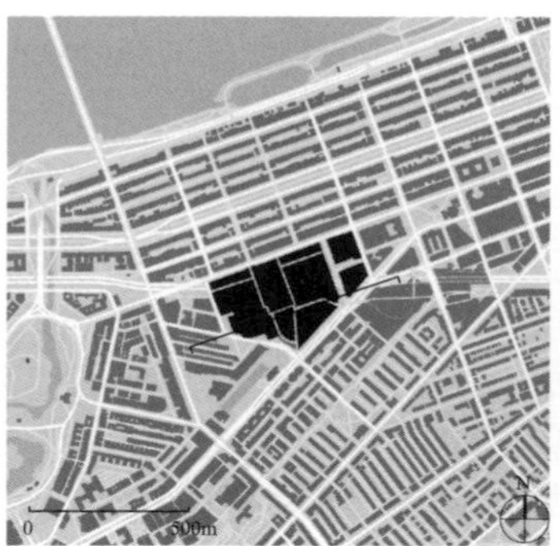

保诚中心
Prudential Center（1964-2006）

美国 波士顿

居住 工作 游憩 交通

引用章节：8.5
功能组成：办公、居住、零售、休闲、娱乐
建筑面积：保诚大厦111484m²
占地面积：93000m²
容积率：6.67
建筑高度：276.4m
建筑规模：52层
开发商：波士顿财团
设计单位：查尔斯·拉克曼

与城市周边环境关系：

整体设计意图是将原有的项目融入周边居住功能的街区，并创造一个活泼的和令人难忘的城市场所。新建建筑分布在综合体的周边，一个完整的步行系统和零售廊道，以及与公共交通的联系，共同增加了进入和穿过整个项目的人流。

建筑特色：

共花费了10年建造完成，波士顿政府和城市更新管理局通过减税的方法鼓励了这一项目的开发；52层高的主楼成为波士顿最高的建筑，并成为城市更新运动的标志。

资料来源：en.wikipedia.org/wiki/Prudential_Tower

零售retail	6%
办公office	60%
酒店hotel	10%
公寓apartment	24%

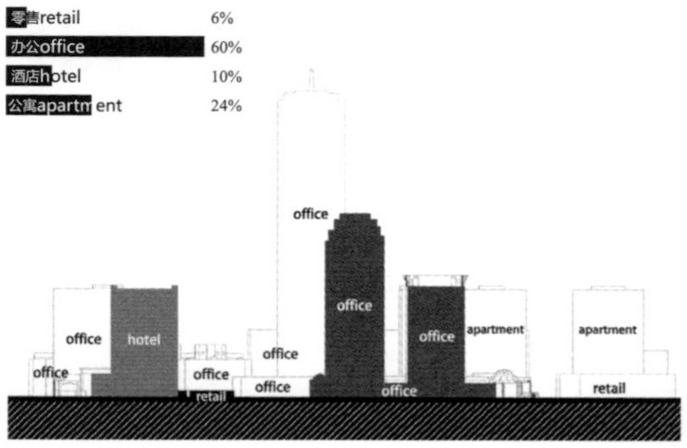

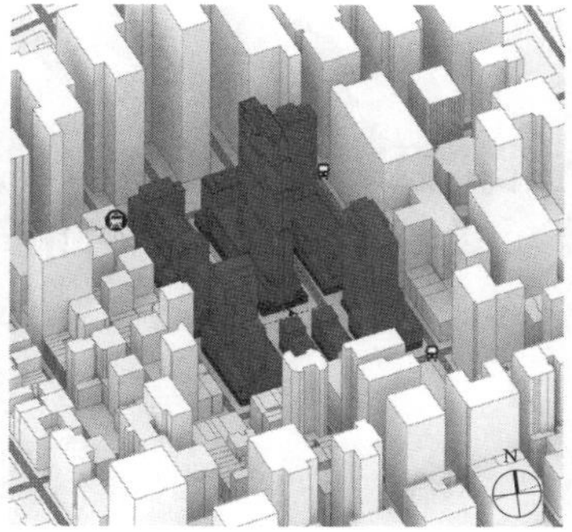

洛克菲勒中心
Rockefeller Center（1940）

美国 纽约

 居住  工作   游憩   交通

引用章节：1.3，2.1

功能组成：办公、零售、休闲、娱乐、广场、文化、剧场、展览、交通

建筑面积：1800000m²

占地面积：100000m²

容积率：18

建筑高度：259m

建筑规模：70层

开发商：洛克菲勒财团

设计单位：R. 胡德、H.W. 科比特、W.K. 哈里森

与城市周边环境关系：

开启了城市规划的新风貌，成为纽约第二个市中心“DOWNTOWN”；利用大楼间的广场、空地与楼梯间制造人行流动的方向，让一天超过25万的人潮在此穿梭无虞。

建筑特色：

其在建筑史上最大的冲击是提供公共领域的使用，这种为普罗大众设计的空间概念引发后来对于市民空间（Civic Space）的重视，巧妙地利用大楼大厅、广场、楼梯间等设计成行人的休息区、消费区，为广大市民及游客服务。

资料来源：www.rockefellercenter.com

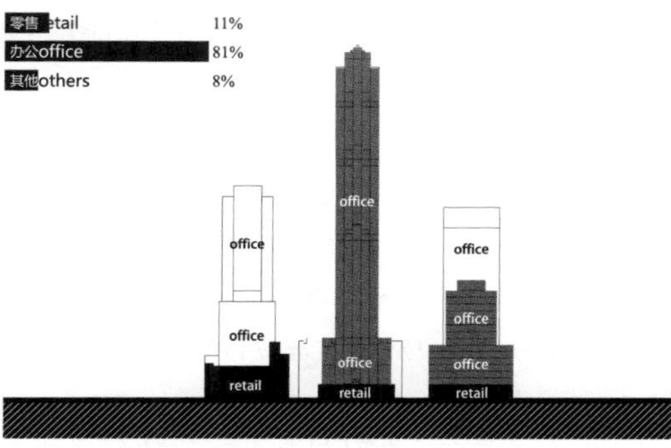

附录B　作者主持及参与和本书研究内容相关的国家级和省部级课题情况

1. 主持国家自然科学基金青年基金《高密度人居环境下的城市建筑综合体协同效应研究》，2010-2013，项目批准号：51008213。

2. 参与国家自然科学基金面上项目“高层建筑形态的生态效益研究”，2010-2013，项目批准号：51078267。

3. 主持上海浦江人才计划《基于协同效应的城市建筑综合体文化艺术功能价值研究》，2013-2015，项目批准号：13PJC106。

4. 参与国家自然科学基金面上基金《基于生态化模拟的城市高层建筑综合体被动式设计体系研究》，2013-2017，项目批准号：51278340。

5. 参与国家自然科学基金青年基金《社区综合体公共空间活力影响因子研究》，2013-2016，项目批准号：51208359。

6. 主持国家社会科学基金一般项目“城市公共文化服务场所拓展及其协同营建模式研究”，2016-2019，项目批准号：16BGL186。

附录 C　作者作为导师或副导师培养与本书研究内容相关的研究生情况

1. 硕士研究生陈剑端，研究方向为建筑设计及其理论，论文题目为《两座城市，两个国金中心——基于协同效应理论的沪港两地国际金融中心比较研究》，指导教师：李兴无，王桢栋，2012 年 3 月通过答辩。

2. 硕士研究生张昀，研究方向为建筑设计及其理论，论文题目为《基于间接协同效应视角的城市建筑综合体城市组合空间研究》，指导教师：李兴无，王桢栋，2012 年 3 月通过答辩。

3. 硕士研究生刘毅然，研究方向为建筑设计及其理论，论文题目为《共享式泊车设计理论应用研究——基于“上海龙之梦购物中心”泊车优化设计》，指导教师：佘寅，王桢栋，2012 年 5 月通过答辩。

4. 硕士研究生余颖，研究方向为建筑设计及其理论，论文题目为《基于协同效应的城市建筑综合体文化娱乐设施研究》，指导教师：佘寅，王桢栋，2012 年 5 月通过答辩。

5. 硕士研究生李晓旭，研究方向为建筑设计及其理论，论文题目为《城市建筑综合体盈利性功能与非盈利性功能组合的协同效应研究》，指导教师：李兴无，王桢栋，2014 年 5 月通过答辩。

6. 硕士研究生王寅璞，研究方向为建筑设计及其理论，论文题目为《“树形”与“网络形”结构城市建筑综合体协同效应对比研究》，指导教师：李兴无，王桢栋，2014 年 5 月通过答辩。

7. 硕士研究生阚雯，研究方向为建筑设计及其理论，论文题目为《协同效应视角下的城市建筑综合体文化艺术功能价值创造》，指导教师：王桢栋，2015 年 5 月通过答辩。

8. 硕士研究生王沁冰，研究方向为建筑设计及其理论，论文题目为《商业综合体的动线更新研究——以上海的三个案例为例》，指导教师：王建强，王桢栋，2015 年 5 月通过答辩。

9. 工程硕士纪彦华，研究方向为建筑设计及其理论，论文题目为《商业综合体共享空间的体验性设计研究》，指导教师：王桢栋，2015 年 6 月通过答辩。

10. 双学位硕士研究生 Daniele Marco Marchesin（意大利籍，同济大学 - 米兰理工大学双学位），研究方向为建筑设计及其理论，论文题目为《从密度到强度：城市建筑综合体的城市联系性研究》，指导教师：王桢栋，2015 年 6 月通过答辩。

11. 硕士研究生胡强，研究方向为建筑设计及其理论，论文题目为《协同效应视角下的城市建筑综合体公共空间增效策略研究——以沪港两地为例》，指导教师：王桢栋，2016 年 5 月通过答辩。

12. 硕士研究生文凡，研究方向为建筑设计及其理论，论文题目为《综合体与城市公共生活的复兴和衰落——以香港为例》，指导教师：王桢栋，2016 年 5 月通过答辩。

参考文献

[1] Andrew Bromberg at Aedas. 新加坡星宇项目 [J]. 建筑技艺，2017（07）: 76-83.

[2] Jerde 事务所,(美)维尔玛·巴尔. 零售和多功能建筑 [M]. 高一涵,杨贺,刘霈译. 北京:中国建筑工业出版社，2010.

[3] Kingkay. 上海绿地中心·正大乐城 [J]. 建筑技艺，2015（11）: 88-93.

[4] TFP 事务所编. 十年十座城市 [M]. 吴晨译. 北京：中国建筑工业出版社，2003.

[5] 阿尔多·罗西. 城市建筑学 [M]. 黄士钧译. 北京：中国建筑工业出版社，2006.

[6] 彼得·卡尔索普，杨保军，张泉，等. TOD 在中国:面向低碳城市的土地使用与交通规划设计指南 [M]. 北京:中国建筑工业出版社，2014.

[7] 蔡永洁,许凯,张溱,周易. 新城改造中的城市细胞修补术——陆家嘴再城市化的教学实验 [J]. 北京:城市设计，2018，15（01）: 38-47.

[8] 陈剑端. 两座城市，两个国金中心——基于协同效应理论的沪港两地国际金融中心比较研究 [D]. 上海：同济大学，2012.

[9] "城市综合体盈利与非盈利功能关系的思辨"主题沙龙 [J]. 城市建筑，2013（4）: 6-14.

[10] 褚冬竹. 无缝嵌入——城市·建筑一体化观念下的 HOPSCA 模式设计实践 [J]. 新建筑，2009（02）: 43-49，42.

[11] 邓凡. 透视城市综合体 [M]. 北京：中国经济出版社，2012.

[12] 丁洁民，吴宏磊，赵昕. 我国高度 250m 以上超高层建筑结构现状与分析进展 [J]. 建筑结构学报，2014，35（03）: 1-7.

[13] 东急电铁，东急设计. 东急二子玉川综合开发 [J]. 建筑技艺，2015（11）: 36-39.

[14] 东京中城 [J]. 建筑技艺，2014（11）: 64-71.

[15] 董春方. 高密度建筑学 [M]. 北京：中国建筑工业出版社，2012.

[16] 董春方. 杂交与共生——综合体生存方式的演进历程 [J]. 建筑艺，2014（11）: 30-33.

[17] 董贺轩，卢济威. 作为集约化城市组织形式的城市综合体深度解析 [J]. 城市规划学刊，2009（01）: 54-61.

[18] 董贺轩. 城市立体化设计——基于多层次城市基面的空间结构 [M]. 南京：东南大学出版社，2011.

[19] 范重，马万航，赵红，王义华. 超高层框架 - 核心筒结构体系技术经济性研究 [J]. 施工技术，2015，44（20）: 1-10，31.

[20] 方雅仪. 朗豪坊效应——中产店急进驻，砵兰街铺租十级跳 [N]. Singtao Daily，HIC，2004-8-6.

[21] 高山. 城市综合体：思想理念·设计策略·实现机制 [M]. 南京：东南大学出版社，2015.

[22] 郭红旗. 复合体建筑定义解析 [J]. 华中建筑，2013，31（03）: 8-11.

[23] 哈罗德·R·斯内德科夫. 文化设施的多用途开发 [M]. 梁学勇，杨小军，林璐译. 北京：中国建筑工业出版社，2008.

[24] 韩冬青，冯金龙. 城市·建筑一体化设计 [M]. 南京：东南大学出版社，1999.

[25] 忽然 . 城市综合体的设计与反思——“成都新世纪环球中心”设计思考 [J]. 建筑技艺，2014（11）.

[26] 胡强 . 协同效应视角下的城市建筑综合体公共空间增效策略研究——以沪港两地为例 [D]. 上海：同济大学，2016.

[27] 矶达雄 . 浮动城市 [M]. 杨明绮译 . 台北：商周出版社，2014.

[28] 简・雅各布斯 . 美国大城市的死与生 [M]. 金衡山译 . 江苏：译林出版社，2006.

[29] 蒋毅 . 打造具有生命力的城市目的地——未来城市商业综合体设计前瞻 [J]. 建筑技艺，2017（07）：66-75.

[30] 敬乂嘉 . 从购买服务到合作治理——政社合作的形态与发展 [J]. 中国行政管理，2014（7）：54-59.

[31] 阚雯 . 协同效应视角下的城市建筑综合体文化艺术功能价值创造 [D]. 上海：同济大学，2015.

[32] 克里斯托弗・亚历山大 . 城市并非树形 [J]. 严小婴译 . 汪坦校 . 建筑师，1985（24）：206-224.

[33] 勒・柯布西耶 . 光辉城市 [M]. 金秋野，王又佳译 . 北京：中国建筑工业出版社，2011.

[34] 勒・柯布西耶 . 明日之城市 [M]. 李浩译 . 北京：中国建筑工业出版社，2009.

[35] 雷姆・库哈斯 . 癫狂的纽约 [M]. 唐克扬译 . 上海：生活・读书・新知三联书店，2015.

[36] 李道增，王朝晖 . 迈向可持续建筑 [J]. 建筑学报，2000（12）：4-8.

[37] 李晓林 . 协同推进、融合发展，努力构建现代公共文化服务体系 [N]. 中国文化报，2014-04-01（001）.

[38] 李晓旭 . 城市建筑综合体盈利性功能与非盈利性功能组合的协同效应研究 [D]. 上海：同济大学，2014.

[39] 理查德・罗杰斯，菲利普・古姆齐德简 . 小小地球上的城市 [M]. 仲德崑译 . 北京：中国建筑工业出版社，2004.

[40] 刘皆谊 . 城市立体化发展与轨道交通 [M]. 南京：东南大学出版社，2012.

[41] 刘皆谊 . 城市立体化视角——地下街设计及其理论 [M]. 南京：东南大学出版社，2009.

[42] 刘毅然 . 共享式泊车设计理论应用研究——基于“上海龙之梦购物中心”泊车优化设计 [D]. 上海：同济大学，2012.

[43] 马树华 . 公共文化服务体系与城市文化空间拓展 [J]. 福建论坛（人文社会科学版），2010（6）：58-61.

[44] 潘家华，魏后凯 . 城市蓝皮书：中国城市发展报告 No.8[M]. 北京：社会科学文献出版社，2015.

[45] 钱才云，周扬 . 空间链接——复合型的城市公共空间与城市交通 [M]. 北京：中国建筑工业出版社，2010.

[46] 日建设计站城一体开发研究会 . 站城一体开发：新一代公共交通指向型城市建设 [M]. 北京：中国建筑工业出版社，2014.

[47] 森稔 .Hills 垂直花园城市：未来城市的整体构想设计 [M]. 北京：五洲传播出版社，2011.

[48] 上海交通大学城市科学研究院 . 2014 中国都市化进程报告 [M]. 北京：北京大学出版社，2014.

[49] 上海陆家嘴（集团）有限公司编著 . 上海陆家嘴金融中心区规划与建筑——国际咨询卷 [M]. 北京：中国建筑工业出版社，2011.

[50] 孙澄，寇婧 . 当代城市综合体的文化功能复合研究 [J]. 建筑学报，2014（S1）：78-81.

[51] 王建国 . 城市设计 [M]. 第 3 版 . 南京：东南大学出版社，2011.

[52] 王建国 . 城市设计 [M]. 南京：东南大学出版社，1999.

[53] 王沁冰 . 商业综合体的动线更新研究——以上海的三个案例为例 [D]. 上海：同济大学，2015.

[54] 王寅璞 .“树形”与“网络形”结构城市建筑综合体协同效应对比研究 [D]. 上海：同济大学，2014.

[55] 王桢栋 . 当代城市建筑综合体研究 [M]. 北京：中国建筑工业出版社，2010.

[56] 王桢栋，陈剑端 . 沪港两地国际金融中心城市建筑综合体（IFC）比较研究 [J]. 建筑学报，2012（02）：79-83.

[57] 王桢栋，陈易 . 高密度人居环境下城市建筑综合体布局中的生态策略 [J]. 住宅科技，2011，31（01）：27-31.

[58] 王桢栋，崔婧，潘逸瀚，杨旭．公共与自治——我国城市综合体发展趋势刍议 [J]. 建筑技艺，2017（07）：18-22.

[59] 王桢栋，阚雯，方家，杨旭．城市公共文化服务场所拓展及其价值创造研究——以城市综合体为例 [J]. 建筑学报，2017（05）：110-115.

[60] 王桢栋，阚雯．城市建筑综合体文化艺术功能的价值研究 [J]. 城市建筑，2015（22）：14-18.

[61] 王桢栋，李晓旭，阚雯，王沁冰．城市建筑综合体非盈利型功能的组合模式研究 [J]. 城市建筑，2014（13）：17-20.

[62] 王桢栋，李晓旭．城市建筑综合体的非盈利性功能研究 [J]. 建筑学报，2015（S1）：166-170.

[63] 王桢栋，佘寅．当代城市建筑综合体的发展新趋势 [J]. 上海：理想空间，2011（44）：16-19.

[64] 王桢栋，佘寅．高密度人居环境下城市建筑综合体协同效应价值研究 [J]. 城市建筑，2013（07）：15-19.

[65] 王桢栋，王寅璞．基于协同效应的城市建筑综合体垂直空间结构研究 [J]. 建筑学报，2015（02）：35-38.

[66] 王桢栋，文凡，陈蕊．紧密城市：基于越南河内的亚洲垂直城市模式思考 [J]. 时代建筑，2014（04）：148-154.

[67] 王桢栋，文凡，胡强．城市建筑综合体的城市性探析 [J]. 建筑技艺，2014（11）：24-29.

[68] 王桢栋，张昀．城市建筑综合体的组合空间研究 [J]. 新建筑，2013（03）：162-165.

[69] 王桢栋．当代城市建筑综合体研究 [M]. 北京：中国建筑工业出版社，2010.

[70] 王桢栋．以热力学之美为线索的可持续建筑设计——Abalos+Sentkiewicz 事务所建筑综合体回顾 [J]. 建筑学报，2013（09）：54-57.

[71] 吴春花，王桢栋，Zivko Penzar. 上海绿地中心·正大乐城——访 Callison 商业副总裁 ZivkoPenzar[J]. 建筑技艺，2015（11）：84-87.

[72] 吴春花，郝琳．为都市中心而创建的成都远洋太古里——郝琳专访 [J]. 建筑技艺，2014（11）：40-47.

[73] 吴春花，王桢栋，陆钟骁．涩谷·未来之光背后的城市开发策略——访株式会社日建设计执行董事陆钟骁 [J]. 建筑技艺，2015（11）：40-47.

[74] 谢尔顿，卡拉奇威茨，柯万．香港造城记：从垂直之城到立体之城 [M]. 胡大平，吴静译．北京：电子工业出版社，2013.

[75] 薛杰．曼哈顿网格的原动力——图上画线创造价值 [M]// 中时代网《全球最佳范例》杂志亚太版指导委员会编．全球最佳范例（第 26 期）. 北京：光明日报出版社，2015：70-85.

[76] 扬·盖尔，杨滨章，赵春丽．适应公共生活变化的公共空间 [J]. 中国园林，2010（8）：44-48.

[77] 扬·盖尔．交往与空间 [M]. 何人可译．北京：中国建筑工业出版社，2002.

[78] 杨东峰，毛其智，龙瀛．迈向可持续的城市：国际经验解读——从概念到范式 [J]. 城市规划学刊，2010,（01）：49-57.

[79] 杨贵庆．新型城镇化面临的城乡社会危机及其规划策略 [J]. 湖南城市学院学报，2014，35（01）：1-7.

[80] 姚栋，黄一如．巨构城市“10 万人生活的巨构”课程思考 [J]. 时代建筑，2011（03）：62-67.

[81] 张昀．基于间接协同效应视角的城市建筑综合体城市组合空间研究 [D]. 上海：同济大学，2012.

[82] 庄雅典．解密城市商业综合体设计 [M]. 北京：北京大学出版社，2014.

[83] 邹毅．“侨福芳草地”的商业经营逻辑 [J]. 北京：建筑创作，2015（01）：248-259.

[84] Balfour A. Rockefeller Center：Architecture as Theater[M]. New York：McGraw-Hill Book Company，1978.

[85] Banham R. Megastructure：urban futures of the recent past[M].London：Thames and Hudson，1976.

[86] Corbett HW. Different levels for foot, wheel, and rail[J]. American City 31, 1924（7）: 2-6.

[87] Fenton J. Pamphlet Architecture 11: Hybrid Buildings[M]. New York: Princeton Architectural Press, 1985.

[88] Glaeser E. Triumph of the City: How Our Greatest Invention Makes Us Richer, Smarter, Greener, Healthier, and Happier [M].New York: Penguin Books, 2012.

[89] Hilberseimer L. Metropolis-architecture [M]. New York: GSAPP BOOKS, 2012.

[90] Kilham WH. Raymond Hood, Architect [M]. New York: Architectural Book Publishing Co., INC., 1973.

[91] Koolhaas R. Delirious New York [M]. USA: The Monacelli Press, 1994.

[92] Koolhaas R, Obrist HU. Project Japan: Metabolism Talks... [M]. Koln: Taschen, 2011.

[93] Lau SSY, Giridharan R, Ganesan S. Policies for implementing multiple intensive land use in Hong Kong [J]. Netherlands: Journal of Housing and the Built Environment, 2003（18）: 365-378.

[94] Okrent D. Great Fortune-the Epic of Rockefeller Center [M].New York: Penguin Books, 2004.

[95] Procos D. Mixed Land Use [M]. Stroudsburg: Dowden, Hutchinson & Ross, Inc., 1976.

[96] Snedcof HR. Cultural Facilities in Mixed-use Development [M]. Washington DC: Urban Land Institute, 1985.

[97] Suplee H H. The Elevated Sidewalk, The Current Supplement[J]. Scientific American, 1913, 69（04）: 67.

[98] The Jerde Partnership with Barr V. Building Type Basics for retail and mixed-use facilities [M]. New York: John Wiley& Sons, Inc, 2004.

[99] ULI. Mixed-Use Development Handbook[M].2nd Edition.Washington DC: Urban Land Institute, 2003.

[100] ULI. Mixed-use developments: New Ways of Land Use[M]. Washington DC: Urban Land Institute.1976.

[101] Unwin R. Higher building in relation to town planning [J]. RIBA Journal. 1924, 31（5）: 126.

[102] Valentine DT. Manual of the Corporation of the City of New York for 1852（Classic Reprint）[M]. London: Forgotten Books, 2018.

[103] Wang ZD, Chen JD. Comparative Study of the Urban Complex in Shanghai and Hong Kong [C]//CTBUH2012 9th world congress, 2012: 532-539.

[104] Wang ZD, Wang YP, Hu Q. Research on Vertical Space System of Urban Building Complex [C]//CTBUH 2014 International Conference, 2014: 308-314.

[105] Wang ZD, Wang YP. Research on Vertical Space System of Urban Building Complex [J].Seoul: International Journal on High Rise Buildings, 2015, 4（2）: 153-160.

[106] Wang ZD, Zhang Y, Liu YR. Overview of Space Synergy of Urban Building Complex [C]//EMASCE 2013, 2013: 584-587.

[107] Wang ZD. Close Urbanism [J].Seoul: Space, 2015, 573（08）: 74-75.

[108] Wood A, Gu JP, Safarik D.eds. Introduction to Shanghai Tower（2014）The Shanghai Tower: In Detail [M]. Chicago: CTBUH, 2014.

[109] Wood A. Rethinking the skyscraper in the ecological Age: Design Principles for a New High-Rise Vernacular[C]//Proceedings of the CTBUH 2014 Shanghai Conference. Chicago: CTBUH, 2014: 6-38.

[110] Zeidler EH. Multi-Use Architecture in the Urban Context [M]. USA: VNR, 1985.

[111] Zhu W. Pedestrians' Decision of Shopping Duration with the Influence of Walking Direction Choice[J]. Journal of Urban Planning & Development, 2011（137）: 305-310.

后记

2002年，在我作为交换生赴香港大学学习期间，完成的本科毕业设计课题是位于香港九龙油麻地的城市更新项目。经过一个学期的工作，我和3位合作的香港大学同学最终选择以城市综合体作为解决方案。从那个时候起，我便开始持续关注这一年轻而又特殊的建筑类型。

在随后硕博连读的6年时间里，在导师戴复东先生和师母吴庐生先生的指导下，我以城市综合体为研究对象，完成了30万字的博士论文，对城市综合体进行了系统梳理。在博士论文写作期间，我专程赴欧洲考察城市综合体，并再次回到香港调研新建成的项目和查阅相关英文文献。我在柏林波茨坦广场索尼中心的开放内院中流连忘返，感叹城市综合体营造城市公共空间场所的力量和缝合东西柏林城市空间的伟大。我在香港旺角朗豪坊的巨型中庭里百感交集，感叹城市综合体改变城市环境的力量和当年毕业设计中推进这片历史区域更新的理想已经实现。

2008年博士毕业留校后，我又用了一年多的时间，在导师的推荐和中国建筑工业出版社吴宇江编审的帮助下，将博士论文在2010年整理出版。《当代城市建筑综合体研究》这本专著从城市空间、城市资源和城市发展诸方面来逐步认识、分解与分析当代城市建筑综合体的内核、外延和开发全过程，以及城市发展宏观、中观、微观领域内的关系，并结合国内外案例研究，对适合其发展的内部因素、外部因素进行阐述与剖析。这本专著和我的博士论文一起，成为之后国内学者研究城市综合体的重要参考资料。根据中国知网（CNKI）和读秀网的数据显示，这本专著和博士论文在10年间累计被引次数已超过200次，成为城市综合体领域内的代表性学术著作。《当代城市建筑综合体研究》具有一定的前瞻性和实用性，在出版后恰逢我国城市综合体在国家宏观政策的引导下进入了新一轮的建设热潮，由于印量不大，这本书很快便售罄绝版了。

2010年底，我开始在博士论文的基础上，申请国家自然科学基金青年基金。考虑到我国城市综合体大量建设，但存在过于注重经济价值而忽略环境和社会价值的普遍现象，我决定基于博士论文中建立框架但未展开研究的"协同效应"部分，以"高密度人居环境下城市建筑综合体的协同效应研究"为题进行申报，并获得了资助。

在为期3年的研究中，我将上海和香港两座城市的城市综合体作为主要研究对象，重点研究城市综合体在环境和社会维度的价值创造，并带领研究团队多次赴香港实地调研。我还赴当代城市综合体的发源地美国考察，足迹遍布纽约、波士顿、亚特兰大、芝加哥、旧金山等重要城市。在美国期间，我有幸跟随麻省理工学院城市规划系的Dennis Frenchman教授和房地产系的研究生们一起考察了著名的城市综合体洛克菲勒中心和保诚中心，在麻省理工学院校友的接待下，得以全面了解这两个伟大项目在历史中的变迁和运营情况，并深深感叹其对城市的贡献和意义。我还专程到亚特兰大调研了波特曼事务所的早期重要城市综合体作品桃树中心，在为约翰•波特曼二世创造的震撼中庭空间和现代建筑语言所折服的同时，也为其冷清萧瑟的使用现状感慨，并为其没有能够阻止亚特兰大中心城区的衰退而感伤。

我逐渐认识到，城市综合体协同效应的实现，需要政府、开发商、商业策划机构、规划师、建筑师、运营管理机构等多方共同合作和努力。协同效应不仅包含经济、环境和社会维度的价值创造，还应包括在社会治理维度上对高密度城市可持续发展更为持久的贡献。

在国家自然科学基金青年基金的研究过程中，我还参与了所在公共建筑研究团队责任教授吴长福老师有关高层建筑生态效益中高层综合体部分的研究，并收到学院同事李麟学老师和华霞虹老师的邀请，作为合作者参与了两位老师有关高层综合体和社区综合体的国家自然科学基金申报并获批。在参与这 3 个课题的研究过程中，也使我对城市综合体的研究和认识有所提升。

2013 年，在我主持的国家自然科学基金结题之际，结合我在美国调研中的发现和在研究过程中对城市综合体发展趋势的判断。我以“基于协同效应的城市建筑综合体文化艺术功能价值研究”为题申报了上海浦江人才计划并获批。

在接下来的几年里，我带领我的研究团队基于协同效应理论，开始对城市综合体的公共空间和非盈利性功能展开研究。我将我的研究生分为两组，一组继续在国家自然科学基金结题成果的基础上进行城市综合体的垂直空间体系研究；另一组则开始研究以文化艺术功能为代表的城市综合体非盈利性功能的价值创造。在这段时间里，我和我的研究生到日本、韩国和新加坡等地实地考察了大量经典和新建的城市综合体，惊叹于城市综合体与公交导向开发结合对解决高密度城市通勤问题的巨大贡献，也感叹于融入文化艺术功能等公共服务的城市综合体对高密度城市日常生活的巨大改善。

我开始认识到，研究城市综合体的首要意义，并非弄明白其概念该如何定义，或是有哪些类型，而是要搞清楚其究竟能够为城市的高密度发展创造哪些价值，到底能够用来解决城市在高密度发展下所产生的哪些矛盾和问题，并能够推动城市以何种方式可持续发展。

我在 2016 年年初尝试基于国家自然科学基金和浦江人才计划的研究成果跨学科申请国家社科基金的管理学项目，并幸运得以获批。

本书的绝大部分内容，均是在 2010—2014 年的五年间完成的。其核心内容为我在国家自然科学基金青年基金资助期间完成的研究成果。本书的写作计划早在 2013 年年底课题结题之时即已制定，但是面对这些已经完成的成果，在近 2 年的时间里，我几次提笔却又迟迟无法落笔。现在回想起来，一方面有工作繁忙难以静下心来的客观原因，另一方面则是在城市综合体的协同效应研究中存在几点困惑尚未解开。

国家社科基金的申报成功，为我在城市综合体领域的研究打开了一扇新的窗户。经过一年多的悉心梳理和努力写作，《城市综合体的协同效应研究——理论 · 案例 · 策略 · 趋势》终于在 2018 年年初成书，完成了我近 5 年来的心愿。

我自 2010 年开始国家自然科学基金研究至 2016 年课题后续研究基本完成期间，共在这一研究领域内培养硕士研究生 12 名，包括 1 名双学位硕士研究生和 1 名工程硕士研究生，这些硕士的培养基本信息在本书附录中列出。在此基础上，我也和合作同事及研究生们一起发表了我作为第一作者的相关学术论文 21 篇，其中英语论文 7 篇。上述研究成果，或多或少都在本书中有所呈现。

本书的研究受到了国家自然科学基金（项目批准号：51008213）、上海浦江人才计划（项目批准号：13PJC106）和国家社会科学基金（项目批准号：16BGL186）资助，特致谢忱。

在本书的最后，我要逐一感谢在成书过程中提供过帮助的师友和学生。

我首先要感谢的是我的导师戴复东先生和师母吴庐生先生，没有两位先生的引路和指点我是无法在心爱的研究领域持续钻研下去的。

其次，我要感谢我所在公共建筑学科团队的负责人吴长福教授以及谢振宇副教授，在我留校十年以来持续不断给予我关心、爱护和信任。我也要感谢学院李振宇院长和彭震伟书记等领导的培养和支持，本书正是获得了学院的资助才能得以顺利出版。

我要感谢我的同事李兴无副教授、佘寅副教授和同济大学设计研究院（集团）有限公司商业建筑设计研究院的王建强院长，是你们的无私帮助，让我在获得国家自然科学基金青年基金资助后，能够马上拥有指导硕士研究生论文的机会，并获得几位得力的助手来推进研究计划顺利实现。我还要感谢我的同事王德教授和他团队的朱玮副教授、王灿博士和方家博士，我的师姐浙江工业大学的戴晓玲副教授和她的助手陈毅锋，徐磊青教授和他的408研究室，庄宇教授和他的博士张灵珠，因为你们悉心的指导和帮助，我的研究团队得以补充了关键的研究方法，解决了研究中遇到的困难，让我的研究目标得以顺利实现。我还要感谢我的同事董春方副教授、姚栋副教授、董屹副教授和谭峥助理教授，华南理工大学的张伟博士，因为共同的研究兴趣，你们经常能够给我的研究提出中肯的意见，并将最新研究成果与我分享。我也要感谢李麟学教授和华霞虹副教授的邀请，让我得以加入你们的研究团队，参与了你们主持的国家自然科学基金研究，并受益良多。

我还要感谢同济大学的诸大建教授、宋小冬教授、楼江副教授、熊伟助理教授，以及复旦大学的敬乂嘉教授，在我申请国家社科基金前后给予的指点和帮助。正是在你们的启发下，我进入了城市综合体研究的新领域。感谢参与研究并为本书的研究成果做出贡献的，我的同事陈易教授、扈龑喆讲师，我的老同学周洁博士和我的学生谭杨硕士，以及我担任导师或副导师的12名硕士，他们是陈剑端、张昀、刘毅然、余颖、李晓旭、王寅璞、阚雯、王沁冰、纪彦华、Daniele Marco Marchesin、胡强和文凡。

我也要感谢在研究过程中提供无私帮助和重要资料的各位师友。他们是CTBUH的Antony Wood博士、David Malott先生和杜鹏博士，香港城市大学的薛求理教授，新加坡国立大学的刘少瑜教授，铁狮门的Bob Pratt先生，凯德地产的郑民女士和乐义勇女士，新鸿基地产的赵琦女士，上海城开（集团）有限公司龙城置业副总经理石婷婷女士，正大集团的韩云峰先生、熊存刚先生和刘海滨先生，月星集团的吕婷婷小姐，日建设计的陆钟骁先生和张晓辉先生，东急设计的周伊女士，柯凯建筑设计的李伟先生，贝诺设计的庞嵚先生，凯里森的Zivko Penzar先生，SOM的郑重先生，KPF的丁勇先生，ARQ的Raymond Chu先生和Murdo Fraser先生，The Oval partnership的罗建中先生。

感谢中国建筑工业出版社的吴宇江编审在成书前后的悉心帮助；感谢《建筑学报》的编辑孙晓峰先生、《时代建筑》的编辑戴春女士、《城市建筑》的编辑牛晨曦女士和石佳蓝女士、《建筑技艺》的编辑吴春花女士和CTBUH Journal主编Daniel Safarik先生，在相关论文发表过程中给予的建议；也感谢我的硕士研究生赵音甸、郭梦昊、崔婧、潘逸瀚、杨旭、程锦、于越和周锡晖参加了本书的资料整理和图表绘制工作，以及我的师妹吴卉博士后在繁忙的工作之余为本书精心设计了封面。

最后的最后，我要深深地感谢我的妻子和家人，是他们在背后默默地支持，我才能够在心爱的教师岗位上砥砺前行。